U0160897

尾矿物理力学特性与高尾矿坝稳定性

张　超　马昌坤　陈青林　著

科 学 出 版 社
北　京

内 容 简 介

本书以尾矿物理特征为基础，以三维重构技术为重要手段，结合室内土工试验和数值模拟试验，从沉积规律、粒径、矿物组分和夹层等角度全面分析尾矿的力学特性。基于新研制的高应力渗透固结试验仪，分析高应力条件下尾矿渗透和固结特性。基于改进的高应力三轴仪进行尾矿的高压三轴试验，深入分析高应力条件下颗粒破碎对尾矿的强度影响。系统阐述高应力条件、新型筑坝工艺对高尾矿坝稳定性的影响。通过数值模拟，模拟高应力条件下尾矿的非线性强度特征、破坏变形特征、接触链演变规律及颗粒破碎规律。

本书可供采矿、岩土、地质与环境学科的有关科研人员和工程技术人员参考，也可以作为矿山工程和岩土工程专业研究生的参考书。

图书在版编目（CIP）数据

尾矿物理力学特性与高尾矿坝稳定性/张超，马昌坤，陈青林著. —北京：科学出版社，2022.7

ISBN 978-7-03-072268-3

Ⅰ.①尾… Ⅱ.①张… ②马… ③陈… Ⅲ.①尾矿-物理力学-力学性质-研究 ②尾矿坝-稳定性-研究 Ⅳ.①TD926.4 ②TV649

中国版本图书馆 CIP 数据核字（2022）第 080829 号

责任编辑：孙寓明/责任校对：高 嵘

责任印制：张 伟/封面设计：苏 波

科学出版社 出版

北京东黄城根北街 16 号

邮政编码：100717

http://www.sciencep.com

北京凌奇印刷有限责任公司 印刷

科学出版社发行 各地新华书店经销

*

开本：787×1092 1/16

2022 年 7 月第 一 版 印张：14 3/4

2022 年10月第二次印刷 字数：347 000

定价：108.00 元

（如有印装质量问题，我社负责调换）

前　言

新中国成立以来，我国已建成了许多不同类型的尾矿设施，为我国矿业的发展提供了良好的基础。随着经济的持续高速发展，我国对矿产资源的需求持续增加，尾矿坝的高度随着矿山企业的持续生产而不断升高，而尾矿坝的稳定性则随着坝体的不断升高而降低，同时尾矿物理力学特性对高尾矿坝稳定性有重要影响。尾矿坝一旦发生溃坝会造成重大的经济损失，也会给当地环境造成恶劣的影响，因此对尾矿物理力学特性与高尾矿坝稳定性的研究就显得尤为重要。

作者长期从事尾矿物理力学特性与高尾矿坝稳定性的研究，并参与了多个尾矿物理力学特性和高尾矿坝稳定性科研项目。为能与更多同仁分享这些研究经验与成果，作者撰写了本书。本书以理论为基础，试验为工具，实用为目的。全书共 10 章：第 1 章介绍我国尾矿物理力学特性与高尾矿坝稳定性研究进展，从颗粒描述、三维重构技术和高尾矿坝研究进展的角度介绍研究背景；第 2 章介绍尾矿三维重构与细观结构表征，从不同尾矿的颗粒特征描述到 CT 扫描后的三维重构、再到重构后模型的应用角度介绍尾矿颗粒的物理特性；第 3 章介绍尾矿力学行为特征，从沉积规律分析、不同粒径、矿物组分和夹层的尾矿力学特性的角度全面分析尾矿的力学特性；第 4 章介绍高应力条件下尾矿渗透与固结特性，基于新研制的高应力渗透固结试验平台，介绍高应力条件下尾矿渗透和固结试验技术与力学特性；第 5 章介绍高应力条件下尾矿力学特性，基于改进的高应力三轴仪进行尾矿的高压三轴试验和结果分析，并介绍颗粒破碎的分析方法；第 6 章介绍粒径对坝体稳定性的影响，全面考虑不同粒径尾矿对坝体沉积规律、坝体固结度、坝体浸润线及溃坝的影响分析；第 7 章介绍高应力对坝体稳定性的影响，通过前述章节的试验介绍高应力条件下的强度准则、本构关系和渗透模型，并基于改进的适用于高应力条件下的尾矿力学模型进行高堆尾矿坝稳定性分析；第 8 章介绍新型筑坝工艺对坝体稳定性的影响，主要介绍阴、阳离子絮凝剂对细粒尾矿的改性作用；第 9 章介绍高应力条件下尾矿力学特性数值模拟，基于 PFC 颗粒流的 clump 颗粒方法、随机多边形原理及柔性壁方法，进行高应力条件下尾矿材料的数值分析；第 10 章介绍高应力条件下尾矿力学行为及复杂条件下高尾矿坝稳定性与超高尾矿坝安全预警的展望。

本书相关研究得到了“十三五”国家重点研发计划项目课题（2017YFC0804601）的资助；博士张修照、巫尚蔚、陈青林，博士生潘振凯、马垒，硕士汪洪平，硕士生淦树成、李雪婷在试验设计、数值模拟、数据处理、模型分析、公式校核、图形制作、资料整理和文字校对等方面做了大量的工作，在此一并表示衷心的感谢！

由于作者水平所限，书中难免有不足之处，敬请读者批评指正。

作　者

2022 年 1 月

目　录

第1章 绪　论

1.1 土颗粒几何性质表征方法

1.1.1 颗粒粒径分布定义

颗粒的粒度（particle size）和粒径（particle diameter）都是表征颗粒大小的一维尺度。粒度笼统地指颗粒的大小。标准的球形颗粒一般用它的直径表示其粒度，其直径称为粒径。

尾矿颗粒是非球形颗粒，无法用球形的直径来准确衡量颗粒粒度。为了有效表征尾矿颗粒的粒度，可以将尾矿颗粒按特定规则与标准颗粒类比，例如以标准圆颗粒的直径来表示尾矿颗粒粒度，这种直径被称为当量粒径，或者等效粒径。常见的当量粒径有圆当量径、球当量径、三轴径、Martin 径和 Feret 径等。

对于二维颗粒，通常将颗粒与标准圆形颗粒类比，得到的粒径为圆当量径。根据类比方法的不同，圆当量径又可分为等投影面积圆当量径和等周长圆当量径。将待测颗粒类比为投影面积相等的圆，得到的圆的直径为等投影面积圆当量径，也称为 Heywood 径。将待测颗粒类比为周长相等的圆，得到的圆的直径称为等周长圆当量径。

对于三维颗粒，通常将颗粒与标准球形颗粒类比，得到的粒径称为球当量径。根据类比方法的不同，球当量径又可分为体积球当量径和表面积球当量径。将待测颗粒类比为体积相等的球，得到的球的直径为等体积球当量径。待测颗粒类比为表面积相等的球，得到的球的直径为等表面积球当量径。

三轴径是指颗粒外接长方体长 l、宽 b、高 h 的平均值。常见的三轴径计算公式如表 1.1 所示。

表 1.1　三轴径的计算公式表

公式	名称	意义
$\frac{l+b+h}{3}$	三轴平均径	算术平均值
$\frac{3}{\frac{1}{l}+\frac{1}{b}+\frac{1}{h}}$	三轴调和平均径	与颗粒的比表面积有关
$\sqrt[3]{lbh}$	三轴几何平均径	等体积的正方体的边长

Martin 径和 Feret 径与颗粒选定方向有关。如图 1.1 所示，在一个选定的方向上，等分线 ab 将二维颗粒分为面积相等的两部分，该等分线在颗粒上截取的长度为 Martin 径。同时，在选定方向上可以得到颗粒轮廓两端的切线，两条切线之间的垂直距离为 Feret 径。明显地，当选定的方向不同时，得到的 Martin 径和 Feret 径也不同。

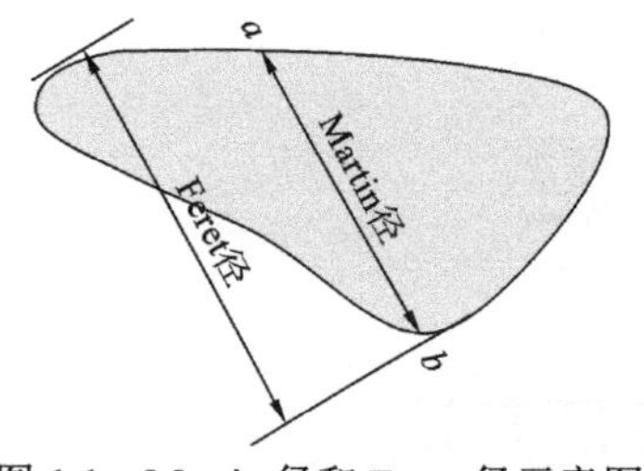

图 1.1　Martin 径和 Feret 径示意图

在尾矿样品中，某一粒径范围内的颗粒在样品中出现的百分比，称为频率，其定义为

$$f(D_p) = \frac{n_p}{N} \times 100\% \tag{1.1}$$

式中：D_p为粒径；$f(D_p)$为粒径D_p对应的频率；n_p为粒径为D_p的颗粒的个数；N为颗粒总数。

频率与颗粒粒径的关系，称为粒径的频率分布。粒径的频率分布，可以用粒径-频率直方图形象地表示出来，这种直方图称为粒径的频率分布直方图。频率分布直方图的高度就是频率，底边长为组距，组中值对应底边中点。

把粒径的频率分布按一定方式累积，便得到粒径的累积分布关系。一般用筛下累积曲线来表示尾矿粒径的累积分布关系。对粒径从小到大的关系进行累积，表示小于某粒径的颗粒数（或颗粒重量）的百分数，它的优点是消除了直径的分组，不需要确定组距，因此特别适合确定中位数粒径等参数。

如果粒径分布符合某种数学规律，则可以用数学函数式来表示粒径-频率之间的关系，这种数学函数式称为粒径分布的数学模型。利用粒径的累积分布关系可以求出任一粒径区间的颗粒含量，减少粒度测定的工作量。常用的粒径分布数学模型有正态分布模型、对数正态分布模型、Rosin-Rammler 分布模型等。

1.1.2　颗粒几何形状描述方法

尾矿颗粒的形状可以从三个层次进行描述，第一层是对颗粒整体轮廓的描述，第二层是对颗粒棱角光滑性的描述，第三层是对颗粒表面纹理的描述。用圆形度、磨圆度和织构分维数来分别描述颗粒形状的这三个层次。

球形度描述了颗粒接近于球体的程度，即描述颗粒整体轮廓。它的原始定义由 Wadell[1]提出，表达式为

$$\psi = \frac{S_n}{S} \tag{1.2}$$

式中：S_n为同体积球体的表面积；S为颗粒的表面积。

二维平面中可以用圆形度描述颗粒整体轮廓[2]。圆形度描述了颗粒接近于圆形的程度，可用面积和周长代替球形度定义中的体积和表面积，推导出圆形度的表达式为

$$C = \left(\frac{2\pi\sqrt{S/\pi}}{P} \right)^2 = \frac{4\pi S}{P^2} \tag{1.3}$$

式中：P为颗粒周长。

颗粒棱角光滑性用磨圆度进行描述，表达式为

$$X_V = \sum \frac{r_i}{RN_r} \tag{1.4}$$

式中：X_V为磨圆度；r_i为棱角在颗粒最大投影面上的内接圆半径；R为该颗粒轮廓内最大内接圆半径；N_r为棱角个数。

计盒维数利用了 Hausdorff 维数的基本定义，用于描述颗粒表面纹理特征，可用于计算机计算织构分维数，其定义为

$$\lg N(\varepsilon) = -D\lg\varepsilon \tag{1.5}$$

式中：D 为计盒维数；ε 为覆盖单元尺寸；$N(\varepsilon)$ 为覆盖单元数量。

1.1.3 尾矿颗粒形态分类

尾矿是由许多颗粒组成的，这些颗粒形态各不相同。按照颗粒内部组成结构的不同，可以把尾矿颗粒分为原级颗粒、聚集体颗粒、凝聚体颗粒和絮凝体颗粒。

原级颗粒是指能与其他颗粒分离，并且不可分割的最小颗粒，又称为一次颗粒、基本颗粒。在力学分析中一般假设原级颗粒的形状不会发生变化，或变形可以忽略。尾矿的许多性质都是由原级颗粒决定的，或者说原级颗粒反映尾矿材料的固有属性。

聚集体颗粒又称为二次颗粒、团粒，由原级颗粒依靠化学力粘连而成。聚集体颗粒的内部颗粒之间以面-面接触为主，具有尺寸较小、粒间作用较强的特点，难以分散为原级颗粒，可通过粉碎的方式进行分离解体。聚集体颗粒表面重叠较多，因此比表面积比原级颗粒的比表面积之和小。

凝聚体颗粒是由聚集体颗粒或原级颗粒通过凝聚作用结合在一起的颗粒群，又称为三次颗粒。凝聚体颗粒的内部颗粒的附着力较弱，颗粒尺寸比聚集体颗粒大。由于粒间作用较弱，通过擦碎、研磨的方式可以将聚集体颗粒重新分散为原级颗粒或聚集体颗粒。通常意义中的颗粒分离技术，指的就是凝聚体颗粒的分离解体技术。

尾矿细颗粒在水环境中有絮凝现象，絮凝作用产生的絮凝结构也被称为絮凝体颗粒。絮凝体颗粒群的粒间作用很弱，结构十分松散，很容易被微小的扰动力或分散剂解絮。絮凝体颗粒是细颗粒在液相介质中的特有现象，对尾矿的沉积特性有很重要的影响。

1.2 三维重构技术发展

1.2.1 土体显微结构研究进展

土体的显微结构指的是土体在显微仪器下观察到的细微观结构。土体的显微结构可以分为土体基本结构单元和土体结构（即土体的组成和结构），两者共同决定了土的宏观性质。一般情况下，土体基本结构单元指土颗粒，土体结构指颗粒的空间排列组合形式及粒间接触方式。高国瑞[3]将土体的显微结构概括为颗粒形态、排列方式和联结形式。笔者认为，土体显微结构应当包括土粒几何性质（形状、大小）、机械性质（强度、刚度、摩擦系数等）、颗粒的组合排列形式、粒间接触、孔隙分布和联结形式。

Terzaghi[4]对黏土悬浊液的沉积过程进行了观察，首次提出土体的“蜂窝状结构”。Terzaghi 认为土的结构可以分为蜂窝状结构、絮凝结构和单粒结构。土粒在水中沉积主要受到重力和水的浮力影响，粗颗粒堆积密度高，细颗粒通常处于半悬浮状态，具有大量孔隙。早期的土体结构模型如图 1.2 所示。

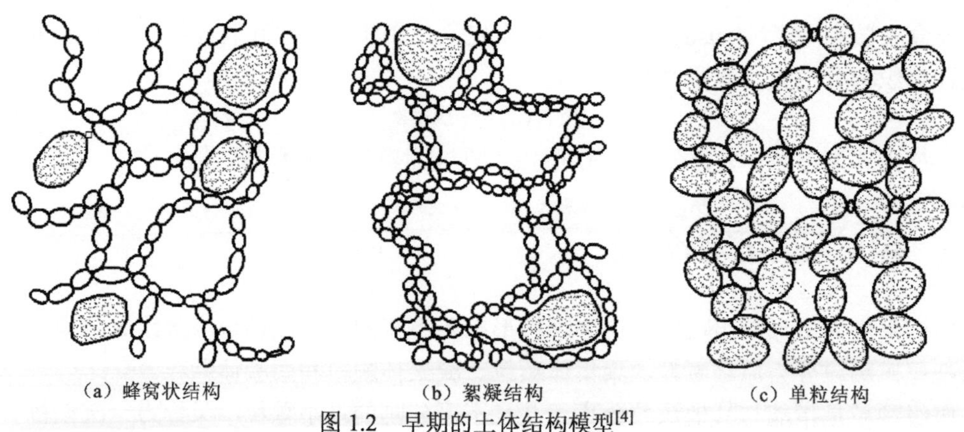

（a）蜂窝状结构　（b）絮凝结构　（c）单粒结构

图 1.2　早期的土体结构模型[4]

Kubiena 等[5]在 *Micromorphological Features of Soil Geography*（《微观形态土壤地理学》）中系统地总结了土体结构的大量概念和术语，该书是土体显微结构理论形成的标志之一，其观点和结论在相当长时间里影响了土体结构类型的划分。

部分学者通过透射电镜观察发现，黏土颗粒普遍具有片状结构，可以形成面-面、面-边、边-边等不同的联结形式。Olphen 等[6]提出了如图 1.3 所示的黏土颗粒在三种不同电解质中的联结形式，陈宗基[7]提出了黏土颗粒的三维联结形式，如图 1.4 所示。

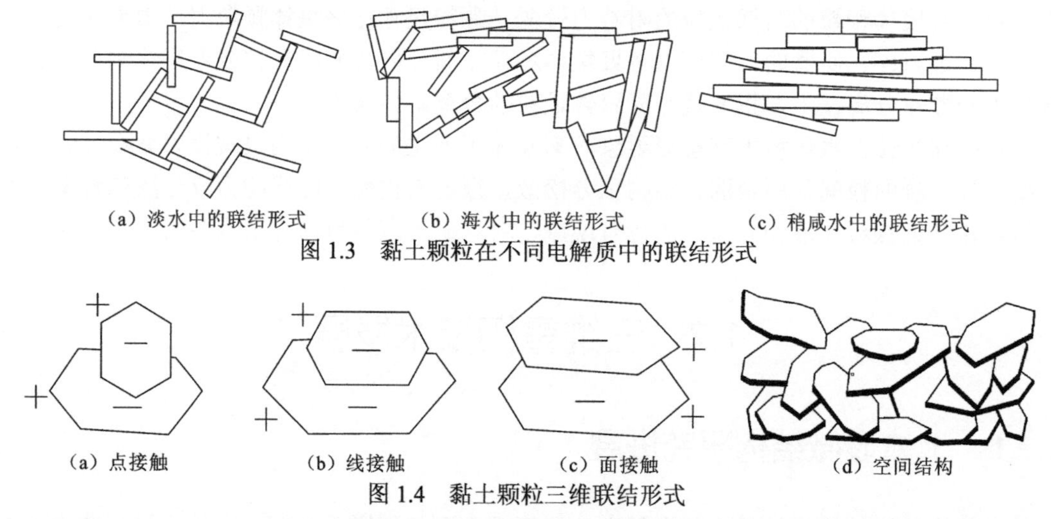

（a）淡水中的联结形式　（b）海水中的联结形式　（c）稍咸水中的联结形式

图 1.3　黏土颗粒在不同电解质中的联结形式

（a）点接触　（b）线接触　（c）面接触　（d）空间结构

图 1.4　黏土颗粒三维联结形式

Collins 等[8]总结了天然土结构的相关研究成果，提出多个天然土概念模型，说明天然土具有复杂多变的结构特征，其归纳的部分结构如图 1.5 所示。

颗粒的粒径分布对土的细观结构和宏观性质有重要影响。Jopony 等[9]提出了针对马来西亚 Lohan 地区铜尾矿的粒径分布函数表达式；Giuliano 等[10]用多种技术手段对硫铁尾矿的粒径进行测量，提出用 Rosin-Rammler 函数描述尾矿沉积物的粒径分布；张季如等[11]根据土壤的偏光显微镜观察结果，提出用数量分布表征土壤分形特性的方法；刘晓明等[12]发现沉积岩土粒径分布具有两种不同分形特征，可以用改进后的分形模型对沉积岩土粒径分布进行描述。目前针对干滩表层沉积尾矿粒径分布的研究还较少，干滩表层沉积尾矿细颗粒含量较多，采用传统粒径测量方法会低估细颗粒所占比例，不能满足尾矿细观研究的需要。

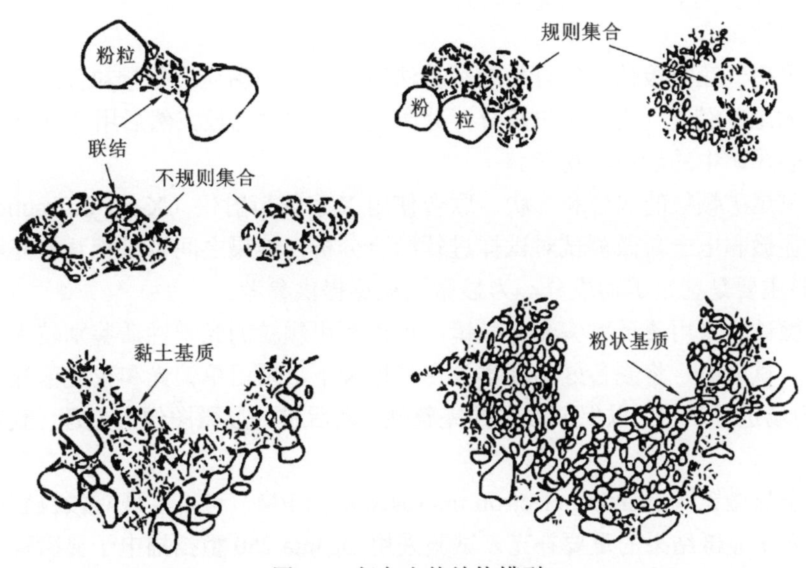

图 1.5　复杂土体结构模型

颗粒形状是另一个重要的细观参数，对颗粒的形状表征尚无统一的定量方法。Bowman 等[13]提出采用傅里叶级数对颗粒形状进行数学描述的方法；Santamarina 等[14]的研究结果显示黏土的形状多为板状，可以从颗粒轮廓、棱角性及表面粗糙程度三个方面进行表述；刘清秉等[15]研究了砂土的颗粒轮廓和棱角性，在此基础上讨论了颗粒形状对砂土抗剪强度及桩端阻力影响；李丽华等[16]分析了沼泽黑土在 500～10 000 倍的电镜扫描图片，发现沼泽黑土颗粒呈管片状且孔隙体积超过土颗粒体积，在宏观上体现为含水率高、变形大；涂新斌等[17]对各类颗粒形态参数进行了详细的比较分析，认为参数 S_{11} 更适合反映颗粒的单元形态尖锐棱角。尾矿颗粒受粉碎作用和搬运作用的影响，形状与天然土有较大差别，针对干滩表层不同沉积距离尾矿颗粒形状与粒径的关系，形状与沉积距离的关系仍需进一步研究。

数字图像处理技术为岩土材料细观观测带来新的技术手段。Barnard 等[18]拍摄了美国西海岸海滩的多处土体试样细观照片，比较了数字图像处理和传统方法测量优缺点，结果显示数字图像处理速度更快，准确度更高。Igathinathane 等[19]对天青石矿物的数字照片进行数字图像处理，提取了天青石矿物的细观特征参数，分析认为这种矿物的分布符合对数正态分布。通过对石英的电镜扫描图片进行图像分析，Ulusoy 等[20]对比了球磨机和棒磨机对石英形状和表面粗糙度的影响，发现不同破碎方式下产品的球形度等形状参数存在较大差异。周健等[21]对均匀粒径的重叠砂颗粒堆积体照片进行了数字图像处理分析，得到了砂颗粒大小形状的参数、孔隙大小形状的参数，以及砂粒间接触关系的参数。综合来看，对接触、重叠颗粒的分散、分割是图像处理的主要难题，相关的物理分离手段和数值分割技术还有待进一步研究。

1.2.2　细观观测试验方法

细观观测试验采用的尾矿颗粒样品取自江西德兴铜矿 4 号坝。为了保证取得的样品具有代表性，沿垂直于坝轴线方向，在干滩上设置 13 个采样点，在每个采样点剥离 10 cm 表面土后进行取样。

本试验采用气流分级技术结合传统筛分法对尾矿中的黏粒进行颗粒分级。分级时，首先将风干后的尾矿经过气流分级机筛分，分离出尾矿中的黏粒。然后用 75 μm 的标准振动筛，分离剩余尾矿中的砂粒和粉粒。

为了观测尾矿颗粒的成分和形状，联合使用 X 射线衍射仪（X-ray diffraction，XRD）检测、光学显微和电子显微测试对试样进行综合分析，结果之间可以相互补充和验证。其中 XRD 试验主要是鉴定矿物成分，为显微镜观测提供参考。

光学显微试验采用透反射偏光显微镜，可以利用颗粒的光学性质鉴别较大范围内颗粒的矿物成分。试验时，将制备好的标本放在显微镜下，采用单偏光和正交偏光，对每个标本取 15 个视场进行拍摄，以保证数据的完整性。之后进行显微图像的处理，获得颗粒细观参数。

扫描电子显微镜（scanning electron microscope，SEM）可以实现对颗粒表面形貌的微观表征，是光学显微结果的重要补充。试验采用 Quanta 250 型扫描电子显微镜，放大倍数在 6～1 000 000 倍。试验时，依次选择 100 倍、200 倍、800 倍、2000 倍的放大倍数对尾矿砂粒、粉粒和黏粒的形态、形状和表面形貌进行观测。

1.2.3　CT 扫描技术

岩土工程材料细观结构决定其宏观力学特性，尾矿材料细观结构研究对象分为孔隙和颗粒两部分，运用 CT 扫描技术即可获得尾矿内部沿试样高度等距离的截面图像，然后再结合数字图像处理技术对图像进行二值化处理即可将尾矿颗粒与孔隙分割开，便于对颗粒与孔隙进行研究。

X 射线计算机断层成像（computed tomography，CT）技术具有无损探测材料内部结构等特点，被越来越多地运用于医疗、农业、材料等领域。近年来，随着 CT 技术的迅速发展，其被越来越多地运用于岩土工程材料的细观结构研究中并取得了较大的成果。

对多孔介质采用光学显微镜、扫描电子显微镜和压汞法均无法定量表征孔隙结构。近年来，国内外对粉土、黏土等材料细观结构表征研究逐渐增多，但对尾矿材料细观结构研究很少，而尾矿材料细观结构对宏观力学特性的影响不容忽视，因此，亟须对尾矿材料细观结构表征和三维重构方法进行研究，为尾矿散体材料的力学行为模拟奠定基础。

1.3　高尾矿坝研究进展

1.3.1　高尾矿坝概念界定

查阅有关尾矿的相关规程及法规，关于坝高的分类只存在于《尾矿库安全规程》（GB 39496—2020）[22]。该规程规定尾矿坝坝高可分为 4 个类别，分别为坝高大于 100 m、60～100 m、30～60 m 及小于 30 m。但这个分类并没有对高尾矿坝的概念进行定义。所以，明确的高尾矿坝坝高目前还没有界定。我国水利水电工程一般规定土石坝高度大于 70 m 时即为高坝。郭振世[23]结合尾矿坝工程特殊性、筑坝材料复杂性及建设周期三个特性，根据我国尾矿库自身特点及实际情况，认为尾矿坝高大于 60 m 时，即为高尾矿坝。刘海明[24]将坝高超过 30 m 的尾矿坝划分为高尾矿坝。李广治[25]在总结已有尾矿资料基础上，将高尾矿坝的高度界定为 100 m。王文松[26]也认为将 100 m 定义为高尾矿坝是合理的。王凤江[27]认为尾矿力学试验中围压低于 500 kPa 属低压力试验，并建议当尾矿堆积坝高达到 100 m 后，补充高围压下的力学试验是必要的。另外，潘建平等[28]认为当尾矿坝高超过 100 m 后，高应力条件下尾矿的强度特性是应当被考虑的，高尾矿坝的稳定分析与设计不能继续采用低应力条件下获得的试验结果。因为当尾矿库坝高达到 100 m 后，库体深部尾矿的力学响应将呈现出与表层尾矿较大的差异性。从力学角度可以认为，尾矿坝坝高达到 100 m 界定为高坝是合理的。

目前，世界尾矿坝坝高大于 100 m 的至少有 26 座，库容大于 1 亿 m^3 的尾矿坝至少有 10 座。其中最高的尾矿坝是在 8 度地震区的攀钢集团有限公司白马铁矿万年沟尾矿库，总坝高为 325 m，总库容为 3.26 亿 m^3，属一等库。亚洲存储量最大的尾矿坝为德兴尾矿 4 号坝，其设计最终总坝高达 208 m，库容高达 8.9 亿 m^3[29]。其他高尾矿坝主要还有陕西省华县栗西尾矿库，设计总库容为 1.65 亿 m^3，总坝高为 164.5 m[30]。太原钢铁（集团）有限公司峨口铁矿牛圈沟第一尾矿库，总库容达 10 055 万 m^3，最终堆积总坝高为 260 m[31]。江西德兴铜矿 2 号尾矿坝，总库容为 0.98 亿 m^3，总坝高为 204 m，当前已经不承担储存尾矿的任务[32]。

1.3.2 高应力下尾矿力学特性研究进展

土力学中低应力、高应力与岩石力学中低应力、高应力所对应的界限值是不同的。在土力学中低高应力的界限一般为 0.5～1.0 MPa 的某一值，目前尚未有规定的界限值。而岩石力学领域中常说的高应力往往是几十兆帕。这可能与两种材料的结构、致密性相关。高压下土体力学特征与低压下土体力学特征具有显著的差异性，高压下土体强度呈非线性变化，并且还具有岩石材料不具有的颗粒破碎特征。陆勇等[33]研究了中、高压下的结构面形貌尺度与砂土颗粒平均粒径比值对接触面剪切特性的影响。Lade 等[34]开展了高压条件下 Cambria 砂的三轴压缩及伸长试验，认为高压下 Cambria 砂三轴压缩内摩擦角高于三轴伸长内摩擦角。Yamamuro 等[35]开展了 0.05～52 MPa 围压条件下 Cambria 密砂的排水试验，发现失效时的莫尔-库仑正割摩擦角与体积变化率有关，与试样的收缩扩容行为无关，并且试样中还伴有大量的颗粒破碎。Sassa 等[36]在研制新型高应力不排水环剪仪基础上，对发生于日本 Unzen-Mayuyama 大滑坡的启动和运动条件进行了研究。Golder 等[37]研制了一套高压三轴仪，围压可达 1 000 $lb/in^2$①，并采用多种不用硬度的岩土材料对试验机性能进行了测试，得出该试验机适合大多不是特别坚硬的岩土材料在高应力条件下测试的结论。

近年来，矿产资源需求量的不断增大及土地资源限制使用，迫使尾矿坝越堆越高、尾矿材料处于高应力环境。张建隆[38]讨论了尾矿砂在高压下的压缩及张度特性，认为抗剪强度包线与尾矿砂的饱和度、排水固结条件有关。张亚先等[30]认为深部高压区的尾矿抗剪强度指标与浅部有显著差异，且尾矿的物理力学性质随时间而变化。刘海明等[39]通

① 1 lb/in^2=1磅/平方英寸≈0.07 kg/cm^2

过大量的高压三轴试验研究尾矿材料在高压条件下的强度特性，建立了高压作用下幂函数型莫尔-库仑强度准则。Campaña 等[40]研究了智利和秘鲁 4 种不同铜尾矿砂在 3 MPa 高围压条件下的排水与不排水行为，认为尾矿砂的变形模量是有效围压和初始孔隙率的函数。潘建平等[28]认为高应力下尾矿砂的内摩擦角不再与低应力下内摩擦角相等，高应力下的尾矿砂具备非线性幂函数型特征。

1.3.3 颗粒破碎研究进展

高应力条件下，粒状土体不仅伴随着力学的非线性行为，还伴有颗粒破碎特征。颗粒破碎[41-43]是指岩土颗粒在外部载荷作用下产生结构破坏或破损，分裂成多个颗粒的现象。颗粒破碎不仅与岩土体的颗粒级配、颗粒粒径、矿物成分、表面粗糙程度、表面形状相关，还与应力路径、应力状态、加载速率等因素有关[44-45]。颗粒破碎将改变岩土体的颗粒级配，进而改变岩土体的物理力学性质。因此关注岩土体的颗粒破碎是十分必要的。尤其是近年来，高土坝建设的逐渐兴起，颗粒破碎引起的工程问题越来越受重视。

当前，对颗粒破碎的关注，主要包括三个方面：如何对颗粒破碎进行定量化度量，如何确定颗粒破碎影响因素的敏感性，以及如何建立颗粒破碎指标与颗粒材料力学之间的关系。国内外许多学者对这三方面进行了大量的研究，并取得了许多丰富的研究成果。例如：在颗粒破碎度量上，自 1967 年 Lee 等[46]根据试验前后特征粒径 D_{15} 比值变化提出破碎参量 B_{15} 以来，至今提出的颗粒破碎度量指标大约有 10 种，其中以 Hardin[47]提出的相对破碎指标 B_r 使用最为广泛；在颗粒破碎的影响因素上，Marachi[48]研究了不同堆石料的颗粒破碎特点，发现玄武岩堆石料的破碎量低于泥板岩堆石料。许多试验结果表明颗粒形状越不规则、表面越粗糙的颗粒越容易发生破碎[49-51]。颗粒破碎对颗粒材料力学性能影响方面，颗粒破碎将导致侧限压缩试验中试样孔隙率与压缩应力间的关系曲线呈折线发展[52-54]。Nieto[55]在大量试验结果的基础上，研究了颗粒破碎对颗粒材料峰值摩擦角的影响，获得了试样峰值摩擦角随颗粒破碎量增大而逐渐减小的结论。临界状态行为是颗粒材料的一个重要特征，它表征了复杂过程中颗粒材料接近屈服时的状态，因此采用颗粒破碎指标定义颗粒材料临界状态行为，可从力学机制角度揭示颗粒破碎引起材料强度弱化行为。Bandini 等[56]为了研究颗粒破碎对临界状态线的影响，开展了一系列室内三轴试验，研究结果得出当颗粒破碎发生后，试样的临界状态线将向下偏移。Ghafghazi 等[57]认为颗粒破碎将使试样的孔隙率减小，进而引起临界状态轨迹向下移动。Yu[58]进行了一系列的三轴试验，研究了未破裂砂和破碎砂的临界状态线（critical state line，CSL）特征，未破裂砂在 e-lgp'平面和 q-p'①平面的临界状态线都被分为两部分；破碎砂的 CSL 在 e-lgp'平面中向下偏移并逆时针旋转，但在 q-p'平面上临界状态点都在初始 CSL 上。在高尾矿坝中，深部高应力区也伴随着尾矿材料的颗粒破碎。例如：刘海明等[39]在 Hardin 破碎指标基础上，对尾矿颗粒材料破碎进行了度量；巫尚蔚等[29]认为尾矿的破碎过程符合表面粉碎模型，非微米级尾矿颗粒粒径分布和粉碎次数有关。

① p'为平均有效主应力，q为偏应力。

1.4 高应力下尾矿数值试验研究进展

1.4.1 柔性伺服原理

室内三轴剪切试验中，砂土试样用橡胶膜套紧置于压力室底座，橡胶膜与压力室的水直接接触。通过水介质向试样施加围压，试样在各个位置受到均匀相等的围压，从而室内试样常表现为鼓胀、滑移等自由变形[59]。在离散元模型中，边界伺服方式主要有刚性、刚-柔组合、柔性三种，如图 1.6 所示。刚性边界伺服方式最为简单，且最为常用。试验侧向模型是由两个无摩擦的刚性墙体组成，试验加载中，侧向刚性墙体在伺服控制作用下可对试样施加恒定不变的围压。试样的变形受刚性墙体控制，所以试样只能发生侧向同步变形，并不能够发生自由变形。刚-柔组合边界伺服方式是在原有刚性墙内侧额外生成一层细小的颗粒膜，试样围压仍由伺服墙体提供，颗粒膜的存在使试样颗粒-墙体直接接触变为间接接触，增加了试样的塑性变形能力，但试样的变形仍是同步变形，并不能实际反映试样的变形特征。因此，为真实反映室内砂土试样的变形特点，研究者们提出一种柔性边界伺服方式[60-61]。柔性伺服边界种类主要有颗粒边界和组合小墙体边界。不管是何种边界，伺服原理都是一致的。

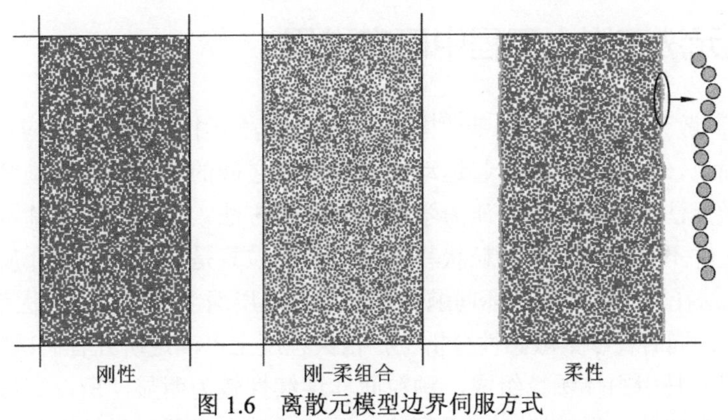

图 1.6 离散元模型边界伺服方式

在尾矿的三轴压缩数值试验中采用柔性联结颗粒法。这种采用柔性联结的颗粒串模拟柔性薄膜的方法，可较好地反映室内试样的实际变形特征，应用效果也较好。利用 FISH 语言在 PFC2D 5.0 软件[62]中实现基于围压柔性加载下的双轴试验模拟。二维试验模型是在刚性试验模型基础上，将侧向两个刚性墙体删除，并替换为颗粒半径相等的两列黏结组成的柔性颗粒链。为实现围压的柔性加载，颗粒链间的黏结采用接触黏结模型，可保证颗粒间只传递力而不传递力矩。另外，颗粒链的黏结强度需设置一个较大的值以防止伺服过程中柔性颗粒链黏结破坏，黏结强度设置为 1×10^{300} N/m^2。采用等效集中力方式施加试验围压，即在每一步循环计算过程中，调整施加于柔性颗粒链上的等效集中力来维持试验伺服围压的恒定。图 1.7 所示为施加于柔性颗粒上的等效集中力计算示意图，对于柔性颗粒链上非端部颗粒，施加于颗粒上的等效集中力 F 按式（1.6）、式（1.7）进行计算[63]。柔性颗粒链端部的颗粒是施加了一个与加载速率相等的速率。

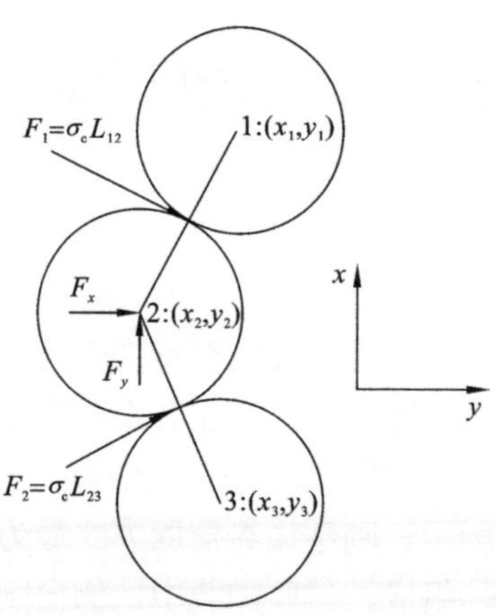

图 1.7　柔性颗粒上施加的等效集中力计算示意图

L_{12}为 1、2 两点间的距离；L_{23}为 2、3 两点间的距离

$$F_x = 0.5(y_1 - y_3)\sigma_c \tag{1.6}$$

$$F_y = -0.5(x_1 - x_3)\sigma_c \tag{1.7}$$

式中：F_x、F_y分别为颗粒沿 x 和 y 方向的等效集中力分量；σ_c为试验围压；x_1、x_3、y_1、y_3分别为相邻两颗粒沿 x 和 y 方向的坐标值。

1.4.2　离散元法在岩土工程中研究进展

自 1979 年离散元法由 Cundall 等[63]提出，其就在岩土中得到广泛的应用。离散元法的基本原理较为简单，颗粒运动与引起运动的力这两者之间的关系是以牛顿第二定律作为基础建立的。离散元法属于不连续介质力学的一种分析方法，以颗粒作为基本的计算单元，但这里的颗粒又并不直接与介质颗粒状物质有关。颗粒只是被用来描述介质物理力学的一种方式。离散元法在岩土体断裂破坏问题及在细观机理层面上具备较大的优势，可对室内试验结果进行互补。同时在参数敏感性分析上，很大程度上可满足研究者们试验的设计要求。

由于土体材料是由固体颗粒组成，颗粒间非连续性较为明显，所以离散元法在土力学方面的研究更具有优势。周健等[64]利用颗粒流数值方法，开展了黏性土和砂土的室内平面应变试验，分析了剪切带形成及其发展规律，认为试验围压增大促进了试样内部宏观剪切带的形成。Liu 等[65]基于三维离散单元法研究了滚动阻抗对粒状材料应力剪胀行为和各向异性的影响，认为滚动阻抗存在某个阈值，只有当滚动阻抗大于这个阈值时，颗粒材料的力学行为才会明显地受滚动阻抗的影响。Jiang 等[66]将改进的热流体力学接触模型嵌入 PFC2D 软件，通过数值双轴试验模拟了天然气水合物在不同温度、不同水压的宏细观力学行为。近年来随着计算机技术快速发展，基于离散元法软件也得到快速的发展，常见的离散单元软件主要有美国 Itasca 公司的 PFC2D 和 PFC3D 软件[67]，DEMSLab 公司的 DEMSLab 软件[68]，以及南京大学刘春等自主研发的 MatDEM 软件[69-70]。其中颗粒流程序（particle flow code，PFC）软件目前最受广大学者欢迎，常用于研究岩土材料多尺度问题。Fu 等[71]利用椭球形颗粒生成定长轴各向异性颗粒集合体，分析了层面倾角对颗粒材料宏细观力学特性的影响。Yang 等[72]利用 PFC 生成初始组构各向异性试件，研究了含层面颗粒材料在不排水数值试验条件下的力学特性。Gong 等[73]采用不同的颗粒长宽比，分析了三轴数值试验条件下的应力-细观组构关系。Wang 等[74]构建了含不同粗糙度界面直剪数值模型，得出试件强度受控于界面处平均接触力及接触法向。Masson 等[75]开展了松、密试样直剪数值试验，分析了由应力诱使产生的力学各向异性行为。

由于尾矿颗粒的不连续性，离散单元法也常用于尾矿相关工程的数值模拟。例如：Chen 等[76]采用离散元方法研究了添加生物聚合物尾矿的力学行为，并在试验的基础上验证了数值试验结果的准确性，表明尾矿的强度随生物聚合物浓度的增加而增加；Mahmood 等[77]基于 C++开发了 Tailings-DEM 的离散数值工具，模拟了 Musselwhite 尾矿的无限制抗压强度；Yuan 等[78]采用 PFC2D 软件，构建了尾矿坝实际沉积规律的数值模型，模拟了洪水漫顶状态坝体的稳定性，并与采用极限平衡方法试验结果进行对比，认为采用 PFC2D 模拟得到的安全系数是大于所期望的；Liu 等[79]建立了考虑颗粒破碎的双轴数值模型，在双轴数值试验参数标定的基础上，获得的数值结果与室内三轴试验结果较为吻合，并探析了不同围压下颗粒破碎与尾矿材料应变之间的规律；巫尚蔚等[80]采用离散元模拟方法，模拟了粉粒含量对尾矿力学性能的影响。离散元数值模拟试验可以模拟不同颗粒级配、不同颗粒大小、不同颗粒尺寸、不同颗粒细观参数等对岩土材料的力学性能影响，弥补了室内试验的不足。此外，离散元数值模拟试验还具备计算价格低廉，不需要贵重的仪器就可进行仿真试验的优点。因此，数值模拟试验一直作为一种主要的科研手段。

目前，国内外已对尾矿坝做了许多研究，并且取得了大量的研究成果。但是尾矿坝高的不断增加，使得地表堆积尾矿处于更为复杂的高应力环境，对这方面的研究尚处于不成熟阶段。例如，高应力条件下尾矿颗粒表现出来的非线性特征、夹层异质性和颗粒破碎表征方法等，都存在不足，包括其试验研究手段、数值研究手段、理论研究手段。因此本书将针对这几方面的不足进一步深入开展研究工作。

第2章　尾矿三维重构与细观结构表征

2.1　尾矿颗粒的粒径特征

2.1.1　颗粒显微观测

颗粒显微观测试验采用的土样取自江西德兴铜矿 4 号坝表层干滩。该坝坝轴线长 1 800 m，可供入库采样的干滩距离在 160 m 以上，是研究尾矿沉积规律的理想选择。取样时在干滩浅层垂直于坝轴线方向向库内设置 152 m 的采样线，在采样线设置 13 个采样点，在每个采样点剥离 10 cm 表面土后收集 30 kg 左右的沉积尾矿试样。

尾矿试样颗粒显微观测系统分为硬件系统和软件系统。其中硬件系统主要由 UPT200i 透反射偏光显微镜、Tucsen 显微摄像机［含电荷耦合器件（charge-coupled device，CCD）摄像头、数据采集卡］和计算机组成，如图 2.1 所示。UPT200i 透反射偏光显微镜采用无穷远色差独立校正光学系统（unlimited correction independent system，UCIS），透射照明为 110～240 V 自适应式宽电压，6 V 20 W 卤素灯，亮度连续可调，微动精度 0.001 mm。Tucsen 显微摄像机主要由镜头、芯片、驱动电路组成，是成像系统的主体组成部分。成像系统将二维模拟图像输入采样子系统，由采样子系统运用二维梳状函数对图像进行处理，图像仅在整数坐标处有值，此时值仍为模拟量，数字计算机对这种图像仍无法处理，必须经过量化器量化后，原始图像最终成为数字图像二维图像的坐标值，且任意一点的函数值也为数字量。

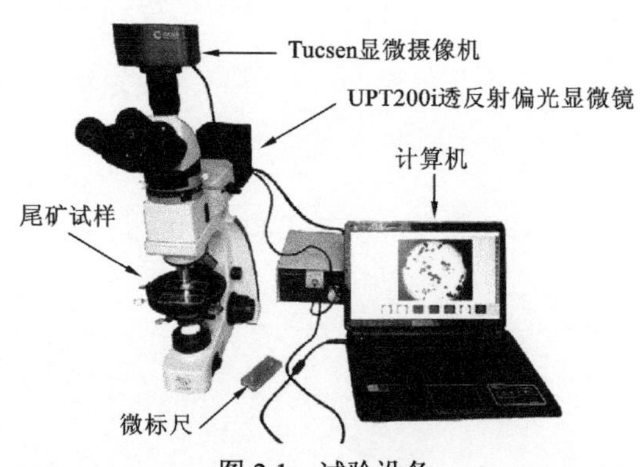

图 2.1　试验设备

后期的数字图像处理采用开源的 ImageJ 软件进行处理。ImageJ 是一个基于 Java 的公共图像处理软件，它是由 National Institutes of Health 开发的，可运行于 Microsoft Windows、Mac OS、Mac OS X、Linux 和 Sharp Zaurus PDA 等多个系统平台。基于 Java 的特点，ImageJ 编写的程序能以 applet 等方式分发。ImageJ 能够显示、编辑、分析、处理、保存、打印 8 位、16 位、32 位的图片，支持 tiff、png、gif、jpeg、bmp、dicom、fits 等多种格式。

该系统可用于尾矿等粉体材料的粒度显微检测。对制好的试样标本进行信息采集，使用设备对显微照片进行拍摄，经过采样、整数化、转换得到量化后的二维平面静态数字图像。

本试验采用气流分级技术结合传统筛分法对尾矿试样中的黏粒进行颗粒分级。分级时，首先将风干后的尾矿试样经过气流分级机筛分，分离出尾矿试样中的黏粒。然后用 75 μm 的标准振动筛，分离剩余尾矿试样中的砂粒和粉粒。

2.1.2 砂粒、粉粒和黏粒的颗粒特征

受矿物成分和粉碎方式的影响，不同粒组的尾矿颗粒在显微结构方面存在一定差异。对样本进行肉眼观察，发现砂性尾矿颗粒（砂粒）、粉性尾矿颗粒（粉粒）和黏性尾矿颗粒（黏粒）在色泽、触感和分散性方面存在明显差异。砂粒呈深灰色，手捻时有明显颗粒感，无黏性，碾压后容易分散，加水后不团聚［图 2.2（a)］。粉粒呈灰白色，颜色略浅于细砂，手捻时有一定的颗粒感，略有黏性，碾压后基本分散，加水后有一定的团聚现象［图 2.2（b)］。黏粒呈白灰色，无颗粒感，黏性强，碾压后有明显的团聚现象［图 2.2（c)］。

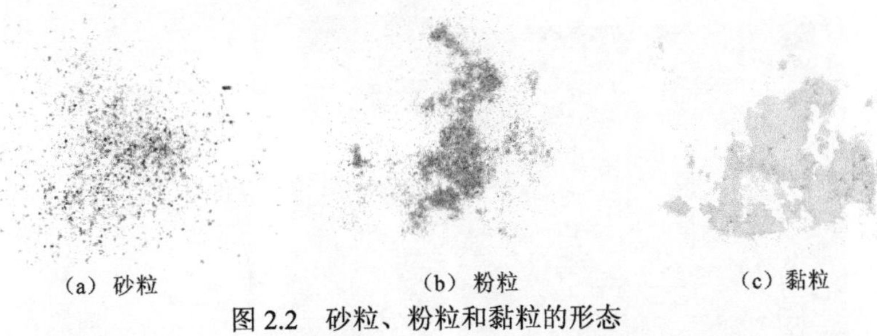

（a）砂粒　　（b）粉粒　　（c）黏粒

图 2.2　砂粒、粉粒和黏粒的形态

根据 XRD 试验结果，尾矿主要由石英、伊利石、绿泥石、铁白云石组成（还含有微量的长石、方解石、石膏和金属矿物）。图 2.3 展示了不同粒组尾矿的矿物成分。从图中可以看出，砂性尾矿和粉性尾矿的矿物成分相差不大，其特点是以石英为代表的非黏土矿物占比很高。而黏性尾矿中伊利石含量显著增加，即黏土矿物比例上升。从矿物成分的角度看，黏土矿物比例高是黏性尾矿在颗粒组成上的重要特征之一。

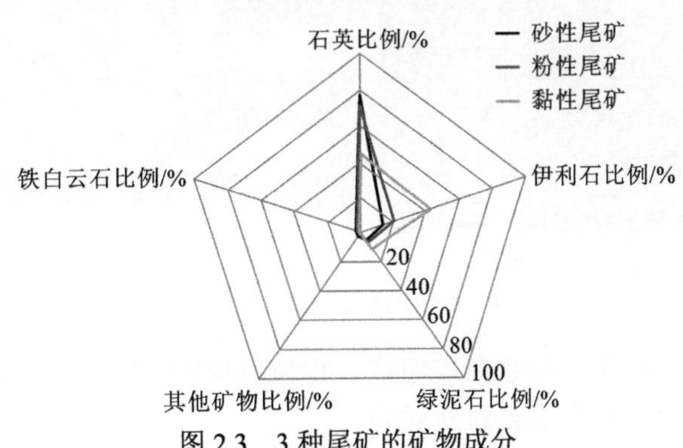

图 2.3　3 种尾矿的矿物成分

黏粒的矿物成分分布特征与尾矿的形成过程有关。尾矿是矿石粉碎而成的，粉碎过程符合典型的表面粉碎模型特征[81]，微小的黏粒大多是颗粒表面摩擦破坏形成的碎屑。在粉

碎机的机械力作用下，非黏土矿物颗粒的强度较高，形成细微碎屑的可能性较小，而黏性颗粒属于聚集体颗粒，在力的作用下容易产生细微碎屑。正是这种颗粒性质上的差异，导致黏粒主要由黏土矿物组成。值得注意的是，自然黏土中非黏土矿物含量一般不超过 5%[82]，而黏性尾矿中非黏土矿物含量超过 40%，这是黏性尾矿和自然黏土的重要区别，说明非黏土矿物颗粒在强机械力下可以产生更多的细微颗粒。

观察图 2.4 尾矿颗粒的 SEM 图像，可以得出以下结论。

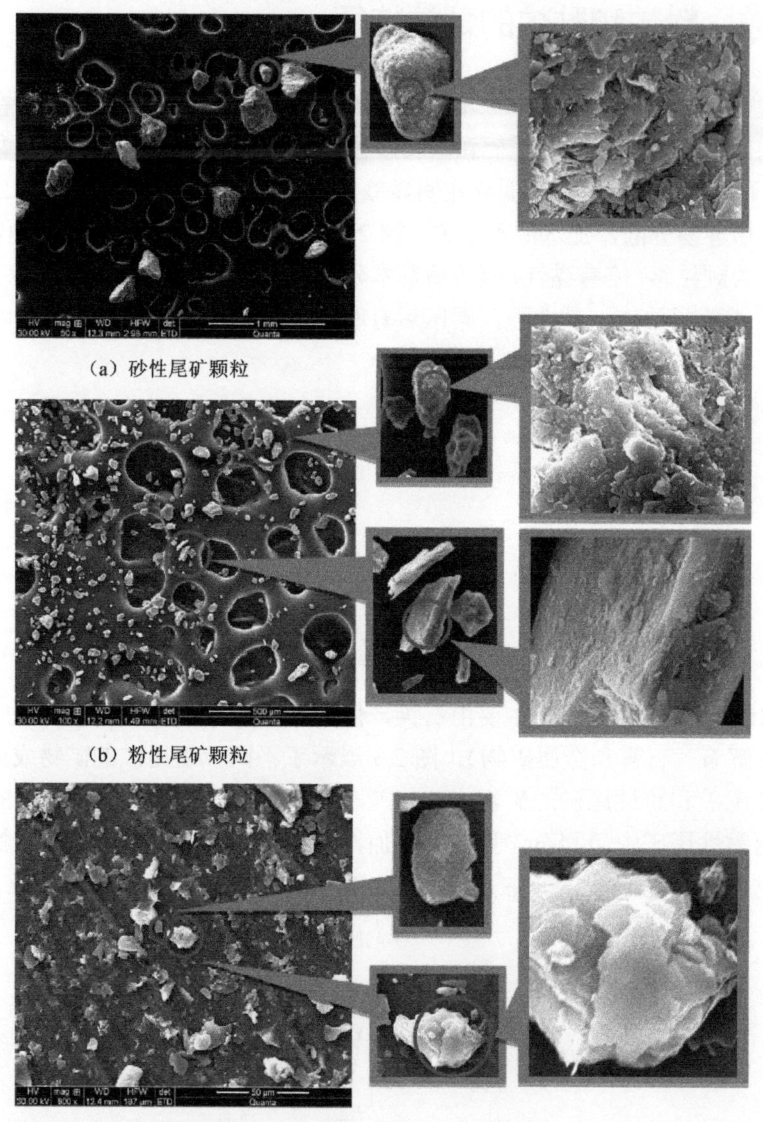

（a）砂性尾矿颗粒

（b）粉性尾矿颗粒

（c）黏性尾矿颗粒

图 2.4　颗粒的形状和表面形貌特征

（1）从形状上看，砂粒由粒状颗粒组成，粉粒以粒状颗粒为主，含有部分板状颗粒，而黏粒以片状颗粒为主，存在少量粒状颗粒。

（2）从粒径分布上看，砂粒的粒径分布较均匀，粉粒缺乏中间粒径颗粒，粒径分布不均匀，而黏粒的粒径相对连续。

（3）从获得的 SEM 图像上看，黏粒和砂粒的形状和粒径均形成鲜明的对比，而粉粒中的较大颗粒由非黏土矿物颗粒组成，较小颗粒主要由黏土矿物颗粒组成，其形状和粒径分布特征说明它属于砂粒和黏粒的过渡形态。

（4）观察发现，颗粒的形状与颗粒的矿物成分有一定关系。黏土矿物颗粒棱角性弱，由于颗粒强度不高，在破碎过程中易形成薄片状的颗粒碎屑。非黏土矿物颗粒的表面有一定棱角，由于颗粒强度高，在破碎过程中易形成粒状颗粒碎屑。

通过试验还发现，黏粒容易粘连吸附在一起，必须经过超声波技术进行分离处理（图 2.5），而砂粒和粉粒经过简单处理即可实现颗粒分离。这是因为黏粒中的黏土矿物颗粒具有双电层结构，颗粒之间存在相互吸引力。

（a）黏粒粘连在一起

（b）颗粒的分离处理效果

图 2.5 黏性尾矿颗粒的吸附性与分离效果

图 2.6 展示了黏粒、粉粒和砂粒的形状指标，这些数据是通过图像处理技术得到的。从图中可以看出，黏粒的形状具有特殊性。

（1）颗粒的表面粗糙程度可以用分维数描述，分维数越高，表面越粗糙。黏粒的表面分维数在 1.2～1.7，且随着粒径的增加而增加。而粉粒和砂粒的分维数在 1.9 附近波动，随粒径的变化不明显。这说明黏粒的表面起伏度低，且粒径越小，表面越光滑。

（2）颗粒的棱角性可以用磨圆度描述，磨圆度越低，棱角性越强。对部分颗粒的统计发现，黏粒的磨圆度均值为 0.49，且大部分颗粒的磨圆度高于 0.40。粉粒和砂粒的磨圆度在 0.15～0.80，均值为 0.46，说明黏粒的棱角性低于粉粒和砂粒。

（3）圆形度反映了颗粒整体轮廓接近于圆的程度。尾矿颗粒的圆形度较为稳定，取值范围在 0.57～0.87，均值为 0.71。其中黏粒的圆形度在 0.59～0.87，均值为 0.73，粉粒的圆形度在 0.57～0.87，均值为 0.73，砂粒的圆形度在 0.59～0.82，均值为 0.70。需要注意的是，由于圆形度是二维指标，无法体现板状颗粒和粒状颗粒的区别。

整体上对比黏性尾矿、粉性尾矿和砂性尾矿，黏性尾矿的颗粒特点在于微小的黏土矿物颗粒占比较大，因此具有片状碎屑多、颗粒吸附性强的特征，其独特的颗粒几何和机械性质决定了宏观性质的特殊性。

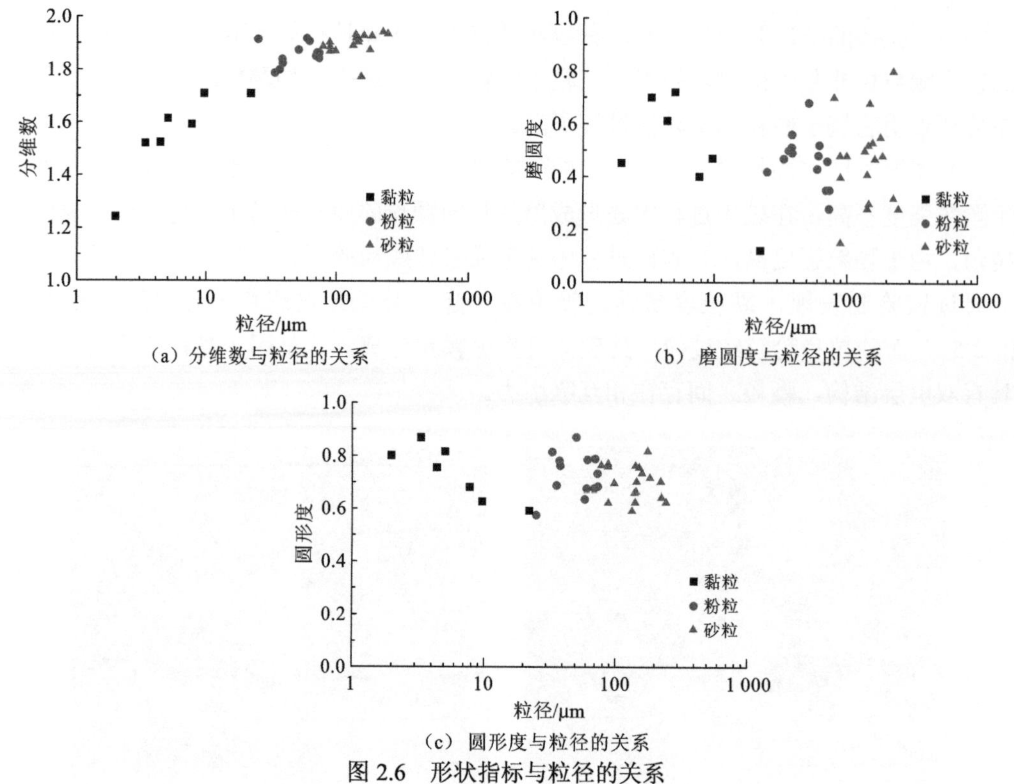

图 2.6 形状指标与粒径的关系

2.1.3 粒径分布函数模型

选用三种较常用的分布函数模型对细粒尾矿粒径分布进行对比。这三种分布函数分别为：二参数的 Weibull 分布函数、G-S 分布函数和对数正态分布函数。

二参数的 Weibull 分布函数表达式为

$$F(x)=1-e^{-\left(\frac{x}{\eta}\right)^m} \tag{2.1}$$

式中：m 为均匀性系数；η 为特征粒径；e 为自然常数。

G-S 分布函数表达式为

$$F(x)=\left(\frac{x}{d}\right)^b \tag{2.2}$$

式中：x 为粒度大小；d 为分布特征值；b 为分布指数。

对数正态分布函数表达式为

$$F(x)=\frac{1}{2}\operatorname{erfc}\left[-\frac{\ln x-\mu}{\sqrt{2}\sigma}\right] \tag{2.3}$$

式中：erfc 为互补误差函数；μ为变量对数的平均值；σ为变量对数的标准差。

为了使得到的积累分布曲线简单明了，方便对不同分布函数拟合结果进行对比，对函数进行线性化处理。对式（2.1）两边取对数后，可得

$$\ln\left[\ln\frac{1}{1-F(x)}\right]=m\ln x-m\ln\eta \tag{2.4}$$

令

$$Y=\ln\left[\ln\frac{1}{1-F(x)}\right],\quad X=\ln x \tag{2.5}$$

则

$$Y=mX-m\ln\eta \tag{2.6}$$

同理，对式（2.6）两边取对数，令

$$Y'=\ln F(x),\quad X'=\ln x \tag{2.7}$$

那么式（2.6）等价于

$$Y'=bX'-b\ln d \tag{2.8}$$

若 x 服从对数正态分布，则 $X''=\ln x$ 服从正态分布，即

$$\frac{X''-\mu}{\sigma}\sim N(0,1) \tag{2.9}$$

令

$$Y''=\frac{X''-\mu}{\sigma}\sim N(0,1) \tag{2.10}$$

则 Y'' 与 X'' 呈线性关系，且服从标准正态分布 $N(0, 1)$。

将试样数据分布放在 X-Y 坐标、X'-Y' 坐标和 X''-Y'' 坐标下，并用最小二乘法进行拟合，结果如图 2.7 所示。

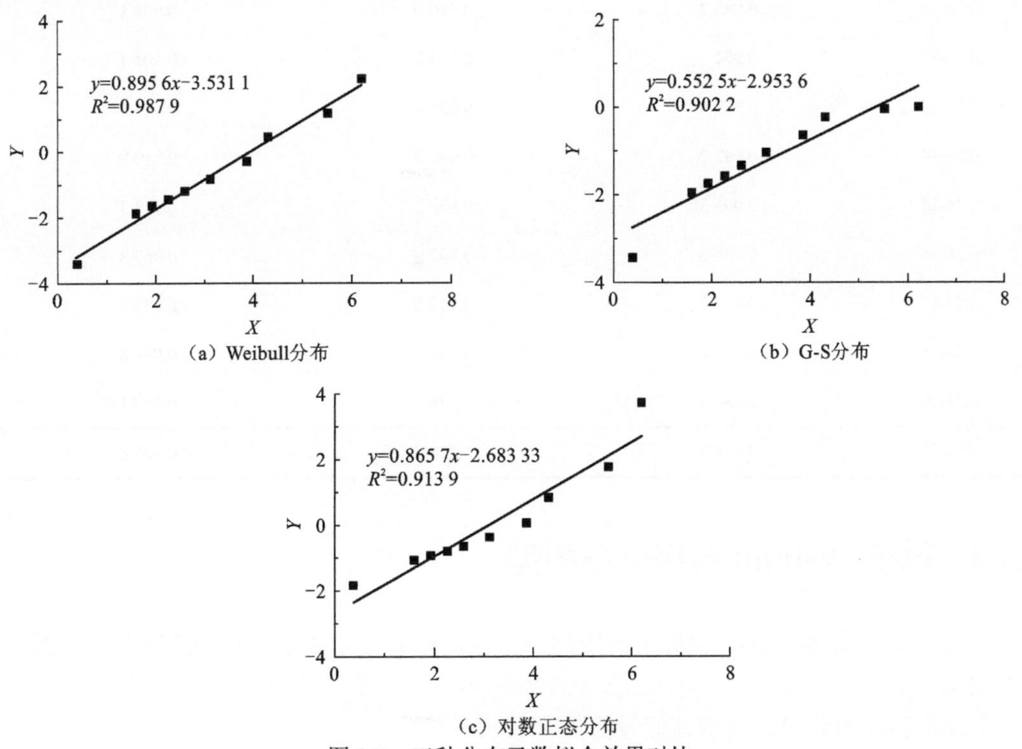

图 2.7　三种分布函数拟合效果对比

从图 2.7 看出，Weibull 分布函数的可决系数约为 0.99，G-S 分布函数的可决系数约为 0.90，对数正态分布函数的可决系数约为 0.91，拟合效果最好的是 Weibull 分布函数。

为进一步检验结果可靠性，用同样的方式对 24 号钻孔（zk24）另外的 20 个试样进行平行处理，去掉 2 个明显离散的试样结果，统计结果如表 2.1 所示，Weibull 分布函数拟合的可决系数平均值约为 0.99，G-S 函数和对数正态分布函数拟合的可决系数平均值约为 0.92，Weibull 分布函数的拟合结果明显优于其他两个函数。

表 2.1　三种分布函数拟合效果统计

试样编号	Weibull 函数拟合结果的可决系数	G-S 函数拟合结果的可决系数	对数正态分布函数拟合结果的可决系数
zk24-1	0.987 9	0.902 2	0.913 9
zk24-2	0.988 3	0.941 2	0.891 3
zk24-3	0.993 4	0.918 3	0.925 7
zk24-4	0.992 1	0.861 7	0.954 8
zk24-5	0.991 3	0.909 0	0.917 0
zk24-6	0.996 1	0.872 6	0.959 9
zk24-7	0.985 2	0.952 4	0.898 8
zk24-9	0.988 0	0.970 3	0.874 2
zk24-10	0.996 5	0.949 4	0.940 1
zk24-11	0.985 3	0.910 0	0.944 1
zk24-12	0.991 3	0.937 7	0.904 1
zk24-13	0.977 9	0.855 9	0.967 0
zk24-14	0.992 2	0.940 5	0.910 9
zk24-15	0.996 3	0.923 2	0.933 3
zk24-16	0.986 6	0.957 0	0.967 3
zk24-17	0.995 7	0.912 8	0.933 8
zk24-18	0.986 0	0.946 8	0.934 8
zk24-19	0.968 4	0.974 0	0.854 1
平均值	0.988 8	0.924 2	0.923 6

2.1.4　基于 Weibull 粒径分布模型

为了对试验数据在 X-Y 坐标中的线性相关性进行验证，本小节对 zk24-19 号数据进行计算证明。

用 t 检验法检验时，设统计假设为

H_0：Y 与 X 线性无关，H_1：Y 与 X 线性相关

则拒绝域为

$$K_0 = \{|R| > r_\alpha(n-2)\} \tag{2.11}$$

式中：$r_\alpha(n-2)$ 可从相关系数检验临界值表查得，取值 0.872。得到的相关系数 $R=0.984>0.872$，故拒绝 H_0，认为 Y 与 X 线性相关。

同理，对表 2.1 中的 18 个测试数据进行检验，结果均证明线性相关。

为进一步增加数据可靠性，对 82 个试样的拟合效果用可决系数进行统计，结果如表 2.2 所示。从表 2.2 可以看出，有 75%以上的样本用 Weibull 分布函数拟合的可决系数大于 0.98，92%以上的样本用 Weibull 分布函数拟合的可决系数大于 0.95。这从统计上说明细粒尾矿的粒径分布是服从 Weibull 分布的。

表 2.2　Weibull 分布函数拟合效果统计

可决系数	样本个数	所占百分比/%
0.99 以上	35	42.68
0.98～0.99	27	32.92
0.97～0.98	7	8.54
0.96～0.97	5	6.10
0.95～0.96	2	2.44
0.94～0.95	0	0.00
0.93～0.94	1	1.22
0.92～0.93	0	0.00
0.91～0.92	1	1.22
0.90～0.91	0	0.00
0.90 以下	4	4.88

在假定每级粒度的破碎率为常数，破碎过程有自相似规律的情况下，可以推导出：

$$y=(x/d)^{E-D} \tag{2.12}$$

式中：y 为粒度为 x 时的筛下体积比例；E 为拓扑维数，取 $E=3$；D 为分形维数。

根据筛下体积比例与筛下质量比例的关系，容易导出：

$$F(x)=(x/d)^{E-D} \tag{2.13}$$

据此对试样的质量分维数进行统计发现，试样的分维数大致在 2.0～2.6，在 2.3～2.6 区域比较集中，这符合岩石破碎分维数的一般经验，并接近自然材料破碎后最优级配曲线的分形维数 2.5。

对 Weibull 分布函数泰勒展开，得

$$F(x)=\left(\frac{x}{\eta}\right)^m+R(x),\quad R(x)=\frac{e^{\theta\left(-\frac{x}{\eta}\right)^m}}{2}\left(\frac{x}{\eta}\right)^{2m} \tag{2.14}$$

式中：$0<\theta<1$。

忽略 $R(x)$，有

$$F(x)\approx\left(\frac{x}{\eta}\right)^m \tag{2.15}$$

此时 Weibull 分布函数退化为 G-S 函数，且 $m=E-D$。对比式（2.8）和式（2.15），可发现 $b=E-D$，说明 G-S 分布函数实质上就是一种分形分布，而 G-S 分布函数是 Weibull 分布函数的一种简单形式。

2.2 CT 技术概述

2.2.1 CT 技术发展

CT 技术，即电子计算机断层扫描技术，它利用精确准直的 X 射线与灵敏度非常高的探测器对被扫描物体做连续的断层切面扫描，具有扫描时间短、分辨率高、准确反映被扫描物体内部细观结构等特点。

1963 年，美国物理学家科马克发现人体不同的组织对 X 射线的透过率不同，为后来的 CT 技术的应用奠定了理论基础。1971 年，英国电子工程师亨斯菲尔德与一位神经放射学家合作，制作了一台能增强 X 射线放射源的简易扫描系统。X 射线放射源位于患者上方，绕所需检测的部位转动，与此同时，患者下方部位设有计数器装置，其作用在于反映患者检查部位对 X 射线吸收程度，通过计算机的处理，患者检查部位的图像即可显示在屏幕中，该装置无论在人体头部还是全身的测量均取得了非常好的效果。1972 年亨斯菲尔德在英国放射学年会上公布了此成果，至此，第一台 CT 扫描装置诞生。

CT 技术具有无损探测材料内部结构的特点，被越来越多地应用于医疗、农业、材料等领域。近年来，随着 CT 技术的快速发展，扫描设备性能逐渐提高，其被越来越多地应用于岩土工程材料的内部结构研究中：根据 X 射线穿透物质的能力与物质密度的关系，能显示出泥岩、花岗岩、砂岩等材料的孔隙特征。

2.2.2 CT 扫描原理

CT 扫描是在 X 射线的基础上发展而来的，其工作原理为：将 X 射线元对准探测器，然后将被扫描物体放置于两者之间的样品台上，对物体进行快速扫描，在扫描过程中，样品台会不断转动，在物体处于不同的角度时，对应地收集到不同的扫描数据，如此即可收集到多组扫描数据。假设对物体每扫描一次能够获得 256 个数据，那么样品台每旋转一个角度对物体进行一次扫描，则对物体进行多次扫描即样品台旋转 180° 可以获得 180×256=46 080 个扫描数据，这些扫描数据经过计算机处理后，可获得被扫描物体某一断层扫描的真实数字图像[83]。其数学基础及原理可表述为：当 X 射线源发出的射线穿透物体时，由于被扫描物体吸收其能量，X 射线的强度发生衰减，其衰减遵循比尔定律[84]：

$$I=I_0\mathrm{e}^{-\left(\sum_{i=1}^{n}u_i\right)\chi} \tag{2.16}$$

式中：I_0 为 X 射线源发射的射线强度；I 为 X 射线穿过被扫描物体后的射线强度；u_i 为衰减系数；χ 为 X 射线的穿透长度。

一幅 $N\times N$ 个像素的 CT 图像，若要求解出 u_i，共需要 $N\times N$ 个相互独立的方程。因此，

CT 图像就是根据大量的扫描数据而求解出来的与被扫描物体的密度有关的衰减系数。

CT 图像的本质是一定数目像素按矩阵的排列方式组合在一起。对于同一被扫描的物体，同一 CT 设备扫描的像素数目相同，可以根据被扫描物体放大倍数的不同而调整每个像素所反映的实际物体长度。每个像素所代表的实际长度越小，则扫描图像精度越高，能够更清晰地反映被扫描物体的内部结构。X 射线穿透物体的能力与其密度成正比，因此，在 CT 图像中越亮的地方代表其密度越高，对 X 射线的吸收能力越强；反之越弱。因此，亨斯菲尔德以水对 X 射线的吸收系数 μ_w 为标准，定义被扫描物体对 X 射线吸收系数的新标度，即 CT 数值，单位为 Hu。他还提出了被扫描物体对 X 射线的吸收系数与 CT 数值之间的关系式为

$$\mathrm{CT}(H)=1\,000\times(\mu-\mu_w)/\mu_w \tag{2.17}$$

式中：$\mathrm{CT}(H)$ 为具体的数值；μ_w 为纯水对 X 射线的吸收系数；μ 为图像中某点物体对 X 射线的吸收系数。

如果被扫描物体为同种材料，仅在密度上存在不同，令纯水对 X 射线的吸收系数 $\mu_w=1$，则被扫描物体某点的密度可表示为

$$\rho=\frac{\frac{\mathrm{CT}(H)}{1\,000}+1}{\mu'} \tag{2.18}$$

式中：μ' 为单位密度吸收系数，$\mu=\mu'\rho$。根据式（2.18），在被扫描物体对 X 射线的单位密度吸收系数已知的条件下，被扫描物体各部位的密度即可直接通过 CT 数值计算得出。式（2.18）可以直接反映出被扫描物体的密度与扫描得到的 CT 数值呈正比，即密度越大 CT 数值越大，密度越小 CT 数值越小。

2.2.3 CT 设备简介

自 1972 年第一台 CT 扫描装置诞生以来，CT 技术不断发展，到目前为止，已经发展到第五代 CT 系统。每次 CT 设备换代，其扫描性能都得到很大提高，扫描图像密度分辨率更高，扫描速度更快。本小节采用德国 Zeiss 公司 Zeiss Xradia 410Versa 高性能的微米 CT 扫描仪，如图 2.8 所示，配置包括封闭式 X 射线源、高精度样品台、自动探测器（物镜）镜头转台、4×/20×探测器（物镜）及 Macro-70（0.4×）探测器、控制系统、计算机工作站操作控制软件包等。空间最大分辨率为 0.7 μm，CCD 成像组件 2 k×2 k、16 位。最大管电压为 160 kV，最大输出为 10 W，样品台承载能力 15 kg，样品台（旋转）360°，样品尺寸限制 300 mm。图 2.9 所示为显微 CT 扫描仪内部装置。将试样放置于样品台上，扫描开始时，试样随样品台转动，由左侧光源处发射 X 射线源，穿透样品台上的试样，经闪烁器、放大器及快速 CCD 相机后，通过数据软件处理实现对试样内部结构高精度成像，成像精度达到微米量级。

本试验 CT 扫描制样装置为自主设计并已申请专利，其内部细观结构构造如图 2.10 所示。先后进行两次 CT 扫描试验。第一组：内径为 5 mm，高度为 8.8 mm，设定的空间分辨率为 8.65 μm/像素，扫描断层之间的间距为 1 个单位像素，切片图像尺寸为 1 000×1 024

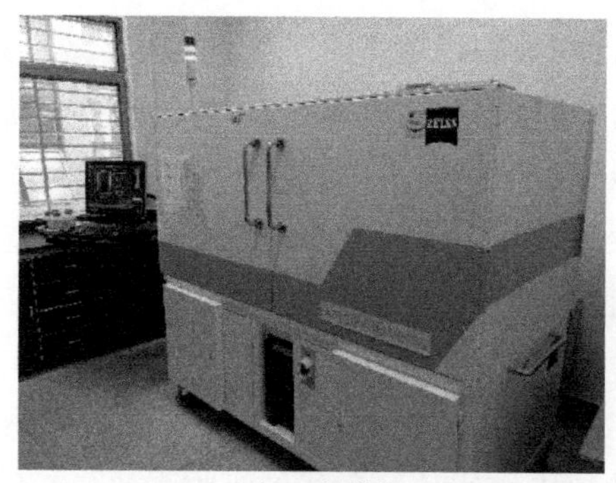

（a）CT扫描仪

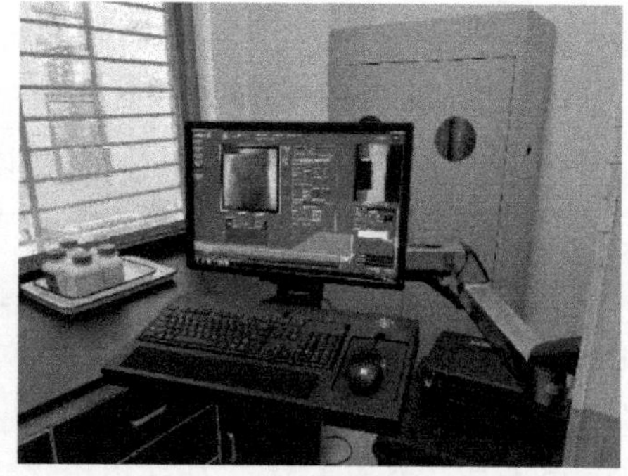

（b）计算机

图 2.8　显微 CT 扫描成像系统

像素，扫描后共获得 1 014 张 8 位 tif 格式 CT 图像。第二组：内径为 9 mm，高度为 30 mm。采用砂雨法制样[85]，使尾矿试样从一定高度通过漏斗洒落到有机玻璃管内，全过程均在实验室完成。

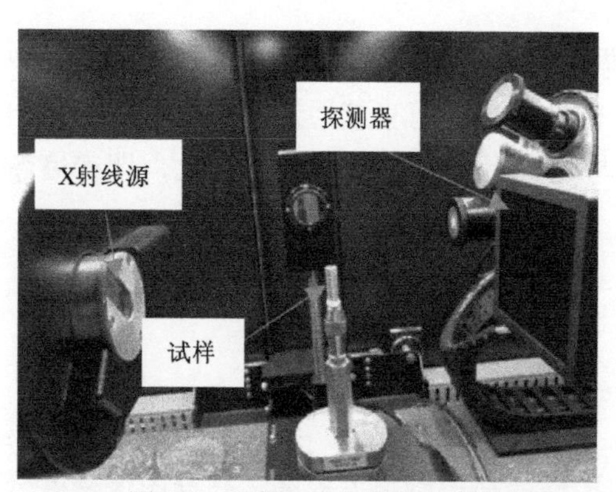

图 2.9　显微 CT 扫描仪内部装置

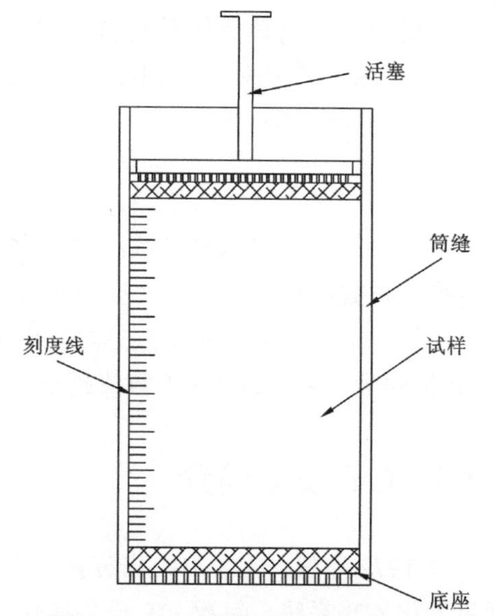

图 2.10　CT 扫描制样装置细观结构构造图

按照上述方法扫描后的切面 CT 图像如图 2.11 所示，分别取第 100 层、第 200 层、第 300 层、第 400 层、第 500 层、第 600 层、第 700 层、第 800 层、第 900 层图像。

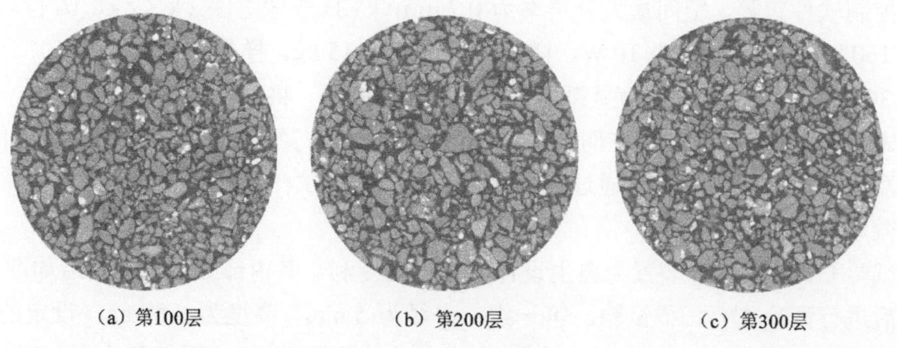

（a）第100层　（b）第200层　（c）第300层

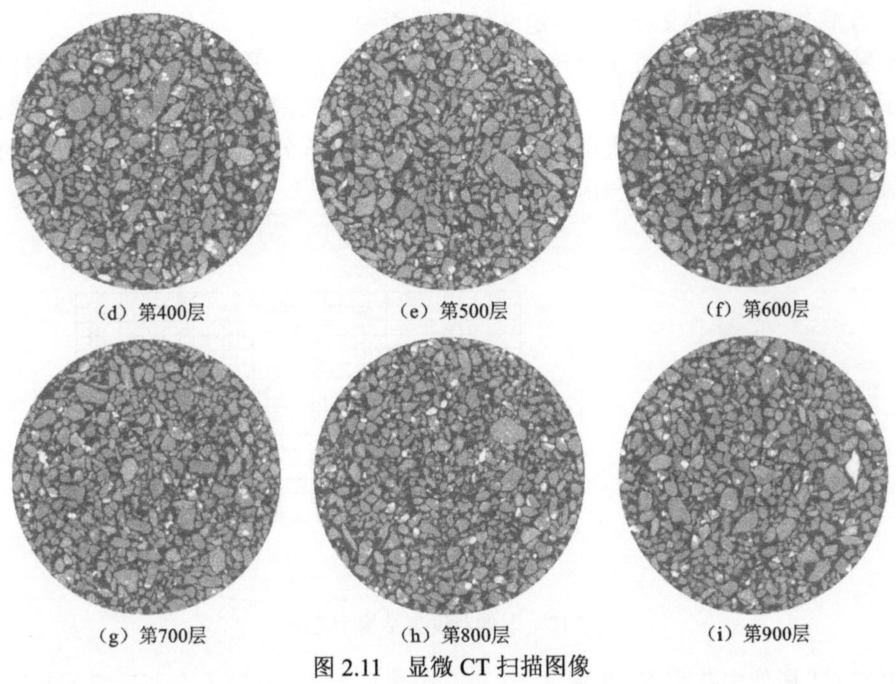

（d）第400层　（e）第500层　（f）第600层

（g）第700层　（h）第800层　（i）第900层

图 2.11　显微 CT 扫描图像

2.3　CT 图像处理

2.3.1　尾矿 CT 图像增强处理

图像增强处理技术是图像处理中相对较重要的技术。对图像进行适当的增强处理，不仅能达到去噪的效果，还能较好地保护图像中的特征信息。

图像增强处理的目的：①根据使用目的不同，对图像中感兴趣的部分进行增强，对图像中不需要的部分进行抑制，从而增强图像的视感，便于后续研究；②便于计算机对图像目标信息进行特征提取与分析。

1. 灰度直方图

图像可以理解为是光的反射而产生的，根据光源射到物体上的照度不同而表现出不同的亮度。照度越强，图像表现得越亮，反之越暗。然而较暗的部分其细节往往看得不够清晰。因此，需要对其进行适当的灰度处理，使较暗的部分变得更加清晰，在灰度处理之前需要进行灰度分析。

灰度直方图作为图像分析的基本特征，能够形象地反映图像中灰度分布的情况。灰度直方图有两种计算方法。第一种方法假设图像灰度分布密度函数近似于灰度直方图，同时图像灰度分布密度与像素之间存在对应关系。设图像中某点的坐标为(x, y)，则该点的灰度分布密度函数为$v(z,x,y)$，则整个图像中密度分布函数公式为

$$v(z)=\frac{1}{A}\iint_{D} v(z,x,y)\mathrm{d}x\mathrm{d}y \tag{2.19}$$

式中：D 为整个图像的定义域；A 为定义域 D 的面积。

由于精确的灰度分布密度函数较难获得，此方法一般不采用。第二种方法图像的灰度值结构示意图如图 2.12 所示，由于灰度直方图是表达不同密度物质的灰度值分布概率的函数，其积分函数即面积函数代表图像中不同密度物质累积分布函数，实质上反映的是图像中某一具体的灰度值及该值累积出现次数的对应关系。

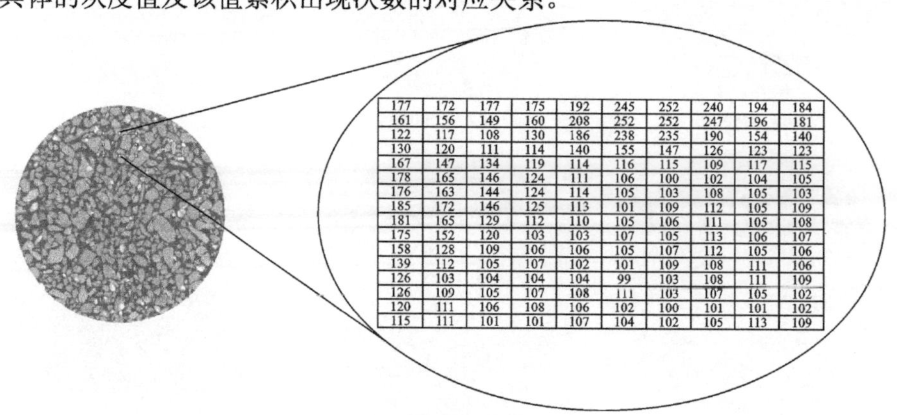

177	172	177	175	192	245	252	240	194	184
161	156	149	160	208	252	252	247	196	181
122	117	108	130	186	238	235	190	154	140
130	120	111	114	140	155	147	126	123	123
167	147	134	119	114	116	115	109	117	115
178	165	146	124	111	106	100	102	104	105
176	163	144	124	114	105	103	108	105	103
185	172	146	125	113	101	109	112	105	109
181	165	129	112	110	105	106	111	105	108
175	152	120	103	103	107	105	113	106	107
158	128	109	106	106	105	107	112	105	106
139	112	105	107	102	101	109	108	111	106
126	103	104	104	104	99	103	108	111	109
126	109	105	107	108	111	103	107	105	102
120	111	106	108	106	102	100	101	101	102
115	111	101	101	107	104	102	105	113	109

图 2.12　图像灰度值结构示意图

设尾矿 CT 图像中共有 $N_{总}$ 个像素，其灰度级数有 M 个，且第 L 个灰度级的灰度值为 i，该灰度值对应的像素共有 N_i 个，则第 L 个灰度级出现的概率计算式为

$$p_i = \frac{N_i}{N_{总}} \tag{2.20}$$

由式（2.20）可知，不同密度物质灰度值出现的频率是一种分布概率的估计，由此可知灰度直方图能够准确地反映出 CT 图像中不同密度物质的灰度分布情况。运用 ImageJ 软件可对 CT 图像绘制其灰度直方图，打开方法：Analyze→Histogram，结果如图 2.13 所示。灰度直方图反映出 CT 图像灰度分布情况，双峰特征明显，但波谷范围相对较窄，所以需要对直方图进行均衡化，使图像的亮度提高，从而有利于阈值的确定，进而对图像中孔隙与颗粒进行分割。

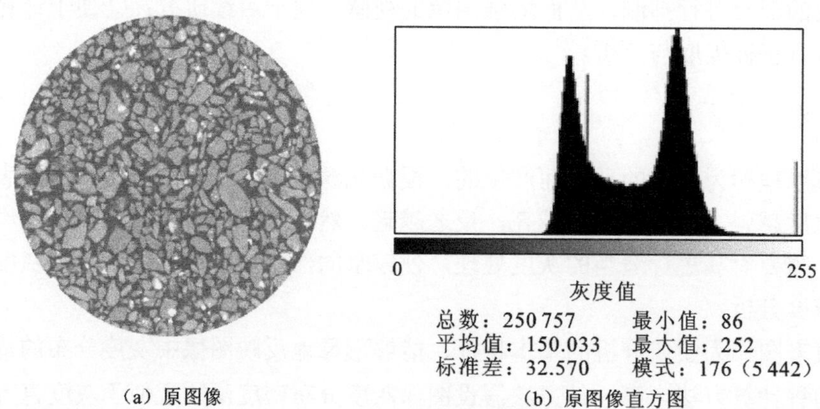

（a）原图像　　（b）原图像直方图

图 2.13　原 CT 图像与直方图

2. 直方图均衡化

直方图均衡化能够使图像灰度级分布成均匀概率密度，实质上是对像素进行非线性拉

伸，重新分配图像像素值。多数情况下图像像素的灰度值分布范围集中在一个相对较小的区域，因此，直方图均衡化的作用在于采用一种重新均匀分布图像中各灰度值的方法来增强图像对比度。这样，原来图像直方图中某一灰度值下的像素数量为零的部分被直方图均衡化后的灰度值替换，峰顶部分的对比度得到增强，峰谷部分的对比度减弱，新的灰度直方图为一个较平的分段直方图。直方图均衡化的步骤如下。

（1）设原图像的灰度级个数为 N，且灰度值为 f_i，$i=0,1,2,\cdots,m,\cdots,N-1$。

（2）计算图像中各灰度级出现的个数 n_i。

（3）计算原直方图中各灰度级数出现的频率：

$$P(f_i)=\frac{n_i}{n_{总}} \tag{2.21}$$

式中：$n_{总}$ 为原图像中总的像素个数。

（4）计算原图像中累积分布离散函数：

$$T(f)=\sum_{i=0}^{m}\frac{n_i}{n_{总}}=\sum_{i=0}^{m}P(f_i) \tag{2.22}$$

（5）由下式计算直方图均衡化后所得图像的灰度级 g_j，$j=0,1,2,\cdots,m,\cdots,Q-1$，$Q$ 为直方图均衡化后所得图像的灰度级个数，g_i 为

$$g_j=\mathrm{INT}[(g_{\max}-g_{\min})T(f)+g_{\min}+0.5] \tag{2.23}$$

式中：INT 为取整数的符号。

（6）计算直方图均衡化后的各灰度级出现的个数 n_j。

（7）计算直方图均衡化后的输出图像的直方图各灰度级频率：

$$Q(g_j)=\frac{n_j}{n_{总}} \tag{2.24}$$

（8）用 f_i 和 g_j 的关系对原始图像的灰度级进行修正，即可得到分布比较均匀的灰度直方图，最后输出图像。

以上即为 CT 图像直方图均衡化实现的基本步骤，可利用 ImageJ 软件实现该操作，操作方法：Process → Enhance Contrast。直方图均衡化后的图像及灰度直方图如图 2.14 所示。该图像可以明显地反映出与原图像和灰度直方图的差异。直方图均衡化后的灰度直方图中灰度级个数更多，共有 249 个灰度级数（最小为第 6 级，最大为第 254 级，共 249 个灰度级数），而原图像中灰度级个数仅有 167 个；灰度值范围更大，最小灰度值为 6，最大灰度值为 254，而原图像中最小灰度值为 86，最大灰度值为 252；且波谷范围变得更大，便于对分割阈值的确定。同时，相比于原图像，直方图均衡化后的图像更亮，能更加清楚地反映颗粒与孔隙区域。

3. 图像空间域滤波去噪

“空间域”指的是图像平面本身。图像空间域滤波去噪方法以图像像素作为直接处理对象。使用空间域模板对图像进行处理，模板自身称为空间域模板器。图像空间域滤波增强处理实质上是对图像进行逐点移动模板。根据处理目的的不同分为空间域平滑滤波与空间域锐化滤波两种类型。空间域平滑滤波的目的在于对图像进行模糊处理与减小噪声。空间域锐化滤波的目的在于对被模糊的细节进行强化处理。

(a) 直方图均衡化后图像

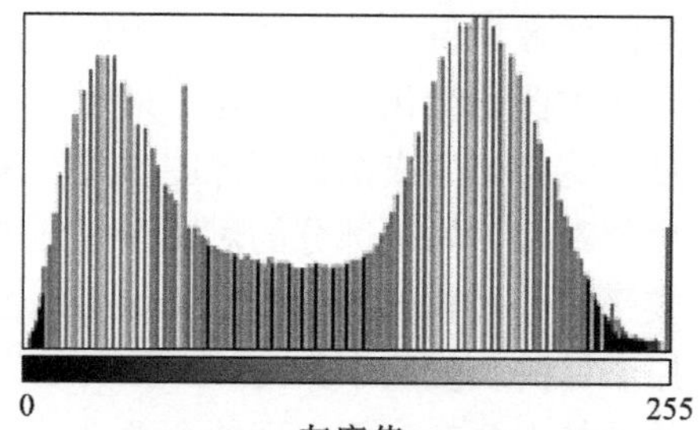

(b) 均衡化后的直方图

图 2.14　直方图均衡化后的图像与直方图

图像的噪声按其干扰源不同可分为外部噪声与内部噪声。外部噪声通常为系统外部干扰通过电磁波等介质进入系统内部而产生的噪声，如电气设备引起的外部噪声。

1）空间域平滑滤波

通过 CT 设备扫描的 CT 图像或多或少地会受到外部噪声或内部噪声的干扰，使图像质量降低，通过图像空间域平滑处理可减少或消除噪声的影响，提高图像的质量。根据滤波方法的不同，主要分为均值滤波器（线性滤波器）和中值滤波器（非线性滤波器）。

（1）均值滤波器。

平滑线性滤波器输出响应是滤波掩膜领域内像素简单的平均值，也称为均值滤波器。均值滤波器主要用于图像减噪，消除或减弱图像中无关的细节，所谓的“无关”指的是相对于滤波模板尺寸而言较小的像素区域。其原理为假设原图像有 $M\times M$ 个像素，灰度值为 $f(x,y)$，采用一个 3×3 的均值滤波器模板后变成 $q(x,y)$。则其关系式可表示为

$$q(x,y)=\frac{1}{9}\sum_{(x,y)\in A} f(x,y) \tag{2.25}$$

式中：$x,y=0,1,2,\cdots,M-1$；A 为(x,y)以外的领域内各像素点的集合。

图 2.15 所示为两个 3×3 的均值滤波器模板，图 2.15（a）为滤波器掩膜下产生的标准像素平均值，图 2.15（b）为在均值滤波器基础上衍生出来的一种加权平均滤波器，不同之处在于不同的像素乘以不同的系数，从权值角度看，一些像素相比于另外一些像素更为重要。

1	1	1
1	1	1
1	1	1

(a) 3×3模板

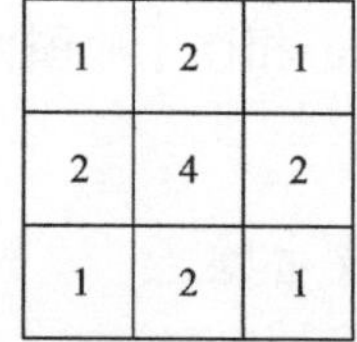

1	2	1
2	4	2
1	2	1

(b) 加权后3×3模板

图 2.15　3×3 均值滤波器模板

利用 ImageJ 软件实现该操作，操作方法：Process → Filters → Mean，在打开的窗口中可以选择不同的滤波半径，如图 2.16 所示。图 2.16（b）、（c）分别为滤波半径为 2 个像素

和 4 个像素的滤波效果。由图可看出：滤波半径设置得越大，图像增强效果越大，图像越模糊，不利于图像分析。因此，在对图像进行均值滤波增强时要选择合适的模板大小。

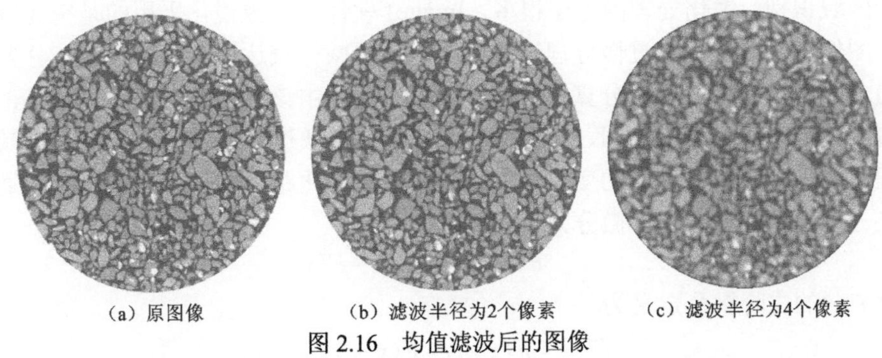

（a）原图像　（b）滤波半径为2个像素　（c）滤波半径为4个像素

图 2.16　均值滤波后的图像

（2）中值滤波器。

中值滤波器是一种非线性滤波器，其响应是根据图像滤波器范围内的重像素的排序，从而确定中值，然后把图像中一点的值用该点的一个领域内各点的值的中值代替，使周围的像素值更接近于真实值，从而消除孤立的噪声点。

中值滤波器原理：设一个数组由 N 个数组成，且这 N 个数按大小顺序可表示为 $x_1<x_2<x_3\cdots<x_n$，则

$$Y=\operatorname{med}\{x_1<x_2<x_3\cdots<x_n\}=\begin{cases}\dfrac{x_{(n+1)}}{2}, & n\text{为奇数}\\ \left[\dfrac{x_{(n+1)}}{2}+x_{\left(\frac{n}{2}+1\right)}\right]\Big/2, & n\text{为偶数}\end{cases} \tag{2.26}$$

式中：Y 为序列中 N 个数的中值。

利用 ImageJ 软件实现该操作，操作方法：Process → Filters → Median，即可实现图像的中值滤波，处理前后的图像如图 2.17 所示。图 2.17（b）所示为原图像加入噪声后的图像，图像中颗粒明显看出密密麻麻的噪声，使用中值滤波后得到如图 2.17（c）所示的图像，图像中噪声点几乎不存在了，一些小的亮斑点被滤去，较大的亮斑点亮度减弱。中值滤波抗噪能力强，对脉冲噪声的处理效果更为明显。

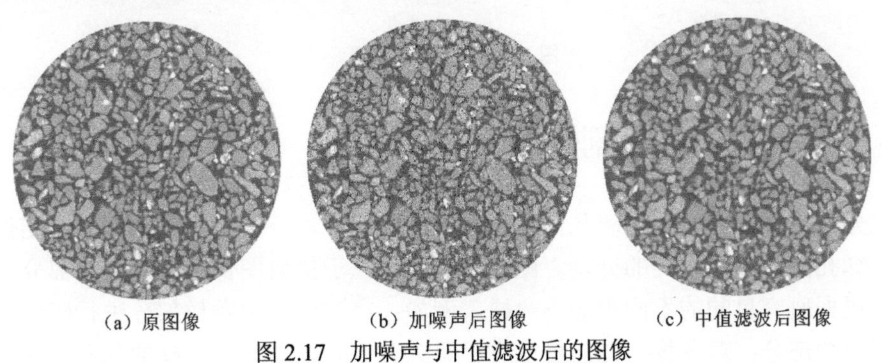

（a）原图像　（b）加噪声后图像　（c）中值滤波后图像

图 2.17　加噪声与中值滤波后的图像

对比分析均值滤波与中值滤波后，本节采用中值滤波方法对图像进行增强处理。

2）空间域锐化滤波

图像锐化处理目的在于对图像中被模糊的细节进行突出处理，同时对物体的边界提取，便于目标区域识别。锐化处理的方法很多，ImageJ 软件对图像锐化采用的是空间域滤波器的方法。图像锐化处理是通过微分理论实现的，根据微分表达式的线性与否，分为线性锐化滤波与非线性锐化滤波。微分算法的响应强度与图像中该点的灰度突变程度呈正相关，对颗粒边缘处及突变处响应增强，对颗粒内部连续区域灰度变化较小的区域响应减弱。在图像处理过程中，最大灰度级的变化是有限的，灰度变化距离两个相邻像素之间最短，用差值定义一元函数 $F(x)$的一阶微分为

$$F'(x) = F(x+1) - F(x) \tag{2.27}$$

函数 $F(x)$的二阶微分定义为

$$F''^{(x)} = F(x+1) + F(x-1) - 2F(x) \tag{2.28}$$

一阶微分与二阶微分在对图像增强处理时，各有侧重点：相比于二阶微分，一阶微分对灰度阶梯响应更强，且主要用于边缘提取；然而二阶微分对细节的响应能力更强，因此对细线和点的响应更强，且对点的响应强于线。

−1	−1	−1
−1	12	−1
−1	−1	−1

图 2.18　图像锐化模板

利用 ImageJ 软件实现图像锐化操作，操作方法：Process→Sharpen。ImageJ 软件采用如图 2.18 所示的图像锐化模板进行图像锐化增强处理，该模板的特点在于周围系数均为负值，中间系数为正值，即线性滤波器。

按上述方法操作一次即可完成一次锐化处理，如图 2.19 所示。图 2.19（b）、（c）分别为锐化一次、两次后的图像，从图 2.19（a）～（c），图像由模糊逐渐变得锐化，特别是边界轮廓信息变得更加清晰。

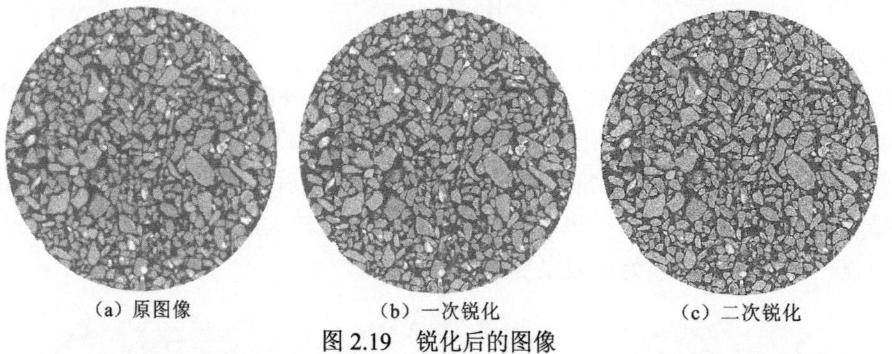

（a）原图像　　（b）一次锐化　　（c）二次锐化

图 2.19　锐化后的图像

2.3.2　尾矿 CT 图像分割处理

图像分割是根据灰度、轮廓几何形状等特征对图像进行区域划分，例如对图像中不同的区域，如孔隙与颗粒之间的分割。图像分割目的在于提取图像中感兴趣的部分，而感兴趣的部分根据研究目的的不同也会不一样。例如：在对图像中颗粒部分进行研究时，颗粒即为感兴趣的部分；对图像中孔隙特征进行研究时，孔隙即为感兴趣的部分。通常根据图像处理要求的不同而选择更适合的图像处理方法，分割方法主要有阈值分割方法、边缘检测分割方法和区域分割方法。

1. 阈值分割方法

阈值分割方法就是根据阈值对图像进行分割，通过对图像中的像素进行逐个扫描，将灰度值大于分割阈值的像素划分为一类，反之，则划分为另一类。如确定分割阈值后将图像分割为颗粒与孔隙两类。

以数学方法来对图像进行分割，设(x, y)为二维图像上某像素点的坐标，$F(x, y)$即为该像素点的灰度值，T 为按照某种分割方法确定的分割阈值，则分割后各像素点的灰度值可表示为

$$F_t(x,y)=\begin{cases}a, & F(x,y)<T\\ b, & F(x,y)\geqslant T\end{cases} \tag{2.29}$$

在二值化图像中灰度值仅有 0 和 1，则 a 等同于二值化中的 0，即黑色像素，b 等同于二值化图像中的 1，即白色像素。

1）直方图阈值分割方法

直方图阈值分割方法以直方图作为依据确定分割阈值。图 2.20 所示为分割时依据的直方图窗口，该图像的直方图分布较规律，主要集中在两部分。在直方图两个波峰之间的波谷部分确定一个分割阈值 T，小于 T 的部分全部划分为孔隙，大于 T 的部分全部划分为颗粒。通过拖动阈值滑块来设置分割阈值，图中选择的阈值为 119，即灰度值小于 119 的均被划分为孔隙，大于 119 的均为颗粒。通过点击 Set 和 Apply 完成直方图法阈值分割。该窗口打开方法为 Image → Adjust → Threshold。

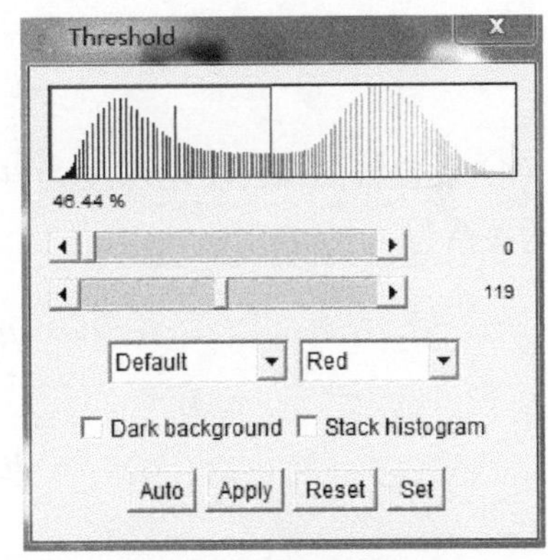

图 2.20　阈值调整窗口

通过直方图阈值分割方法分割后的图像如图 2.21 所示，黑色为孔隙，白色为颗粒。该图可以清晰地反映出原图像中孔隙与颗粒。所以运用直方图阈值分割方法能够较好地将颗粒与孔隙分割开，为后面颗粒与孔隙细观结构表征奠定基础。

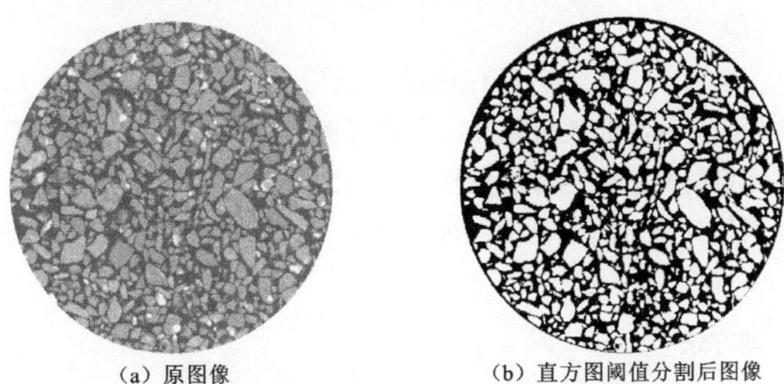

（a）原图像　　（b）直方图阈值分割后图像

图 2.21　直方图阈值分割方法分割后的图像

2）自动阈值分割方法

自动阈值分割方法同样是以直方图为依据确定分割阈值，其不同之处在于自动阈值分

割方法分割阈值的确定是采用最大类间方差法。最大类间方差法以灰度直方图为基准，以图像中目标与背景之间的类间方差值作为判断依据。该方法首先根据灰度直方图与最小二乘法确定分割阈值，并将图像分割为目标与背景，当目标与背景像素群之间的类间方差值最大时该阈值则为自动分割阈值方法的阈值。其优点在于能够使目标与背景之间相互划分错误的概率降到最低。自动阈值分割法的数学原理如下。

（1）设图像中灰度级个数为 L。

（2）灰度级 i 对应的灰度值为 f_i，像素总个数为 n_i，则原图像对应的像素总个数为 N，其中 $i=0,1,2,3,\cdots,k,\cdots,L-1$，则有

$$N=n_0+n_1+\cdots+n_{L-1} \tag{2.30}$$

（3）设根据灰度直方图与最小二乘法初步确定的分割阈值为 T，T 将图像分割为目标区域 α 与背景区域 β，设区域 α、β 分别与整幅图像的面积比为 θ_α、θ_β，则有

$$\theta_\alpha=\sum_{j=0}^{T}\frac{n_j}{n} \tag{2.31}$$

$$\theta_\beta=\sum_{j=T+1}^{L-1}\frac{n_j}{n} \tag{2.32}$$

（4）设整幅图像的平均灰度为 μ，区域 α、β 的平均灰度分别为 μ_α、μ_β，则 μ 与 μ_α、μ_β 的关系为

$$\mu=\sum_{j=0}^{L-1}\left(f_i\times\frac{n_j}{n}\right) \tag{2.33}$$

$$\mu_\alpha=\frac{1}{\theta}\sum_{j=0}^{T}\left(f_i\times\frac{n_j}{n}\right) \tag{2.34}$$

$$\mu_\beta=\frac{1}{\theta}\sum_{j=T+1}^{L-1}\left(f_i\times\frac{n_j}{n}\right) \tag{2.35}$$

$$\mu=\mu_\alpha\theta_\alpha+\mu_\beta\theta_\beta \tag{2.36}$$

相同区域之间灰度表现为相似特性，不同区域之间表现为明显差别。当区域 α、β 之间灰度差较大时，它们各自平均灰度与整幅图像平均灰度之间的差值也很大，这种差别可以用方差来描述，即

$$\sigma^2=\theta_\alpha(T)\times\theta_\beta(T)[\mu_\alpha(T)-\mu_\beta(T)]^2 \tag{2.37}$$

σ^2 值越大，区域 α、β 分离的效果越好。由此可确定当 $\sigma^2=\max[\sigma^2]$ 时对应的 T 即为分割阈值。ImageJ 软件自动阈值分割方法操作与直方图分割方法类似，只需在图 2.20 中点击 Auto 即可。自动阈值分割方法分割图像如图 2.22 所示，该图能够很清晰地区分图像中的颗粒与孔隙部分。

3）分水岭分割方法

分水岭分割方法是一种基于拓扑理论的图像分割方法，其思想源于地学中的拓扑地貌。该方法将图像中各像素点的灰度值假想为该点的海拔高度，各区域均存在一个局部极小值，将局部极小值及其影响范围内区域称为集水盆地，集水盆地的边界构成了分水岭。通常采用模拟浸水模型来演示分水岭形成：在每一个集水盆地底部刺一个小洞，将模型缓

缓地浸入水中，此时，水会通过小洞慢慢地在集水盆地中扩展，在集水盆地的边界处形成分水岭，同时在两个集水盆地将要汇合时在交界处建设水坝以阻止其合并。随着水位不断上升，不断建立新的水坝，水坝将整幅图像连接成很多小的区域，连通的水坝即为分水岭，分水岭为一条连续的路线，灰度值较大的山脊与集水盆地水的交界处即形成了颗粒的边缘。分水岭分割浸水模型如图 2.23 所示。

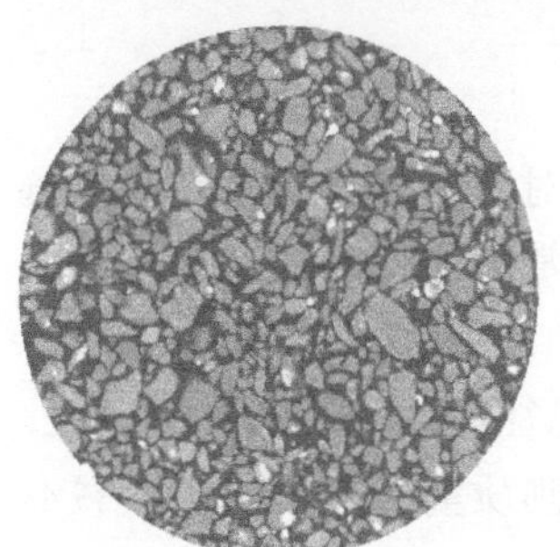
（a）原图像

（b）自动阈值分割后图像

图 2.22　自动阈值分割方法分割后的图像

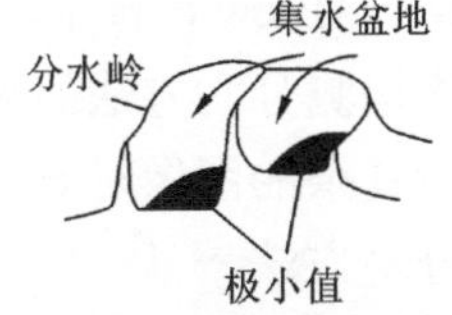

图 2.23　分水岭分割浸水模型示意图

分水岭分割方法的数学原理可表示如下。设图像各像素点的灰度值集合 $\boldsymbol{D}$ 的最大与最小灰度值分别为 $h_{\max}$ 与 $h_{\min}$，水位 h 从 $h_{\min}$ 不断上升至 $h_{\max}$。在此过程中，集水盆地不断扩展，定义水位高为 h 时集水盆地集合为 $\boldsymbol{X}(h)$。如果一个点与两个或者多个集水盆地的距离相等时，则该点不属于任何一个集水盆地，反之，则属于离其最近的集水盆地。水位为 h+1 时，则出现新的集水盆地集合 $\boldsymbol{X}(h+1)$，其为 $\boldsymbol{X}(h)$的一个扩展，一个连通分量 $T(h+1)$为一个新的局部最小值。设水位高度为 h 时的局部最小值为 $\min(h)$，$\boldsymbol{Y}[h+1, X(h)]$为水位为 h+1 时 $\boldsymbol{X}(h)$点的集合，则

$$\begin{cases} X(h_{\min}) = \{p \in \boldsymbol{D} | \; f(p) = h_{\min}\} = T(h_{\min}) \\ X(h+1) = \min(h+1) \cup \boldsymbol{X}(h) \cup \boldsymbol{Y}[h+1, X(h)] \end{cases} \tag{2.38}$$

分水岭变换 **Watershed**(f)为 $\boldsymbol{X}(h_{\max})$补集：

$$\textbf{Watershed}\,(f) = D / h_{\max} \tag{2.39}$$

ImageJ 软件中的分水岭分割是建立在二值化图像上的，图 2.24 所示为自动阈值分割方法［图 2.24（b）］和分水岭分割方法［图 2.24（c）］分割后的图像。与图 2.24（b）不同的是图 2.24（c）中各颗粒之间的接触被断开，为本书颗粒进行形状因子、粗糙度细观结构表征的研究奠定基础。

（a）原图像

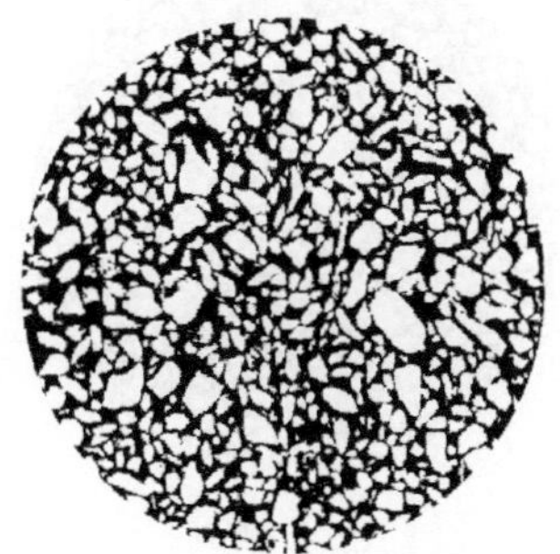
（b）自动阈值分割后图像

（c）分水岭分割后图像

图 2.24　自动阈值分割方法与分水岭分割方法分割后的图像

将直方图阈值分割方法、自动阈值分割方法、分水岭分割方法进行比较，可以看出直方图与自动阈值分割方法相对较好，但针对灰度直方图中波谷范围较长且相对较平缓的情况，可供选择的阈值范围较大，为减少人为直观拖动滑块确定阈值造成的不确定性，选择自动阈值分割方法作为阈值分割方法，同时在对图像颗粒信息提取前对二值化的图像采用分水岭分割方法，为颗粒细观结构的研究奠定基础。

2. 边缘检测分割方法

边缘检测分割方法也是使用比较多的一种分割方法，主要是对目标与背景交界处信息进行提取，交界线内部形成封闭区域，从而完成对图像的分割。常用的有 Roberts 算子、Sobel 算子、Prewitt 算子、Laplacian-Gauss 算子等边缘检测方法。

边缘检测分割方法的缺点在于对图像分割时，得到的边缘信息往往存在不连续的现象，在处理较复杂的图像时难以较好地得到图像边界信息，使图像分割质量降低。因此本书不采用该分割方法。

3. 区域分割方法

区域分割方法是建立在区域上的一种分割方法，分为区域生长和区域分裂合并两种方式。区域生长是先确定一个种子像素，然后将周围相似的像素合并为种子像素区域，这样区域会不断增大。区域分裂合并首先将整幅图像分裂为 4 个矩形区域，接着将剩下每个区域分割，直至各区域内部均相似，然后再将各小区域合并直至不能继续合并为止。区域分割的缺点在于区域生长中种子像素不易获得，区域分裂与合并过程中分裂所需时间较长，分割效率较低。

2.3.3 尾矿二值化图像生成

图像经 CT 图像处理后，像素由孔隙和颗粒组成，自动阈值分割方法能将孔隙与颗粒分割开，实现图像的二值化。结合分水岭分割方法对二值化图像中的接触颗粒进行断开处理，以便于对孔隙与颗粒细观结构表征进行进一步研究。

使用 ImageJ 软件对图像进行自动阈值分割以实现二值化，图 2.25 所示分别为第 200 层、第 500 层、第 800 层自动阈值分割后的图像。图中白色为尾矿颗粒，黑色为孔隙。

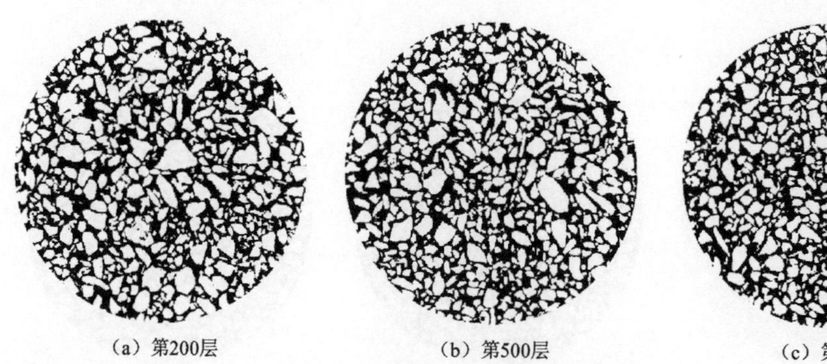

（a）第200层　　（b）第500层

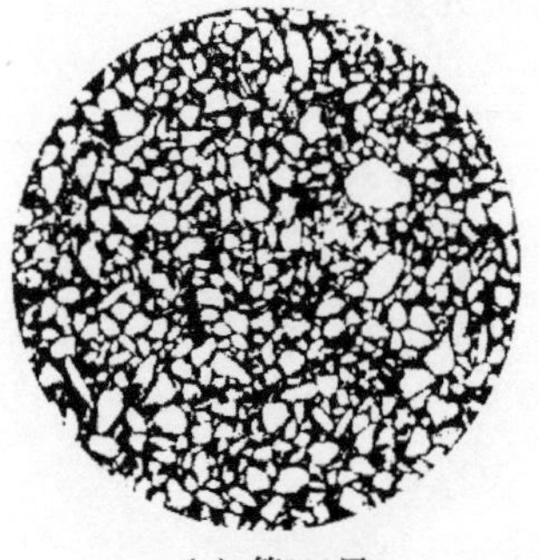

（c）第800层

图 2.25　二值化后图像

2.4 CT图像三维重构

2.4.1 MIMICS软件介绍

MIMICS（Materialise's Interactive Medical Image Control System）是一种医学影像控制系统，由比利时Materialise公司于1992年开发，是一款整合度高且易于操作的3D图像生成及处理软件。其具有不同的模块，可根据用户需求的不同进行搭配。模块分为基础模块与可选模块，基础模块功能有图像导入、图像分割、图像三维可视化及图像测量；可选模块包括Med CAD（计算机辅助设计）模块、快速成型（rapid prototyping，RP）模块、仿真模块、标准模板库（standard template library，STL+）模块及有限元分析（finite element analysis，FEA）模块（图2.26）。同时该软件也提供了很多有限元接口，以配合用户的不同需求。

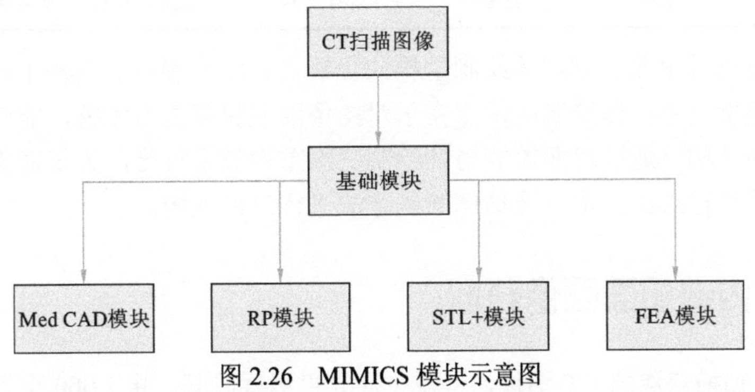

图2.26 MIMICS模块示意图

本节将CT图像导入MIMICS软件，通过基础模块生成三维模型，然后运用该软件剪切功能获取三维模型任一切面的剖面图，该剖面图可用于尾矿试样内部细观结构研究。

2.4.2 尾矿三维重构实现方法

较为通用的三维重构实现的方法有两种：面绘制和体绘制。

1. 面绘制

面绘制有两种实现方法：基于切面边界轮廓重建法和基于体素的等值面重建法。基于切面边界轮廓重建法通过图像处理获取边界信息并生成等值线，再将等值线连接起来生成等值面，该方法重建速度慢、效率低，且在重建前需要进行大量图像处理，使得重构后的效果较差，因此较少被采用。基于体素的等值面重建法面向体素法，是通过直接提取等值面完成的，该方法相对简单且运行速度快，因此面绘制中多采用该方法。无论是基于边界轮廓重建还是基于体素等值面的面绘制法均是在二维图像的基础上进行的，它们各有其优缺点。

2. 体绘制

体绘制先对三维体数据中的每一类数据赋予不同的颜色和透明度，然后将其投影到三维空间数据场中，通过对每一个单元体属性还原进而还原整体属性来实现三维重构。体绘制的优点在于重构图像质量效果更好、更清晰，缺点在于计算量大、计算速度较慢。与面绘制不同，体绘制是在三维的基础上进行的。常用的体绘制方法有：光线射线法、溅射法、剪切法等。

3. 面绘制与体绘制对比

在三维重构过程中，由于面绘制与体绘制的原理不同，在内存要求、运行速度、重构效果、操作对象等方面均表现出一定差别，如表 2.3 所示。

表 2.3　面绘制与体绘制重构方法对比

绘制方法	内存要求	运行速度	重构效果	操作对象	缺点
面绘制	较小	较快	细节信息易丢失	二维图像	边界信息提取不够准确
体绘制	较大	较慢	细节保存完整	三维体数据	噪声重叠现象突出

由表 2.3 可以看出面绘制与体绘制重构的优缺点。面绘制的优点在于对计算机内存要求更小且运行速度更快；体绘制的优点在于对图像细节保存更为完整，能够得到更为逼真的三维空间几何结构。通过对面绘制与体绘制三维重构效果对比，为了能更为准确地对尾矿内部细观结构进行对比，本节选择体绘制方法进行三维重构。

2.4.3　尾矿内部切面图像获取

根据 2.3 节扫描获取的 CT 图像，为减少计算机运行时间，共 1 000 个切面中仅选择第 250～750 幅 CT 图像重构，且图像直径缩小到 250 个像素。将 CT 图像导入 MIMICS 软件，根据整个数据的灰度直方图选择分割阈值，提取颗粒和孔隙信息并存放在各自的蒙罩中，经过三维计算即可得到三维几何模型，如图 2.27 所示，(a) 为三维模型颗粒重构后的图像；(b)、(d) 分别为平行于 *XOZ*、*YOZ* 的竖向剖面，使用 MIMICS 软件的编辑功能，可以获得任一平行于 *XOZ*、*YOZ* 竖向剖面；(c) 为横向剖面，与 CT 图像一致，可通过调节切面位置来获取沿试样高度任一横向剖面图。

图 2.28 所示为尾矿孔隙的三维重构图，可以清晰地看出凹进去的颗粒轮廓。

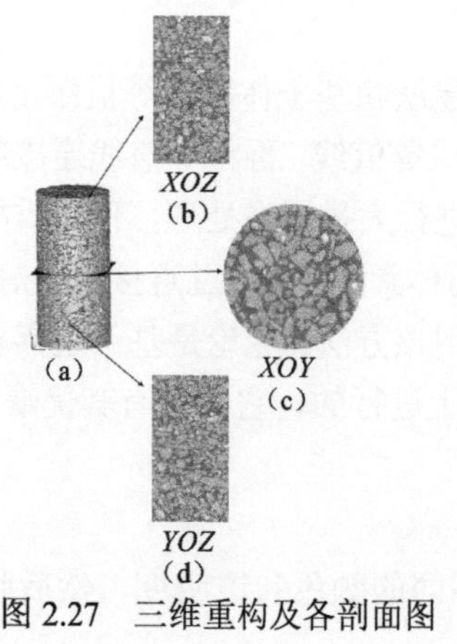

图 2.27　三维重构及各剖面图

图 2.28　尾矿孔隙三维重构图

提取试样中重构立方体的一部分，通过 MIMICS 软件中的 cut through points 功能选点可以生成用户所需的任一角度切面，如图 2.29（a）～（c）所示，图 2.29（d）～（f）分别为对应切面的剖面图。这样即可获得试样任一角度的内部细观结构图，再对剖面图进行图像处理即可提取出其颗粒信息，便于对其细观结构进行研究。

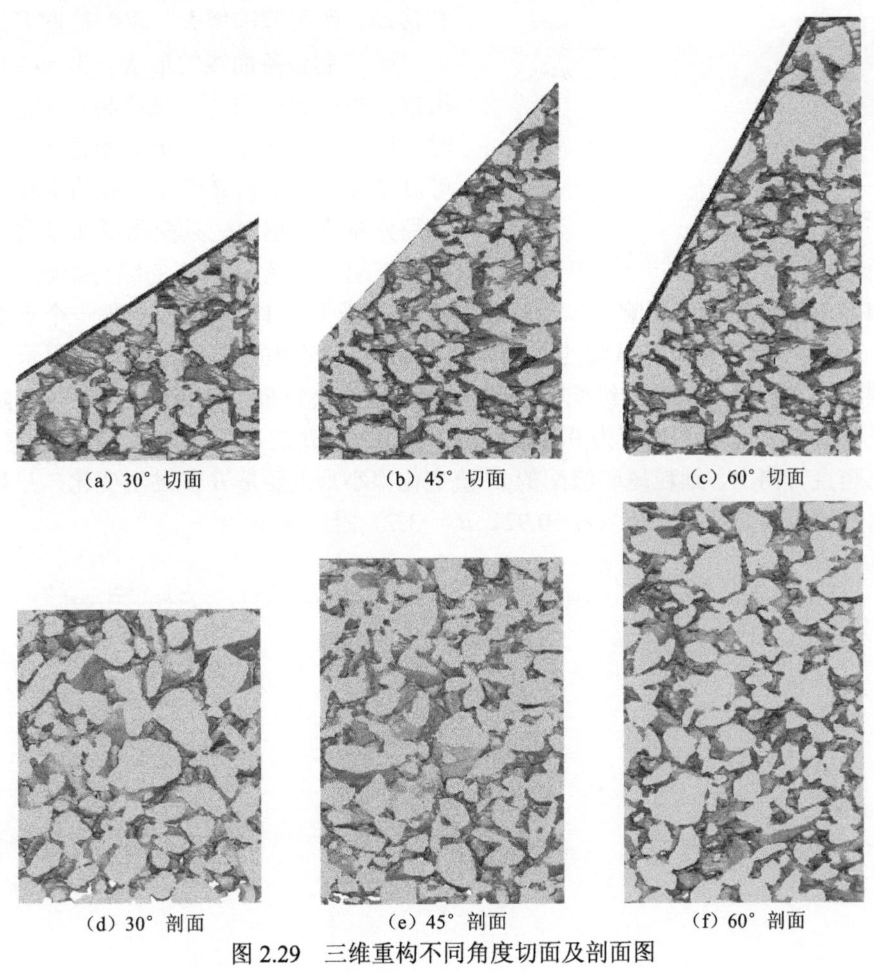

（a）30° 切面　（b）45° 切面　（c）60° 切面

（d）30° 剖面　（e）45° 剖面　（f）60° 剖面

图 2.29　三维重构不同角度切面及剖面图

2.5　尾矿颗粒细观结构表征

2.5.1　*m-B* 平面下的颗粒级配描述

级配指标是用来反映级配特征的物理量。为了更好地描述级配曲线，本小节对颗粒分布累积曲线进行分析，提出用两个指标描述颗粒分布累积曲线的方法。

根据 2.1.3 小节可知，Y 与 X 是线性相关的，因此尾矿的颗粒分布累积曲线能够在 X-Y 坐标上形成一条直线，可以用直线的斜率和截距来描述粒径分布，即用均匀性系数 m 和比例参数 B（定义 $B=-m\ln\eta$，η 为 Weibull 函数泰勒展开后参数）唯一确定一条颗粒分布累积曲线。

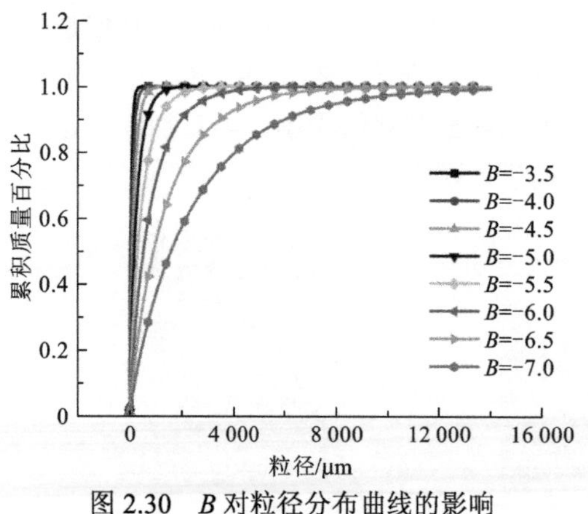

图 2.30　*B* 对粒径分布曲线的影响

B 控制级配的范围。取 $m=0.9$，*B* 为-3.5、-4.0、-4.5、-5.0、-5.5、-6.0、-6.5、-7.0 绘制出相应的累积质量百分比与粒径关系，见图 2.30。由图可知，随着 *B* 的减小，曲线向右移动，级配范围增大，粗颗粒增多。

m 控制整条曲线的形状。当 $m=1$ 时，呈指数分布；当 $m=2$ 时，呈瑞利分布；当 $m=3.5$ 时，近似正态分布。当 *m* 在小范围内变化时，可以使曲线产生和 *B* 变化相似的变化：*m* 越小，粒径分布范围越宽，且变化更加显著。这说明颗粒级配曲线受 *m* 和 *B* 的综合影响。

m 和 *B* 对颗粒级配的影响可以反映在 *m-B* 的二维平面中，平面中的每一个点都代表一种级配，2.1.3 小节颗粒分布试验的结果反映在 *m-B* 空间中的情况如图 2.31 所示。图 2.31 表明，颗粒分布试验的试样的级配在 *m-B* 平面内呈带状分布，在 $m=1$，$B=-3.5$ 附近较为集中。经计算得到 *m* 的平均值为 0.92，标准差为 0.17；*B* 的平均值为-3.7，标准差为 0.84。这表明在竖直方向上，细粒尾矿级配的 *m* 值变化很小，主要是 *B* 值发生变化，并且这种变化不是离散的，而是在中心值（$m=0.92$，$B=-3.7$）附近集中。

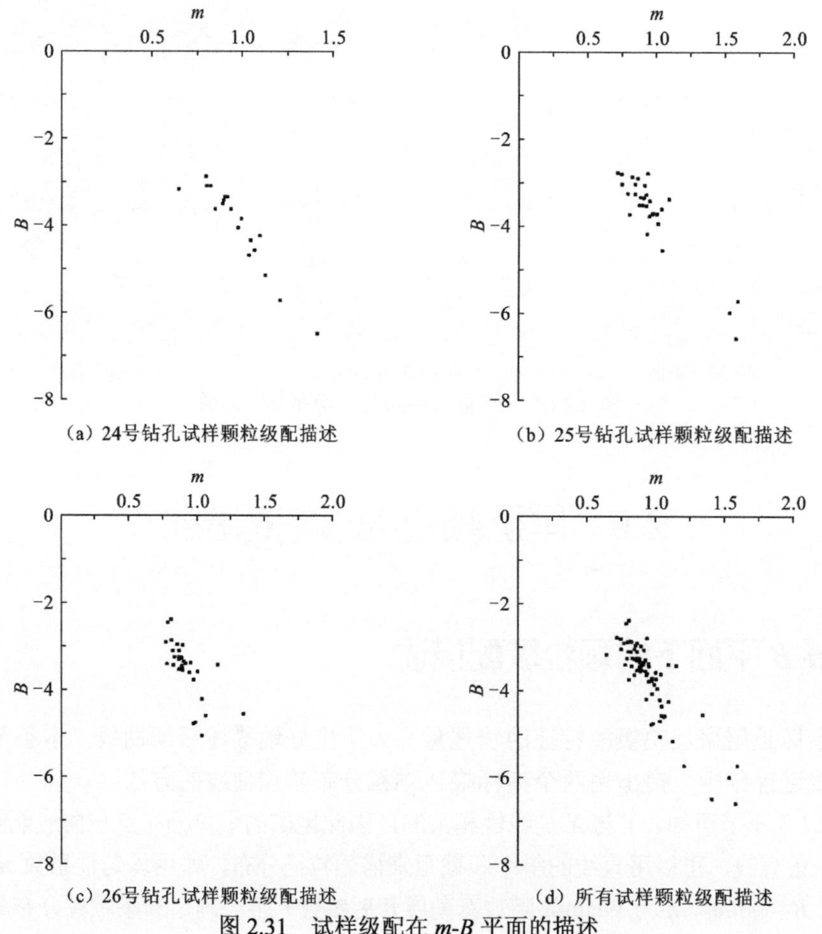

图 2.31　试样级配在 *m-B* 平面的描述

m-B 平面为定量描述大数量试样的颗粒级配提供可能，其优点在于平面内的点和颗粒级配有一一对应的关系，但这种描述只适合在坐标中具有线性关系的散体材料。

2.5.2 基于 CT 技术的颗粒级配描述

获得更为逼真的颗粒信息对颗粒细观结构的研究具有重要意义。采用数字图像处理技术能够获得很好的颗粒信息，但图像中不可避免地出现两个或多个颗粒接触的现象，给单个颗粒信息的提取增加了难度。因此本小节针对该难题，运用 ImageJ 软件，结合其分水岭分割方法对图像进行分割处理以获取边界信息。图 2.32 所示为颗粒边界信息获取过程，(a) 为二值化图像，从图中可以看出部分颗粒存在接触的现象，对其进行阈值分割处理后得到 (b) 所示的二值化图像，与 (a) 对比能很明显地看出其颗粒接触点被断开；(c) 为对单个颗粒边界信息提取，提取的颗粒各个参数可以保存在相应的表格文件中，为了避免已经处理过的颗粒再次重复处理，可以剪切掉处理后的颗粒，这样经过处理后的颗粒便不再出现在图像中。

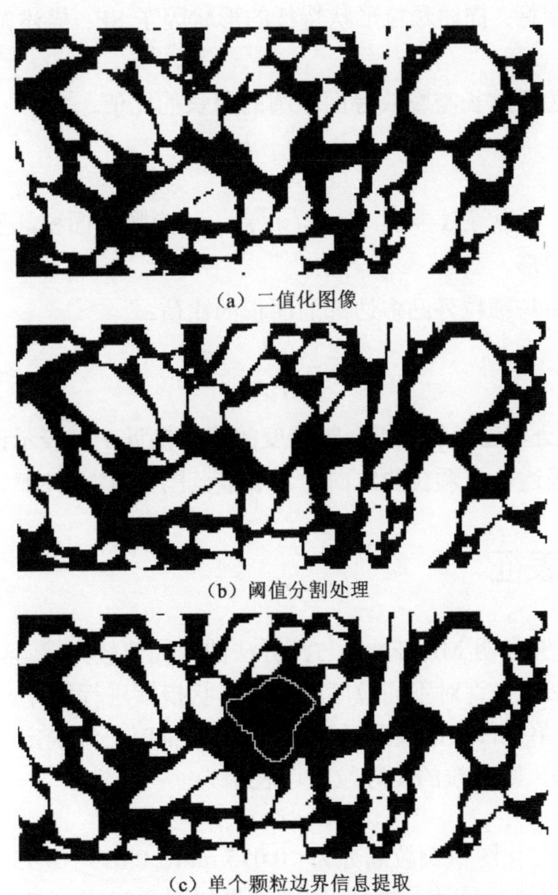

(a) 二值化图像

(b) 阈值分割处理

(c) 单个颗粒边界信息提取

图 2.32　颗粒边界信息提取过程

ImageJ 软件在对颗粒边界信息提取时能够直接获得颗粒单元的基本参数，如颗粒周长、面积、粗糙度、角度等参数。相关参数的描述如表 2.4 所示。

表 2.4　颗粒单元基本参数

参数	含义	备注
Area	面积	
Perimeter	周长	颗粒外边界长度
Feret's diameter	最大 Feret 直径	
Min Feret	最小 Feret 直径	颗粒边界上任意两点间的距离
Feret Angle	最大 Feret 直径与 X 轴夹角	
Convex area	颗粒外凸多边形面积	颗粒边界轮廓中最外层点连接起来构成的凸多边形
Solidity	颗粒粗糙度	颗粒面积与外凸多边形的比值

通过获得的颗粒基本参数，根据需要选择相应的计算公式来获得所需的颗粒形状指标，从而开展颗粒细观结构研究。本小节选择形状因子和粗糙度两个基本指标来对颗粒细观结构进行评价，选择 Feret Angle 作为颗粒的方向角指标对颗粒各向异性进行研究。

评定颗粒形状的指标：描述颗粒形状特征的形状因子 SF；描述颗粒表面粗糙程度的粗糙度 S。

形状因子为颗粒边界周长与颗粒等面积圆的周长的比值：

$$\mathrm{SF}=\frac{P}{2\pi r} \tag{2.40}$$

式中：P 为颗粒周长；r 为等效半径，$r=\sqrt{A/\pi}$，A 为颗粒面积。形状因子的值越远离 1 时表示该颗粒越偏离圆形。

粗糙度为颗粒面积与颗粒外凸多边形的面积的比值：

$$S=\frac{A}{A_{外凸}} \tag{2.41}$$

式中：$A_{外凸}$ 为颗粒外凸多边形的面积。粗糙度的值越接近 1 时表示该颗粒越光滑。

Feret Angle 用于描述单个颗粒的定向性，取值范围为 0°～180°。

2.5.3　颗粒形状表征

Altuhafi 等[86-87]研究表明 Min Feret 与筛分法的粒径值较为接近，因此以 Min Feret 直径代表颗粒实际粒径 d，分别对不同粒度的颗粒形状指标进行统计。由于图像以像素为基本单位，并且每个像素单位代表的实际长度 l 在 CT 扫描时已经确定，设某个颗粒 Min Feret 直径所包含的像素为 n，则颗粒的实际粒径可表示为

$$d=l\times n \tag{2.42}$$

按式（2.42）将二值化图像颗粒划分为<0.075 mm、0.075～0.15 mm、0.15～0.30 mm、0.30～0.60 mm 4 组粒组进行统计分析。测得的结果如图 2.33 及表 2.5 所示。对于圆形颗粒，其形状因子为 1。与圆形颗粒相比，4 组不同粒度范围的颗粒均表现为大于 1，说明颗粒均与圆形颗粒有一定的差距。对比 4 组粒径颗粒形状因子的平均值，可以看出该尾矿颗粒均表现出一定的狭长、扁平特征。且随着粒度的增大，颗粒狭长、扁平的特征更为突出，形

状因子越大，颗粒形状越不规则。对于颗粒表面的粗糙度而言，当颗粒为圆形时，颗粒表面最为光滑，其粗糙度为 1。该尾矿 4 组的颗粒粗糙度均小于 1，且随着粒度的减小，其颗粒粗糙度值越小，颗粒表面越粗糙，颗粒表面棱角越多，这也许是颗粒在搬运过程中、在荷载作用下大颗粒优先抵抗外荷载作用且相互之间发生摩擦使其表面变得光滑，而小颗粒处于大颗粒之间减少摩擦，更好地保存了其边缘特征。

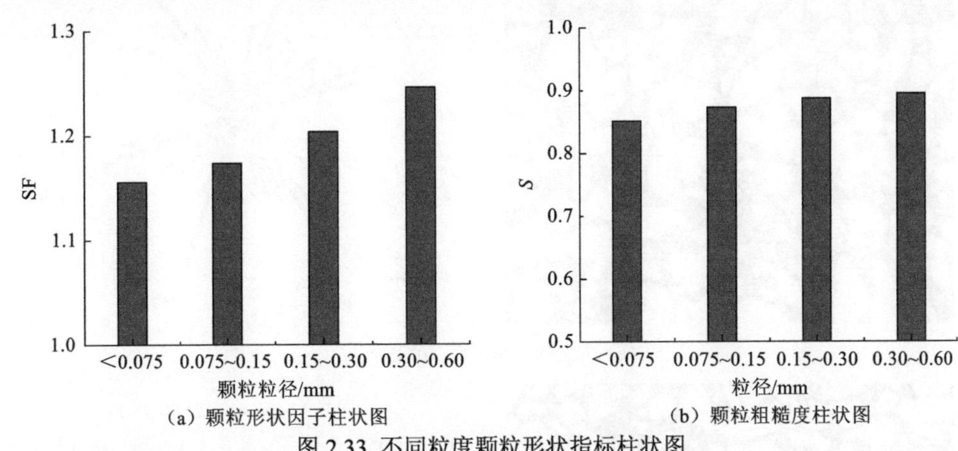

(a) 颗粒形状因子柱状图　(b) 颗粒粗糙度柱状图

图 2.33 不同粒度颗粒形状指标柱状图

表 2.5 不同粒度尾矿颗粒形状参数平均值

粒径/mm	形状因子 SF			粗糙度 S		
	最大值	平均值	最小值	最大值	平均值	最小值
<0.075	1.684	1.156	1.003	0.961	0.852	0.684
0.075～0.15	1.732	1.174	1.025	0.973	0.874	0.668
0.15～0.30	1.668	1.204	1.055	0.945	0.888	0.697
0.30～0.60	1.620	1.246	1.120	0.947	0.896	0.726

颗粒定向性是土体重要细观力学指标之一，图 2.34 所示为颗粒组成的三维单元体，假设其为土体中某一点，则图中 σ_1 、 σ_2 、 σ_3 作用面分别为大主应力作用面、中主应力作用面、小主应力作用面，与 XOY 平面呈 30°、45°、60°的截面分别代表土体不同剪切带方向上的切面。

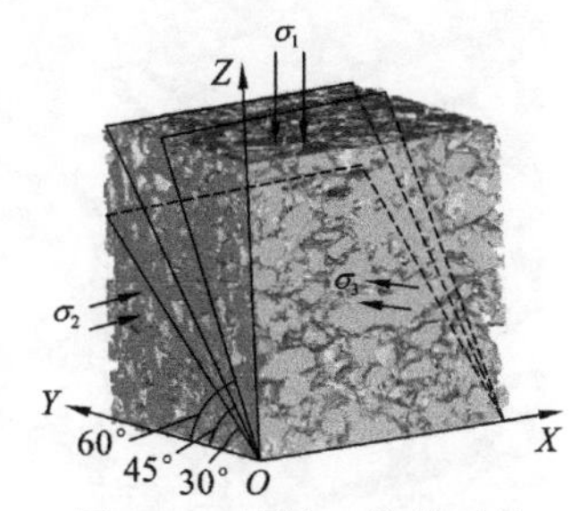

图 2.34 颗粒三维单元体

描述土体颗粒定向性要求对所有颗粒定向角进行统计分析，包括主定向角、各向异性率、定向玫瑰图、定向分布函数等[88]。本小节采用主定向角、定向玫瑰图及各向异性率来表征土样定向特征。

图 2.35 所示为土体中各切面的二值化图像及其二值化图像颗粒定向玫瑰图和拟合椭圆。定向玫瑰图是在二值化图像中每个颗粒的定向角的基础上统计的，取颗粒间隔为 5°分级，在某一定向角度级范围内的所有颗粒的数目为定向长度。由于统计的颗粒定向角度范围为 0°～180°，且定向方向具有对称性，对绘制的 0°～180°区间内的颗粒定向图镜像来获得 0°～360°区间内的定向玫瑰图。要想定量表征土体

颗粒定向性仅通过颗粒定向玫瑰图还是不够的，需要对定向玫瑰图中各数据点进行拟合得到拟合椭圆，该椭圆称为最佳椭圆，且其长轴所对应的角度即为该二值化图像的主定向角。

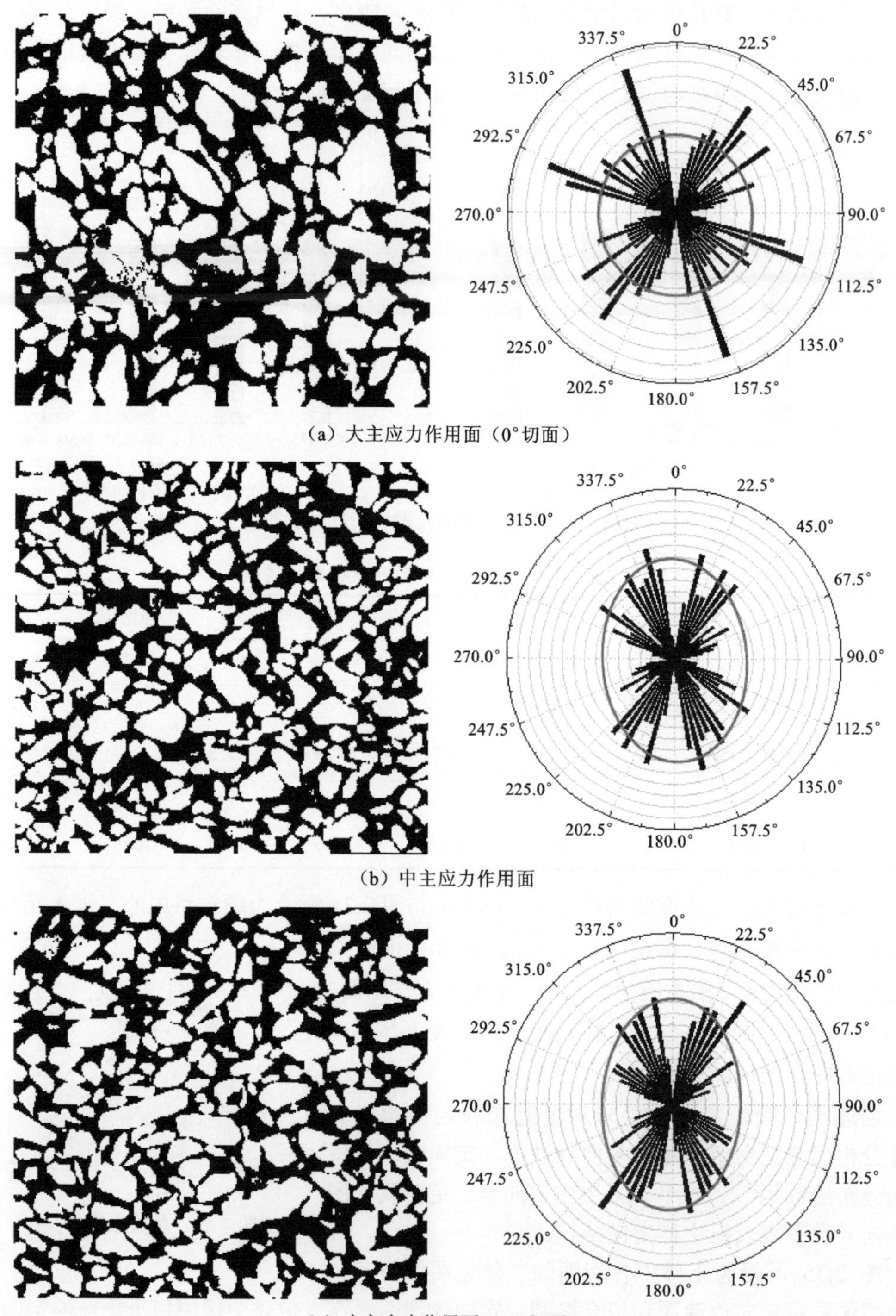

（a）大主应力作用面（0°切面）

（b）中主应力作用面

（c）小主应力作用面（90°切面）

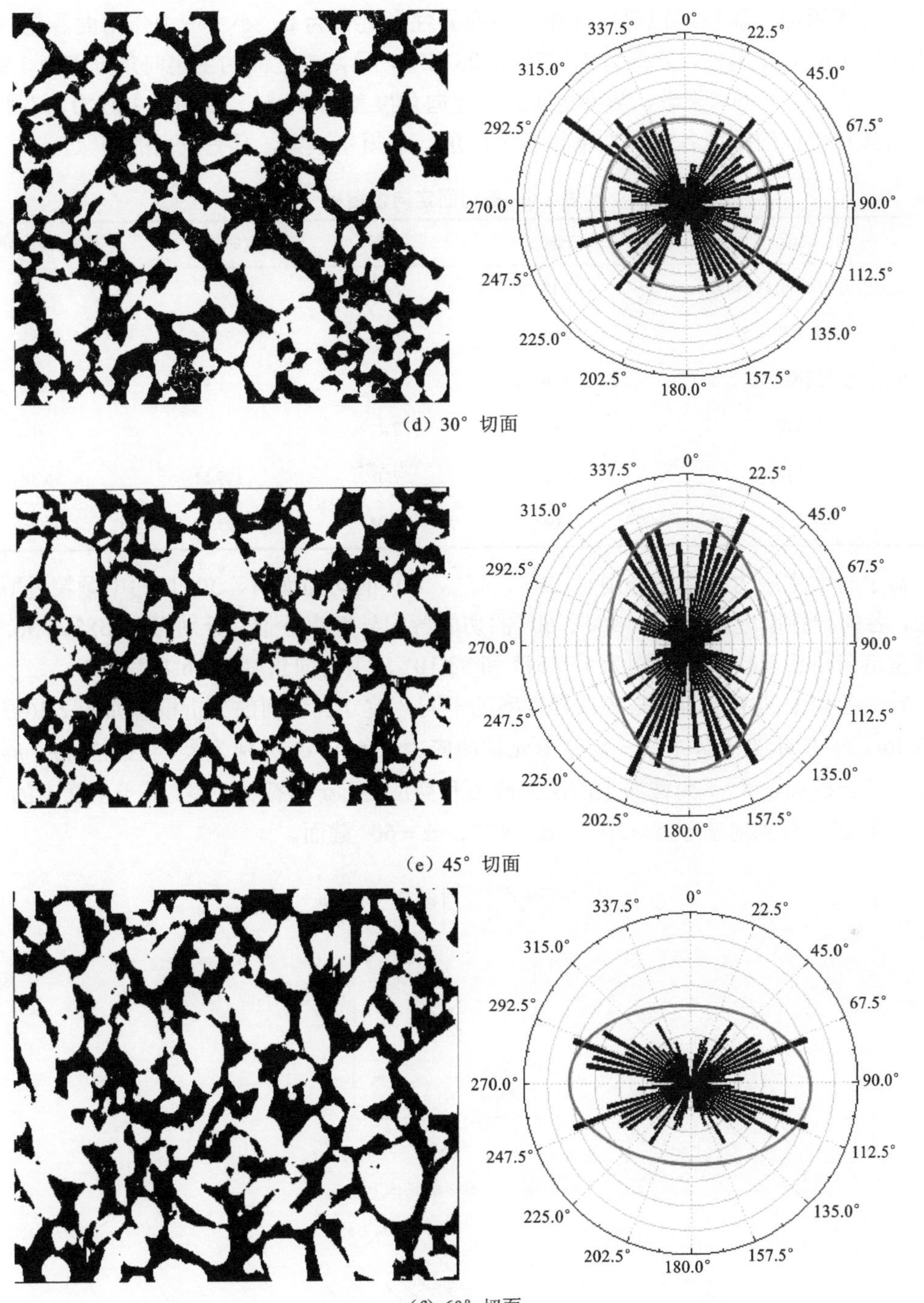

（d）30° 切面

（e）45° 切面

（f）60° 切面

图 2.35　各切面二值化图及其颗粒定向性玫瑰图、拟合椭圆

各向异性率可表示为[89]

$$I = \frac{a-b}{a} \tag{2.43}$$

式中：I 为二值化图像中颗粒各向异性率；a 为拟合椭圆长轴长度；b 为拟合椭圆短轴长度。

表 2.6 所示为各切面定向性指标，对于大主应力、中主应力、小主应力作用面而言，

大主应力作用面中颗粒近似等向分布，各向异性率近似为 0，小主应力作用面各向异性率略大于中主应力作用面，分别为 33.17%和 28.52%，且两者之间的主定向角分别为 1.99°和 175.94°；从 0°～360°来看，两者之间的主定向角度差为 6.05°，表明中主应力、小主应力作用面具有近似的颗粒各向异性率和主定向角，且相差不大，具有较大的相似性。

表 2.6 各切面定向性指标

切面	a/mm	b/mm	主定向角/（°）	各向异性率/%
大主应力作用面（0°切面）	7.13	6.86	—	0
中主应力作用面	9.01	6.44	175.94	28.52
小主应力作用面（90°切面）	9.29	6.21	1.99	33.17
30°切面	7.62	7.47	—	0
45°切面	11.13	7.08	179.51	36.38
60°切面	11.04	7.03	93.10	36.36

对于与大主应力作用面分别呈 30°、45°、60°的切面而言，30°切面中颗粒近似等向分布，各向异性率近似为 0°，45°、60°的切面各向异性率近似，分别为 36.38%、36.36%，但其主定向角相差较大，分别为 179.51°和 93.10°，主定向角度差 86.41°。

针对各切面的主定向角与各向异性率的不同，建立各切面的分析模型如图 2.36 所示，图 2.36（a）所示为土体中任一点微单元体的应力，σ_1、σ_3 分别为大、小主应力，*m-n* 为该点处任一截面，σ、τ 为截面上的法向应力和剪应力，α 为截面角度，对于上文中的 30°、45°、60°切面分别对应于 $\alpha=30°$、$\alpha=45°$、$\alpha=60°$ 截面。

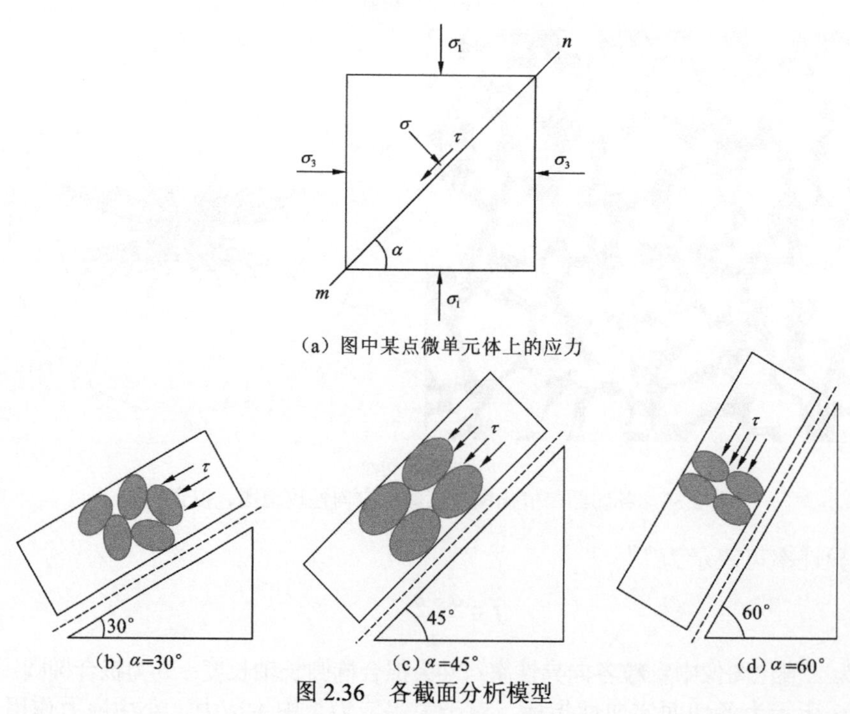

图 2.36 各截面分析模型

当 $\alpha = 30°$ 时，该截面上颗粒没有明显的定向性，因此建立如图 2.36（b）所示的分析模型，在剪应力 τ 的作用下颗粒较难沿截面方向发生错动。

当 $\alpha = 45°$ 时，该截面的颗粒主定向角为 179.51°，近似于平行于截面方向，因此建立如图 2.36（c）所示的分析模型，在剪应力 τ 的作用下颗粒发生错动（转动）的难度也较大。

当 $\alpha = 60°$ 时，该截面颗粒主定向角为 93.10°，近似于 90°，建立如图 2.36（d）（主定向角为 90°）所示的分析模型，当截面颗粒主定向角为 90° 时，在较小的剪应力 τ 的作用下就可以使颗粒发生错动（转动）。因此，$\alpha = 60°$ 时，颗粒较易发生错动，该角度与试样被剪破时的剪切带角度最近。

为了验证上述结论，对德兴 4 号库尾矿进行三轴固结排水剪试验，试样的干密度设置为 1.62 g/cm^3，含水率取 15%。试验结果如图 2.37 所示。由于 200 kPa 试验失败，试验仅对 100 kPa、300 kPa、400 kPa 试验结果测其抗剪强度指标。如图 2.37 所示，尾矿的黏聚力 c = 41.0 kPa，内摩擦角 $\varphi = 32.0°$，根据莫尔-库仑强度准则，在极限平衡状态下，试样的破坏面与大主应力作用面间的夹角为

$$a_{\mathrm{f}} = 45° + \frac{\varphi}{2} \tag{2.44}$$

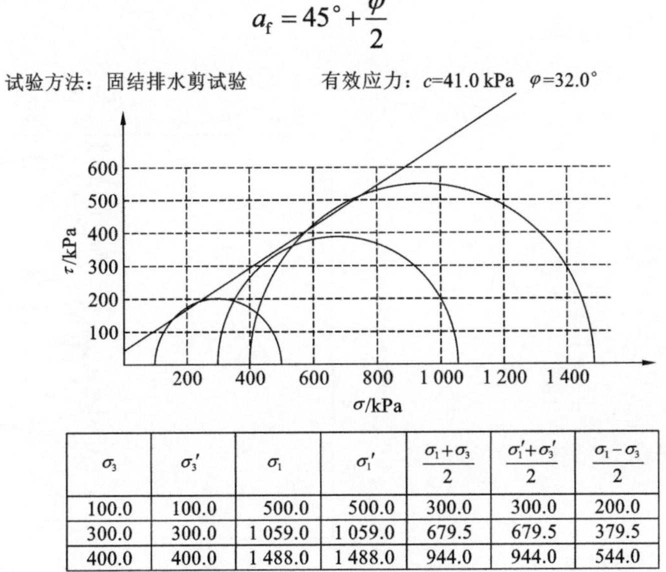

σ_3	σ_3'	σ_1	σ_1'	$\frac{\sigma_1+\sigma_3}{2}$	$\frac{\sigma_1'+\sigma_3'}{2}$	$\frac{\sigma_1-\sigma_3}{2}$
100.0	100.0	500.0	500.0	300.0	300.0	200.0
300.0	300.0	1 059.0	1 059.0	679.5	679.5	379.5
400.0	400.0	1 488.0	1 488.0	944.0	944.0	544.0

图 2.37　尾矿室内三轴试验

代入可得 $\alpha_{\mathrm{f}} = 61°$，与上文认为的 $\alpha = 60°$ 较为接近。因此，对于土体中的某点，当其某角度截面的颗粒主定向角度为 90° 时，该角度为土体破坏时剪切带的角度。

2.6　尾矿孔隙细观结构表征

2.6.1　孔隙率分布

尾矿空间孔隙特征常用孔隙率来表示，CT 图像是由一系列矩形排列的像素点构成，其中每一个像素点对应一个正方形。在二值化图像中，颗粒像素点对应值为 1，显示为白

色；孔隙像素点对应值为 0，显示为黑色。单张 CT 图像孔隙率等于孔隙像素的个数与总像素个数的比值，即表观孔隙率。通过对一系列二值化 CT 图像的表观孔隙率统计分析，可计算出试样的表观孔隙率沿试样高度的分布情况及整个试样的体积孔隙率。根据文献[90]建立如图 2.38 所示计算模型，设 CT 切片间间距为 d_z，模型上下边界分别为 z_2、z_1，$n_z(i)$ 为高度 z 处对应 CT 图像切片的表观孔隙率，i 为 z 高度从下到上的层数。当 d_z 足够小时，高度 z 处两切片之间的体积孔隙率为

$$\overline{n}_z = n_z(i) \tag{2.45}$$

则该模型的空间孔隙率可表示为

$$\overline{n} = \sum_{i=1}^{k} n_z(i) \Big/ k \tag{2.46}$$

式中：k 为 z_1 到 z_2 间 d_z 的个数。

通过代入整个试样的高度于 z_1、z_2，运用式（2.46），则可得出整个试样的孔隙率。图 2.39 所示为尾矿试样切面二值化图像计算出来的整个试样的体积孔隙率及表观孔隙率沿试样高度的空间分布曲线。

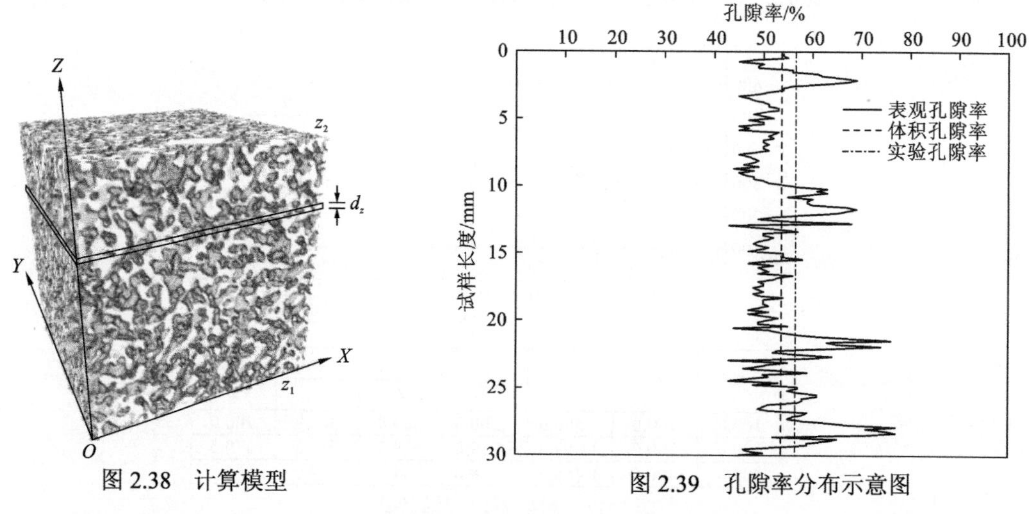

图 2.38 计算模型

图 2.39 孔隙率分布示意图

由图 2.39 可知，整个试样体积孔隙率为 53.64%，试验得到的孔隙率为 56.60%，误差率为 5.19%，CT 图像计算出的整个试样的孔隙率与试验得到的孔隙率相比误差较小，可用来表征实际体积孔隙率。

对各个切片同一表观孔隙率出现的频率进行统计并绘制表观孔隙率频率图，如图 2.40 所示，可以看出表观孔隙率主要集中在48%～53%，且该区间的切片数占总切片数的56.7%，说明大多数截面孔隙率与体积孔隙率相近。表观孔隙率在 46%～57%的切片数量呈对称分布，大于 57%时，随着表观孔隙率的增加，切片数量总体上呈逐渐减少的趋势。

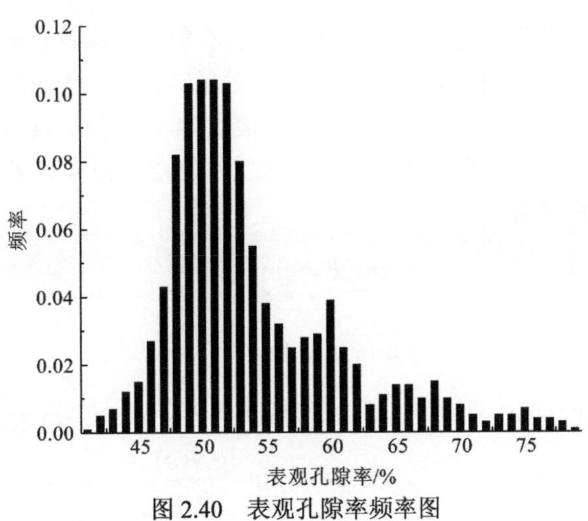

图 2.40　表观孔隙率频率图

2.6.2　二维孔径分布

土体内部孔径大小及其分布是影响土体强度特性的重要因素之一[91]。本小节通过编写 MATLAB 程序对二维二值化图像内部孔径大小及其分布进行定量分析。计算二维图像中孔隙中轴线，对中轴线上每一点计算孔径大小，统计孔径分布。为消除扫描时产生的伪影影响，本节只对试样中央的矩形区域进行统计分析，通过对二维孔隙重构的网络孔隙模型如图 2.41 所示。

图 2.41　孔隙网络模型

计算结果如表 2.7 所示，最大孔径为 360 μm，最小孔径为 30 μm，孔径分布在小于 100 μm 时最为集中，其次是孔径分布在 100～200 μm，大于 200 μm 孔径分布最少。

表 2.7　二维孔径分布

孔径		数值
最大孔径/μm		360
最小孔径/μm		30
孔径分布/%	<100 μm	56.82
	100～200 μm	39.67
	>200 μm	3.51

2.6.3　孔隙分形特征表征

近年来，运用分形理论对岩石、煤等岩土材料孔隙结构的研究越来越多，并取得了较多的成果[92-93]。分形理论最重要的特征就是研究对象的自相似性。谢和平[94]率先在岩石微细观结构的研究中引入分形理论，其研究表明，岩石裂纹结构具有明显的分形特征。

以尾矿孔隙结构为研究对象，运用分形理论对尾矿孔隙结构进行定量研究。采用分形盒子计数方法并运用 ImageJ 软件对二值图像孔隙结构进行分形维数计算。盒子维数的定义：设 $\boldsymbol{F}$ 为 R^n 的非空有界子集，$N(\varepsilon)$ 为用边长为 ε 的盒子去覆盖 $\boldsymbol{F}$ 的所需的盒子数目，$\boldsymbol{F}$ 的上下盒维数分别定义为

$$\underline{\dim}_B \boldsymbol{F} = \lim_{\sigma \to 0^+} \frac{\lg N(\varepsilon)}{-\lg \varepsilon} \tag{2.47}$$

$$\overline{\dim}_B F = \lim_{\sigma \to 0^-} \frac{\lg N(\varepsilon)}{-\lg \varepsilon} \tag{2.48}$$

若式（2.47）与式（2.48）相等，则称其公共值为 $\boldsymbol{F}$ 的盒子维数，则盒子维数为

$$\dim_B \boldsymbol{F} = \lim_{\sigma \to 0} \frac{\lg N(\varepsilon)}{\lg \varepsilon} \tag{2.49}$$

式中：$N(\varepsilon)$为用边长为ε的盒子覆盖 $\boldsymbol{F}$ 的盒子数目；ε为盒子的边长。

采用分形盒子计数方法，把数字图像看为二维空间中的曲面 $Z=f(x, y)$，$f(x, y)$为像素点位置坐标，Z 为对应点的灰度值（对于二值图像，灰度值仅可取 1 或 0）。对于大小为 $M\times M$ 的图像，用 $\varepsilon\times\varepsilon$ 的盒子取覆盖图像中孔隙像素点（灰度值为 0）的集合，统计盒子，由维数的定义可知，$\lg N(\varepsilon)$与 $\lg\varepsilon$ 呈线性关系，且直线斜率的负号即为图像曲面的分形维数。对于得到的一组点 $\lg N(\varepsilon)$与 $\lg\varepsilon$ $(i=1, 2, \cdots, m)$，利用最小二乘法拟合方法得到直线的斜率，再取负号即为分形维数 D。

沿试样高度取等距离 50 幅二值化图像，利用 ImageJ 软件分形盒子计数法，根据式（2.49）绘制盒子大小与盒子数目双对数坐标关系图，如图 2.42 所示。通过对 50 幅处理后的二值化图像孔隙统计后得到切面孔隙分维数 D 为 1.689～1.787，其中 $R^2 = 0.997\,38$～0.999 37，说明该尾矿孔隙有明显的自组织特征。

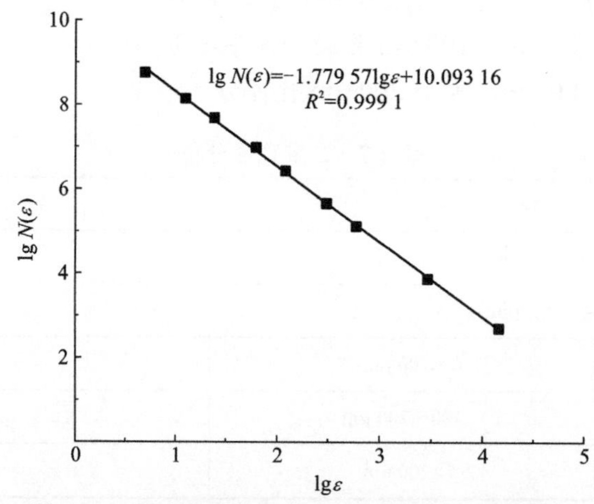

图 2.42　尾矿孔隙盒子大小-盒子数目双对数关系

将 CT 图像中每幅图像的孔隙分维数与对应的表观孔隙率进行统计分析，绘制切面孔隙分维数与孔隙表观孔隙率关系图，如图 2.43 所示，从中可以看出：随着切面表观孔隙率的增加，孔隙分维数总体呈下降趋势，并且下降的速率相对较平缓；表观孔隙率从 42.5% 增加到 77%，增幅达到 81.18%，同时孔隙分维数从 1.787 降到 1.689，减小幅度仅为 5.48%。

由此可以看出，孔隙分维数随着表观孔隙率的增加，减小幅度相对不大。切面孔隙分维数与表观孔隙率呈负相关关系，且可表示为

$$D = 1.92 - 0.03n \tag{2.50}$$

式中：n 为表观孔隙率。

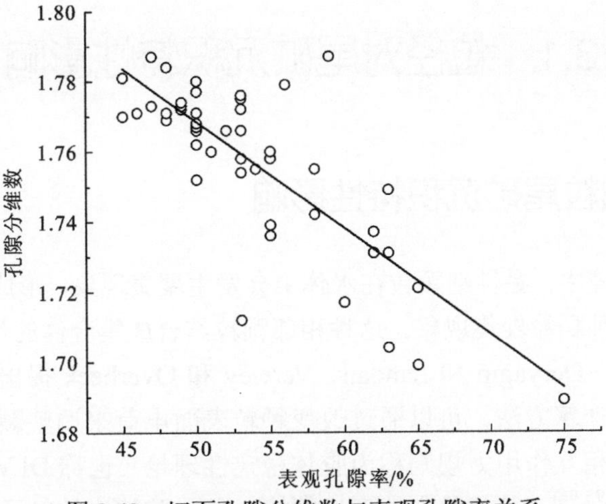

图 2.43　切面孔隙分维数与表观孔隙率关系

第 3 章　尾矿力学行为特征

3.1　粒径对尾矿沉积特性影响

3.1.1　絮凝对细粒尾矿沉积特性影响

在细粒尾矿悬浊液中，黏性细颗粒在水体中会发生聚集现象，形成絮团或絮网结构，而粗颗粒间不会出现这种颗粒聚集现象。这种相邻颗粒结合成集合体的作用被称为絮凝作用。

20 世纪 40 年代，Deryagin 和 Landau、Verwey 和 Overbeek 提出关于微粒间的电层排斥能和相互吸引能的计算方法，可以通过改变颗粒表面电荷来调整颗粒的总作用力，这种超细带电粒子之间的相互作用力规则称为胶体稳定性理论（也称 DLVO 理论，以四位发现者名字首字母命名）[95-96]。胶体稳定性理论的核心是：胶体内的粒子间既存在相互吸引的力，也存在表面电层靠近引起的排斥力，胶体的稳定性是由这两种作用力的相对大小决定的。该理论认为，胶体溶液存在临界絮凝条件，颗粒表面的物理化学作用是颗粒发生黏结的内在原因，即颗粒在表面的静电排斥力和分子吸引力的共同作用下发生黏结。胶体稳定性理论可以解释细粒尾矿浆的絮凝现象。

根据胶体稳定性理论，黏性细颗粒之间的作用力与颗粒间距离的关系不是单调的，有一个排斥极值和两个吸引极值，如图 3.1 所示。排斥极值是判断颗粒的临界絮凝条件的重要指标。当颗粒间距大于排斥极值时发生的黏结是可逆黏结，此时颗粒的碰撞不能形成聚集体。当颗粒间距小于排斥极值时，将在吸引极值处发生不可逆黏结。颗粒的每次碰撞都会发生聚集，这种情况称为胶体的完全失稳，此时颗粒进行的就是快速絮凝。因此，排斥极值的大小决定了尾矿浆的胶体稳定性。

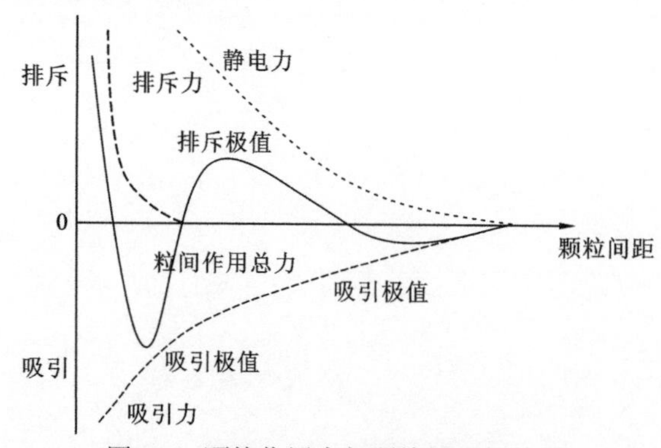

图 3.1　颗粒作用力与颗粒间距的关系

细粒尾矿的絮凝现象十分明显，但由于缺乏细观检测技术和相关试验验证，关于絮凝的条件及其影响因素还有待研究。一般来讲，絮凝现象与细粒尾矿的物质组成、外界环境密切相关，这些因素存在相互影响的关系，给絮凝现象的研究造成很大困难。本小节主要从颗粒粒径、矿物成分、含盐度和细粒浓度的角度对絮凝的影响因素进行分析。

颗粒粒径是决定絮凝现象发生的关键因素。大量试验证明，浆体中如果没有细颗粒，就不会发生絮凝现象。颗粒越细，表面物理化学作用越强，絮凝现象就更加明显。含有 10 μm 以下细颗粒的浆体和不含 10 μm 以下细颗粒的浆体有完全不同的沉积规律，因此把 10 μm 作为有无絮凝现象的临界粒径。

Migniot 定义了絮凝系数反映絮凝作用的强弱[95]，其定义如下：

$$F = \frac{\omega_{F50}}{\omega_{D50}} \tag{3.1}$$

式中：F 为絮凝系数；ω_{F50} 为絮团沉速；ω_{D50} 为颗粒沉速。

试验表明，絮凝系数与颗粒粒径呈负相关关系（图 3.2），这是因为絮凝形成絮团后成为较大的絮凝体颗粒，加快浆体的沉速。此外，颗粒粒径为 10 μm 是絮凝系数变化的一个转折点，这表明粒径小于 10 μm 的颗粒絮凝作用更加明显。

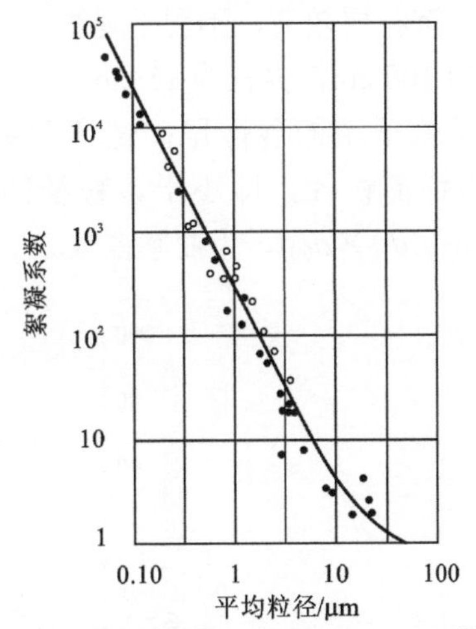

图 3.2　絮凝系数与颗粒粒径的关系[95]

影响絮凝作用的另一个重要因素是颗粒的矿物组成。不同矿物成分的土颗粒，其絮凝性质有较大差异。不同矿物成分的晶格结构性质及同晶置换的程度是不同的，导致颗粒表面阳离子交换容量不同，因此不同矿物成分浆体的絮凝临界浓度具有差异性。需要注意的是，絮凝临界浓度的影响因素很多，如溶液 pH、有机质含量等。根据 Arora 等[96]的研究，在 pH=8.3 时，浆体絮凝临界浓度的大小次序为伊利石、蛭石、蒙脱石、高岭石。

含盐度也对絮凝作用有一定影响。图 3.3 展示了絮团平均沉速随含盐度的变化。从图中可以看出：在初始阶段，絮团平均沉速和含盐度呈快速非线性增长；当含盐度大于某个阈值以后，絮团平均沉速不再随含盐度的增加而增加。根据胶体稳定性理论，含盐度增加会增加离子强度，导致排斥极值势垒变低，颗粒碰撞的黏附概率增大，有利于提高絮团聚集速率，加速浆体沉速。当势垒完全消失后，每次的颗粒碰撞都会引起颗粒的胶结，此时继续向溶液添加盐，也不会继续提高絮团聚集速率，因此絮团平均沉速不再随含盐度的增加而变化。

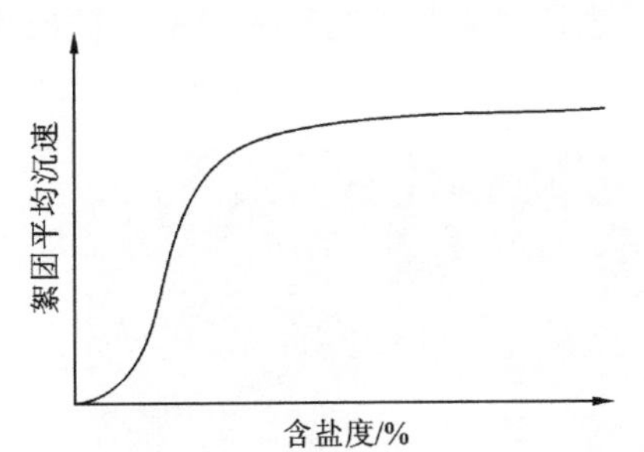

图 3.3　絮团平均沉速与含盐度的关系曲线

细粒浓度决定了絮凝结构的形态。当细粒浓度较低时，细颗粒在絮凝作用下粘连形成絮团，沉速大于单颗粒。随着浆体浓度的增加，各个絮团之间相互联结形成絮网。絮网是一个连续的空间结构网，且呈现一定刚性，这时沉降柱顶部出现一个缓慢下降的清浑水交界面，沉速大幅降低。此时粗颗粒因絮凝结构的影响沉速降低，但沉降过程中依然存在着粗、细颗粒的分选现象。当细粒浓度增加到一定程度时，粗颗粒被裹挟在絮网中，粗、细颗粒不再发生分选现象，形成均质浆体。

3.1.2 尾矿浆一维沉积试验

沉降柱试验是研究泥沙的沉降固结性质的重要方法，国内外相关学者已经开展了大量试验和理论研究。为研究尾矿细粒化对沉积特性的影响，采用一维沉降柱试验和显微观测相结合的方法，对砂性尾矿浆和黏性尾矿浆在一维静水条件下的沉积特性进行对比研究，并基于试验结果探讨絮凝作用对尾矿浆沉积过程的影响机制。

沉降柱是观察沉积规律的主要仪器。为便于观察浆液的变化，试验沉降柱选用透明的有机玻璃管。柱体表面沿竖直方向贴上刻度软尺，以便记录分界面变化。沉降柱尺寸对试验结果有一定影响，如果柱体尺寸过小，会对浆体造成明显的壁缘迟滞效应，且沉积速度较快、沉积层较薄，不利于观测沉积过程和分层特征。经过反复试验尝试，最终确定沉降柱高为 100 cm，内径为 15 cm。

试验采用的砂性尾矿试样和黏性尾矿试样的粒径分布如图 3.4 所示。图中 D_{50} 和 D_{90} 为特征粒径，即小于该粒径的颗粒占 50%和 90%。$C_u = d_{60}/d_{10}$，为不均匀系数，$C_c = d_{30}^2/(d_{10} \times d_{60})$，为曲率系数。

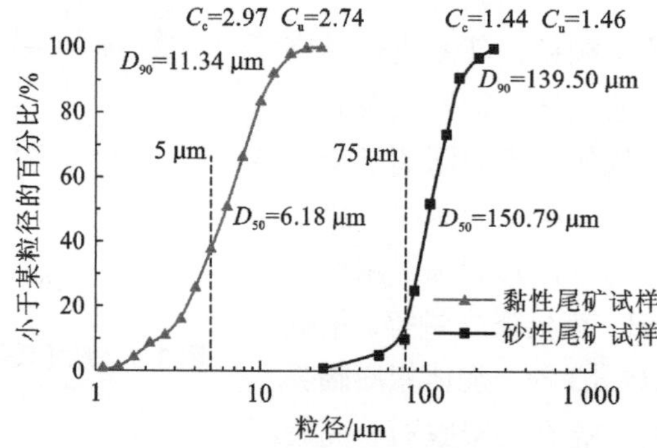

图 3.4 砂性尾矿试样和黏性尾矿试样的粒径分布

图 3.5 所示为试验用尾矿的颗粒显微照片。从图中可以看出，粒径细小的尾矿黏粒相互吸附，形成颗粒簇，而砂粒则处于相互分离状态。这是因为黏粒的粒径较小，颗粒比表面积大，颗粒的吸附性很强，相互粘连形成颗粒簇。

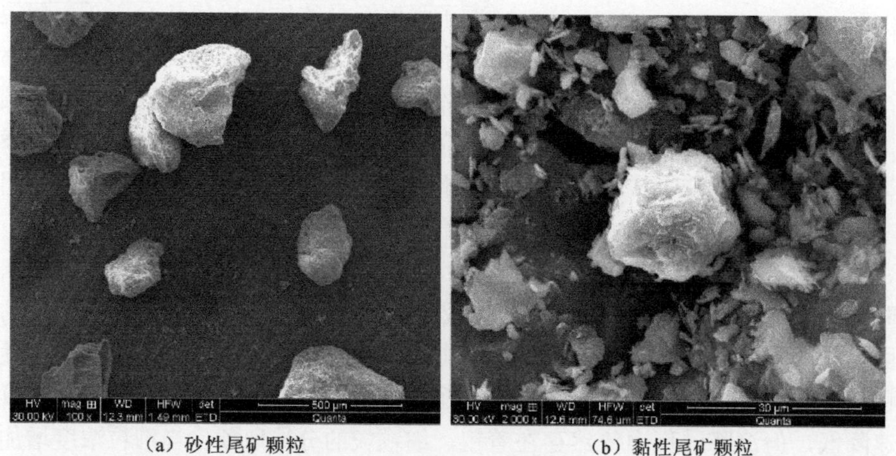

(a) 砂性尾矿颗粒　　(b) 黏性尾矿颗粒

图 3.5 尾矿颗粒的显微照片

试验时，首先将实验室制得的砂性尾矿试样和黏性尾矿试样配制成质量浓度为20%的尾矿浆（实际用量配比为尾矿试样 5 kg、蒸馏水 20 kg）。再使用搅拌机搅拌 24 h，形成均匀的泥水混合物。然后将制得的黏性尾矿浆和砂性尾矿浆分别注入 A、B 两个沉降柱，搅拌为悬浊液后开始观察记录，观察沉降柱中尾矿浆的沉积过程，按 0 min、4 min、8 min、15 min、30 min、60 min、2 h、4 h、8 h、12 h、1 d、2 d、4 d、8 d、16 d、32 d 的时间间隔测量并记录土水分界面的下降量。在分层稳定和最终沉积时刻，使用显微镜观测沉积层细观结构变化并拍照。

在细粒尾矿悬浊液中，黏性细颗粒在水体中会发生聚集现象，形成絮团或絮网结构，由于絮凝结构的影响，细粒尾矿沉积层的分层结构与粗粒尾矿存在较大差异。

当尾矿浆静置一段时间后，沉降柱内的浆体逐渐形成较为稳定的分层结构。按水-土分界面位置可以将沉降柱分为澄清区和沉降固结区，其中沉降固结区按细观形态特点又可以分为絮凝区、沉降区和固结区。需要注意的是，各个分层间是逐渐过渡的，没有明显的划分界限，如图 3.6 所示。

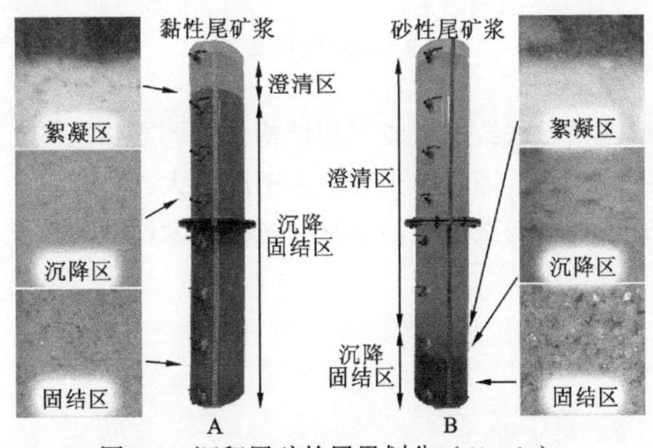

图 3.6　沉积尾矿的层界划分（60 min）

澄清区是指在水-土分界面以上的清水区域。如图 3.7 所示，黏性尾矿浆水-土分界面清晰，澄清区水质清澈，细观照片中的絮团较少。而砂性尾矿浆由大量砂粒和少量粉粒、黏粒组成，水-土分界面较为模糊，分界面附近存在大量细颗粒形成的絮团，在试验中可观察到絮团不断下沉的现象。这种现象与细颗粒含量有关。黏性尾矿浆中含有大量黏性细颗粒，在一定浓度下容易形成大量絮团，并相互接触联结，以絮网结构的形式整体下沉，因此澄清区絮团较少，水质清澈。砂性尾矿浆中细颗粒含量较少，浓度较低，所以悬浊体中絮团之间的接触概率低，不能形成絮网结构，可以在悬浊体中滞留较长时间，导致澄清区在沉降初始阶段呈浑浊状态。

图 3.7　尾矿浆的澄清区

絮凝区是指处于沉积物表层的絮状沉积区域。该区域絮状结构体分散沉积，且只受自身重力和浮力影响，上覆沉积物压力可忽略不计。砂性尾矿浆和黏性尾矿浆的絮凝区形态相似，但砂性尾矿的絮凝结构是由絮团沉降形成的，结构较为松散；黏性尾矿浆的絮状结构体是由絮网接触粘连形成，具有整体结构，因排水而形成明显的裂纹状排水通道，如图 3.8 所示。

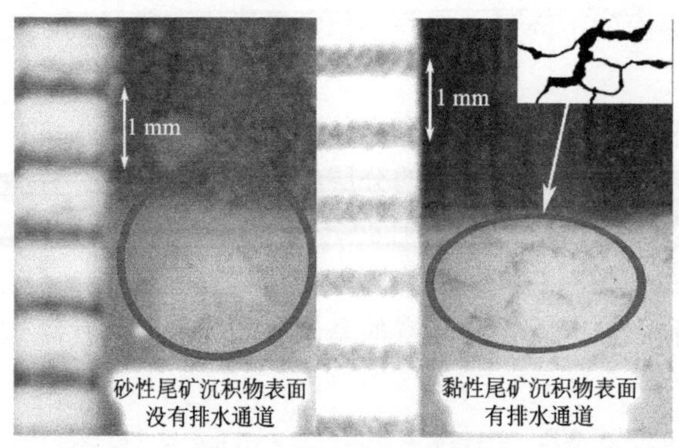

图 3.8　尾矿浆的絮凝区

沉降区是指絮凝结构相互联结混合成固相结构体的弱固结区域。在沉降区域，沉积物在上覆压力作用下发生结构性压缩，体积缩小，密度增大。如图 3.9 所示，砂性尾矿浆的絮团在沉降过程中形成大量横向微裂纹，而黏性尾矿的絮网微裂纹在上覆压力作用下逐渐压实消失。

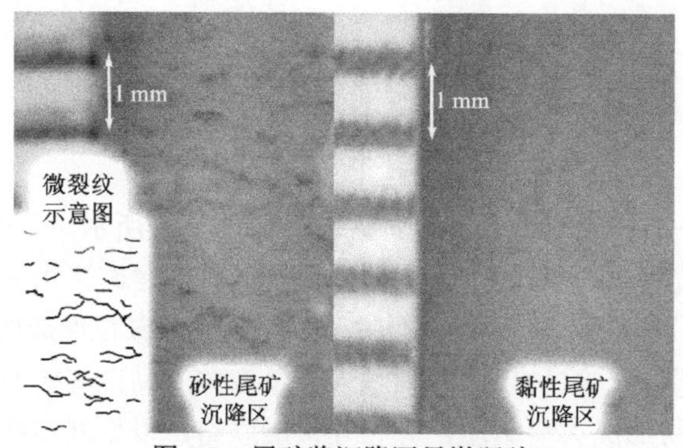

图 3.9　尾矿浆沉降区显微照片

固结区是指颗粒沉降结束，形成土体，并发生固结现象的区域。如图 3.10 所示，这一区域的沉积物层相对密实，没有观察到微裂纹，从上到下颗粒粒径逐渐增大。由于黏粒和砂粒粒径相差较大，砂性尾矿沉积层明显分为细粒层和粗粒层。黏性尾矿沉积层的细观特征与沉降区相似，但颗粒更粗、排列更加紧密，且底部出现大量纵向裂缝，这可能与沉降柱底部的端部效应有关。

尾矿的沉积是一个动态变化的过程，沉积层的细观结构随时间不断变化，因此完整描述尾矿的沉积规律需要考虑时间因素的影响[97-98]。

按照水-土分界面的产生时间及絮团发育程度，可将沉积类型分为自由沉积、絮团沉积、絮网沉积和混合沉积，其分类依据如表 3.1 所示。

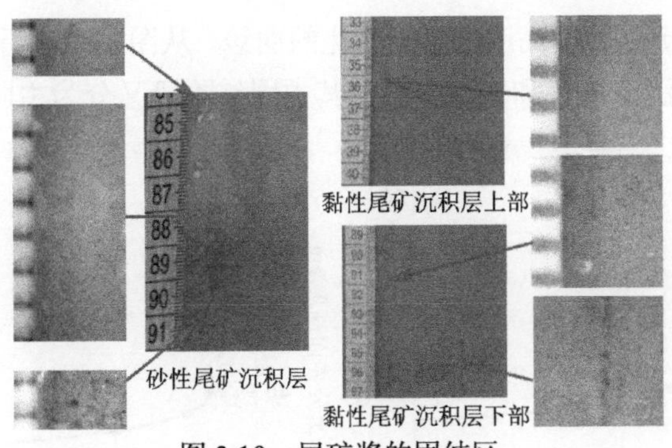

图 3.10　尾矿浆的固结区

表 3.1　浆体的沉积类型

沉积类型	水-土分界面	细观特点
自由沉积	瞬时形成，清晰	粗颗粒单粒，无絮团
絮团沉积	沉降初期不清晰	絮团尺寸小，絮团相互独立
絮网沉积	很快清晰	絮团相互联结成絮网
混合沉积	视含沙量而定	既有单颗粒，也有絮状结构体

图 3.11 展现了黏性尾矿和砂性尾矿在不同时刻的沉积形态。浆体的沉积类型与细颗粒含量有关。当黏性颗粒浓度较低时，颗粒相互接触联结的可能性较小，絮团产生后无法形成大范围的絮网结构，而单独的絮团悬滞能力较强，悬浮在澄清区域，导致沉降初期（60 min 以前）水-土分界面不清晰。当黏性颗粒浓度较大时，颗粒相互联结，形成絮网，以整体的形态下沉，因此沉降初期（4 min）就可以形成清晰的水-土分界面。根据试验过程中对澄清面和絮凝结构（絮团和絮网）的观察，砂性尾矿属于混合沉积，其中的粗颗粒发生自由沉积，细颗粒发生絮团沉积，而黏性尾矿属于典型的絮网沉积。

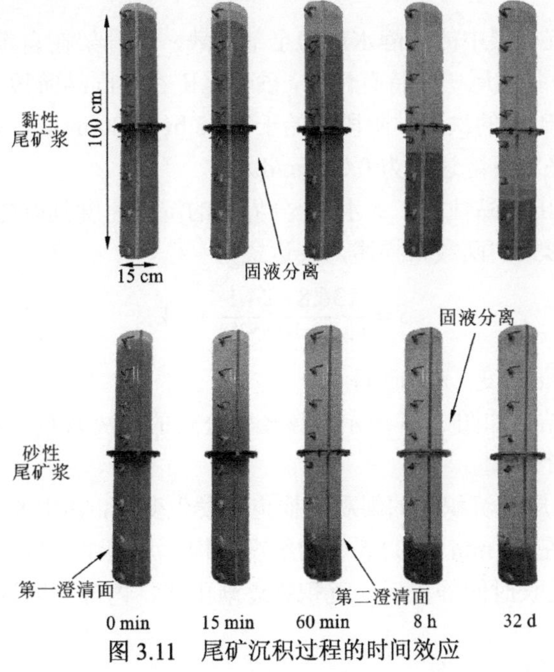

图 3.11　尾矿沉积过程的时间效应

图 3.12 展示了水-土分界面高度随时间变化的曲线。从图中可以看出，尾矿浆的自重沉降固结过程可分为明显的沉降阶段和固结阶段，其中固结阶段又分为主固结阶段和次固结阶段。

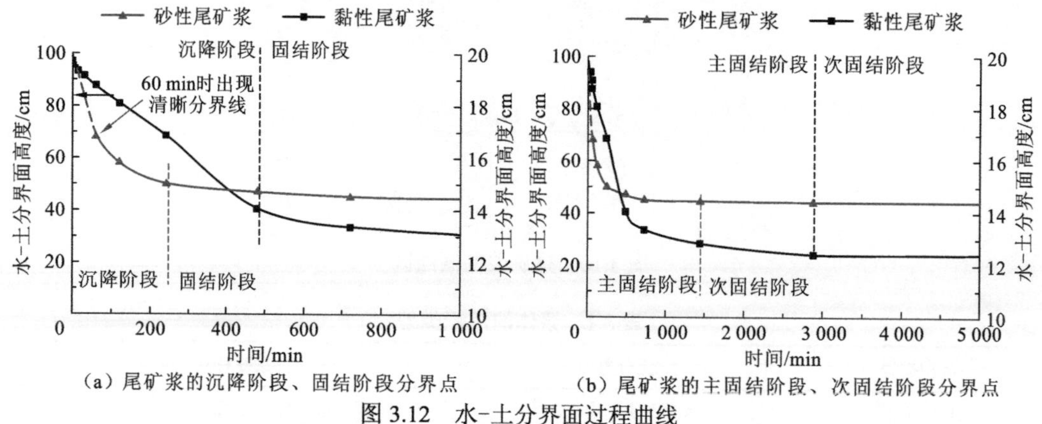

（a）尾矿浆的沉降阶段、固结阶段分界点　　（b）尾矿浆的主固结阶段、次固结阶段分界点

图 3.12　水-土分界面过程曲线

沉降阶段是颗粒快速下沉、堆积的阶段，其特点是土-水分界面下降速度较快。黏性尾矿浆大约在 4 min 时出现清晰的水-土分界面，到 8 h（480 min）时沉降阶段基本结束。对于砂性尾矿而言，试验开始时粗颗粒会立即下沉，迅速形成底部沉积层，并产生第一澄清面（图 3.11），该澄清面形成后高度基本不变。60 min 后，黏性尾矿浆中的细颗粒逐渐下沉，形成较清晰的第二澄清面，该澄清面可以视为水-土分界面。砂性尾矿浆的沉降阶段大约持续 4 h（240 min）。由此可知，黏性尾矿浆的沉降具有速度慢、时间长、沉降量大的特点。

主固结阶段是土体排水固结的阶段，该阶段澄清面下降速度明显变缓。黏性尾矿浆的主固结阶段持续约 40 h（2 400 min），在第 48 h（2 880 min）结束，平均下降速度为 0.41 cm/h。砂性尾矿浆的主固结阶段持续约 20 h（1 200 min），在第 24 h（1 440 min）结束，平均下降速度为 0.03 cm/h。相比砂性尾矿浆，黏性尾矿浆的主固结具有固结速度慢、持续时间长、固结变形大的特点。

在次固结阶段，沉积层中的超静水压力全部消散，土骨架在自重作用下继续压缩，产生缓慢沉降。次固结是黏性尾矿的特有性质，砂性尾矿在次固结阶段没有观察到水-土分界面下降的情况。黏性尾矿浆的次固结阶段开始于第 48 h（2 880 min），截至 32 d（46 080 min），总下沉量为 1.3 cm，平均下降速度为 0.04 cm/d。

从图 3.11 可以看出，黏性尾矿的水-土分界面的沉降速度具有先快后慢的特点，这种特征可以用一个曲线形式的函数来描述，表达式为

$$S=\frac{136.8-24.1}{1+\mathrm{e}^{(t-123.6)/225.9}}+24.1 \tag{3.2}$$

式中：S 为水-土分界面高度；t 为时间。

式（3.2）的拟合结果如图 3.13 所示，该经验公式的可决系数为 0.997，可以很好地对水-土分界面的下沉进行描述。

随着时间的增长，尾矿沉积物的细观结构也在发生变化，其中改变最明显的是絮凝层。图 3.14 展示了絮凝层在 60 min 和 32 d 时的细观结构。从图中可以看出，在沉降初期，絮凝结构较为松散，经过长时间静置后，沉积物逐渐压实，内部孔隙逐渐缩小、弥合，逐渐具有土的结构性特点。

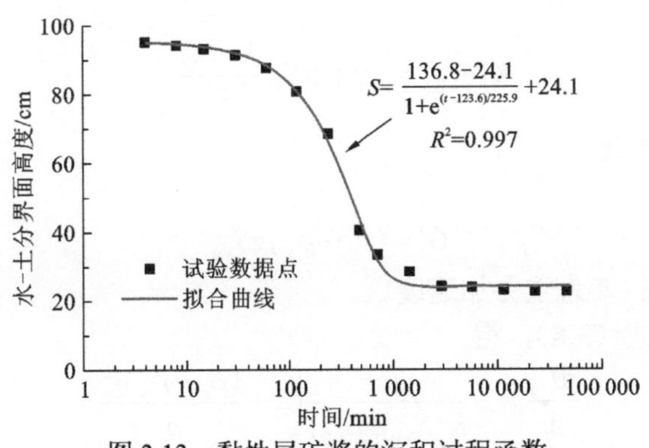

图 3.13　黏性尾矿浆的沉积过程函数

最终沉积层形态如图 3.15 所示，沉积体相对密实，但内部仍含有大量的自由水，黏性尾矿沉积物底部出现纵向裂纹，砂性尾矿沉积物有分选沉积现象。黏性尾矿沉积物最终高度 22.8 cm，孔隙比约为 1.31，砂性尾矿最终高度 14.4 cm，孔隙比约为 0.77。黏性尾矿沉积物体积是砂性尾矿的 1.58 倍，说明粒径越大，堆积密度越高。

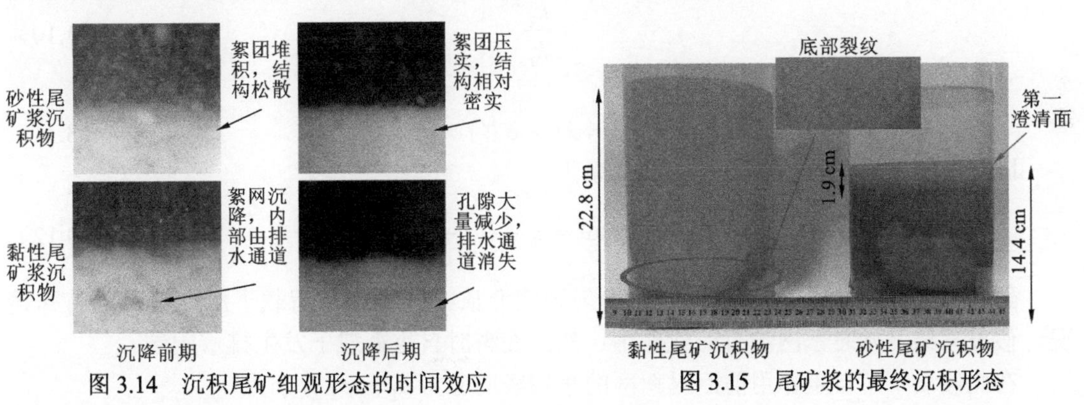

图 3.14　沉积尾矿细观形态的时间效应

图 3.15　尾矿浆的最终沉积形态

3.1.3　絮网沉积过程模型

定性的描述可以对沉积过程的特点和演变规律作出判断，但为了使分析更加科学、准确，还需要建立数学模型，以便于计算沉积过程的各项指标及其数值[99]。

假设沉积物全部由絮网组成，絮网层内部均一，且体积浓度恒定，忽略内部应力。

对于絮网层的单元体，受到水流摩擦力和浮容重的共同作用。根据动量方程，有

$$\rho_s S_{V0} \frac{dU_1}{dt} = -F_f + G' \tag{3.3}$$

式中：ρ_s 为泥沙密度；S_{V0} 为初始体积浓度；U_1 为水-土分界面沉速；t 为时间；F_f 为水流摩擦力；G' 为浮容重。

水流摩擦力为

$$F_f = \frac{\mu_0}{K(S_{V0})} U_1 \tag{3.4}$$

式中：μ_0 为清水黏度；$K(S_{V0})$ 为絮网渗透系数。

絮网渗透系数采用 Kozeny-Carman 形式[100]：

$$K(S_{V0})=\left(\alpha+\beta S_{V0}\frac{1-S_{V0}}{S_{V0}^2}\right)^3 \tag{3.5}$$

式中：α 和 β 为试验参数。

浮容重为

$$G'=(\rho_s-\rho_w)gS_{V0} \tag{3.6}$$

式中：ρ_w 为水的密度；g 为重力加速度。

联立式（3.3）～式（3.6），得

$$\frac{dU_1}{dt}=-\frac{\mu_0}{K(S_{V0}\rho_s S_{V0})}U_1+\frac{(\rho_s-\rho_w)g}{\rho_s} \tag{3.7}$$

令

$$k_1=\frac{\mu_0}{K(S_{V0})\rho_s S_{V0}} \tag{3.8}$$

$$k_2=\frac{(\rho_s-\rho_w)g}{\rho_s} \tag{3.9}$$

$$\lambda=\frac{k_2}{k_1} \tag{3.10}$$

当 $t=0$ 时，$U_1=0$，可解得

$$U_1=\lambda(1-e^{-k_1 t}) \tag{3.11}$$

因此，絮网沉积物厚度随时间的关系为

$$h=h_0-\int_0^t U_1(t)dt=h_0-\lambda\left(t-\frac{1-e^{-k_1 t}}{k_1}\right) \tag{3.12}$$

絮网自重条件下的固结可以视为均匀连续介质在一维均布荷载下压缩变形的特殊情况。假设固结开始时絮网没有荷载作用，然后在瞬时自重荷载下发生排水固结。

在此假设下，自重作用前后对絮网的平均竖向应力 p_1、p_2 分别为

$$p_1=0 \tag{3.13}$$

$$p_2=\frac{\gamma H}{2} \tag{3.14}$$

式中：γ 为容重；H 为尾矿沉积物厚度。

当竖向应力从 0 增加到 p_2 时，絮网的孔隙比将从 e_0 减小为 e_1。

一维条件下沉积物的沉降量 S 与孔隙比变化存在以下关系[101]：

$$S=\frac{e_0-e_1}{1+e_0}H \tag{3.15}$$

由式（3.15）可以推出

$$S=\frac{a}{1+e_0}p_2 H=\frac{a\gamma H^2}{2+2e_0} \tag{3.16}$$

式中：a 为压缩系数。

3.1.4 尾矿颗粒水平沉积规律

与一维静水条件不同，尾矿库放矿现场的沉积规律受到水平沉积距离的影响。在水力

搬运作用下，放矿时干滩上有颗粒分级现象，不同沉积距离的尾矿颗粒有一定差异，从坝顶到库内尾矿颗粒有由粗到细的特点，这对尾矿库的初期设计和稳定性评价有重要影响。为研究干滩表层沉积尾矿的细观几何特征，本节采用显微观测统计和理论分析相结合的方法，对现场干滩采集试样进行粒径、粒形特征图形分析，并推导不同粒径颗粒的最远沉积距离公式。

由于尾矿颗粒较细，颗粒之间的团聚十分严重，需要对粉末试样进行分散，本次试验将尾矿试样用对磨的方法分散待测标本，具体操作如下：先用镊子将少许尾矿试样加入载玻片上，加入 2～3 滴蒸馏水后用另一载玻片进行对磨分散，待尾矿分散均匀后盖上盖玻片。将待测标本放在显微镜下观察，若不粘连颗粒没有达到 80%，则重复做上述步骤，直到不粘连颗粒达到 80%以上为止。按距离滩顶由近到远的顺序对采集试样的标本进行编号。分散效果如图 3.16 所示，基本满足要求。

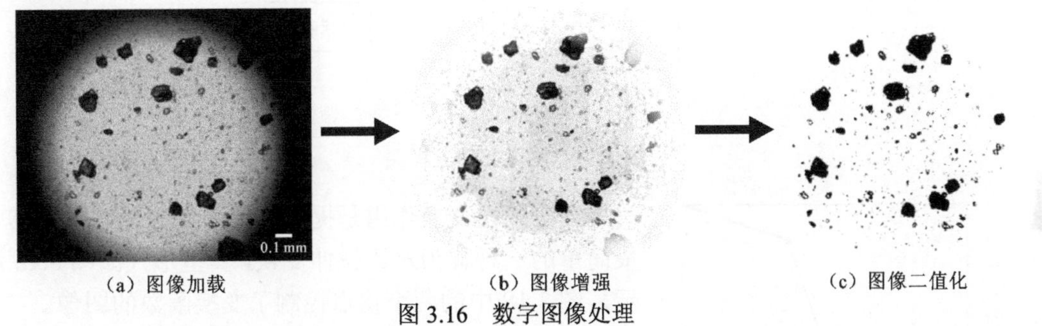

（a）图像加载　（b）图像增强　（c）图像二值化

图 3.16　数字图像处理

将制备好的标本放在显微镜下，对每个标本取 30 个视场进行拍摄，以数字图像的形式保存。然后用 ImageJ 软件进行图像增强、图像二值化、图像分割，分别统计每个视场的颗粒参数。为了达到降噪的效果，去除最小 Feret 径小于 1 μm 的数据。本次试验对每个试样测量的颗粒总数都在 10 000 颗以上，以满足显微镜法测量对精确度的要求。

图像处理的步骤分为图像预处理、图像二值化、图像分割和后处理，如图 3.17 所示。经过处理后能得到颗粒周长、面积、矩形度、椭圆度、圆度、Feret 径等信息。

对照片预处理也称图像增强，目的是强化目标物，减弱非目标物的干扰。本节预处理包括去背景、数字图像灰度化、分段线性变换、图像降噪。

拍摄得到的显微镜照片中背景图像不是观测目标，背景的存在会干扰后续处理，需要进行去背景处理。去背景首先从图像中减去光滑连续的背景，然后基于 Stanley Sternberg 算法，用一个圆形结构元素对图像进行灰度形态学运算，减去图像中比结构元素小的亮细节后，得到背景图，最后用原图像减去背景图，得到去背景的图像。对于显微镜图像，取滚球半径为 500 像素较为合适。

采集所得数字图像是 RGB（red，green，blue）图像，当曝光不足时，RGB 模型的灰度变化范围狭小，为了增加图像的层次感，便于后续处理，可以使用灰度变换的方法增大灰度变化范围，以达到增强图像的目的。数字图像灰度化处理方法有三种：最大值法、最小值法和加权平均值法。一般选用加权平均值法对图像进行灰度化处理，其表达式为

$$\mathrm{Gray} = W_R R + W_G G + W_B B \tag{3.17}$$

式中：Gray 为灰度值；W_R、W_G、W_B 分别为 R、G、B 的权值。

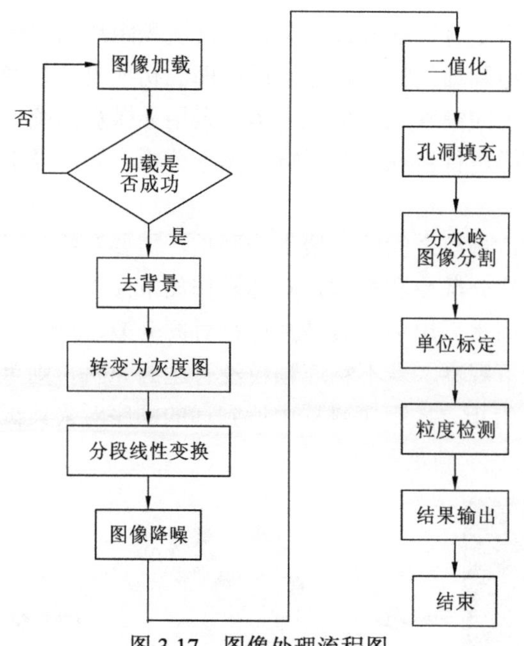

图 3.17　图像处理流程图

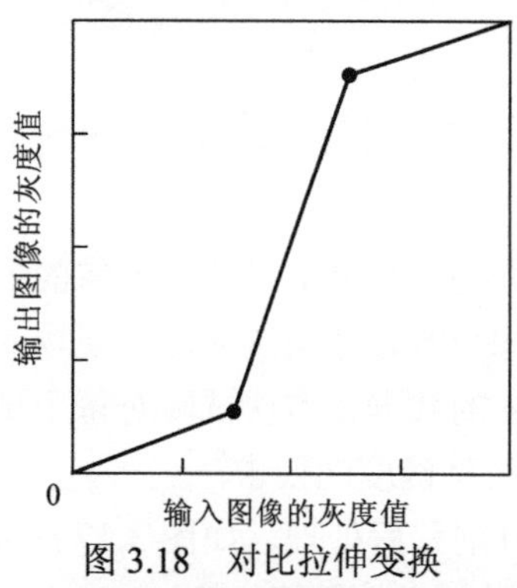

图 3.18　对比拉伸变换

分段线性变换作用是提高灰度图像的对比度。其中最简单的一种称为对比拉伸变换，典型形式如图 3.18 所示，图 3.18 中的两个拐点控制了变换函数的图像。

ImageJ 软件提供多种噪声处理选项，其中 Despeckle 滤波器是一种常用的降噪滤波器。该滤波器采用中值平滑滤波的思想，使用 3×3 像素灰度的中值代替中间的像素值，能有效地去除椒盐噪声。这里的中值是指对一个随机变量，使得随机变量小于某值的概率为 0.5 的那个值。图像预处理后的效果如图 3.19 所示。

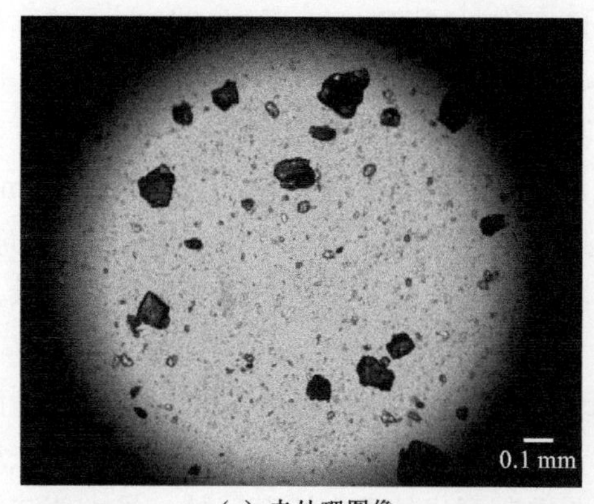

（a）未处理图像

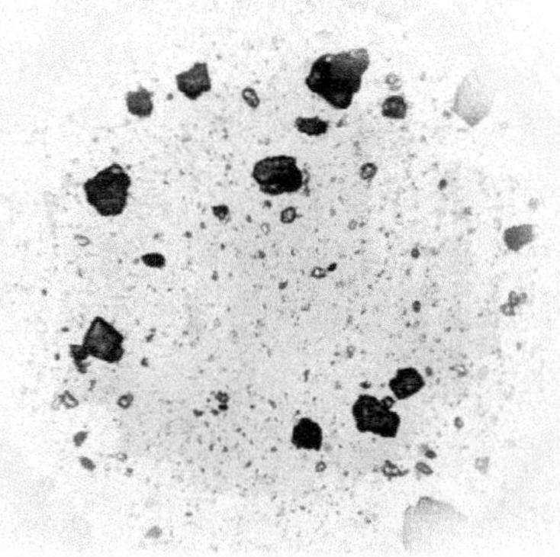

（b）预处理后图像

图 3.19　图像预处理效果

把灰度图转变为二值图称为图像二值化处理。当对象像素的灰度值超过阈值时，被识别为指定目标，灰度值为 255，否则像素点灰度值为 0，表示背景或例外区域。图像二值化

处理表示为

$$B(x,y)=\begin{cases}255, & f(x,y)\geqslant q\\ 0, & f(x,y)<q\end{cases} \tag{3.18}$$

式中：$B(x,y)$ 为二值图像的灰度值；$f(x,y)$ 为灰度图像的灰度值；q 为设置的阈值。

阈值的选择依赖于前景和背景的对比差异，它与背景亮度、摄像机光圈及曝光时间有关，最佳阈值可以通过以下方程求取：

$$q=\frac{m_1+m_2}{2} \tag{3.19}$$

式中：m_1 为所有小于阈值的像素值的平均值；m_2 为所有大于阈值的像素值的平均值。

二值化效果如图 3.20 所示。

图像分割采用分水岭分割法，在此之前要进行“孔洞”的填充。尾矿颗粒表面凹凸不平，灰度值不统一，图像二值化处理后一些颗粒内部存在白色背景色连通区，所以图像分割前需要对这些“孔洞”进行填充。如图 3.21（a）所示，某颗粒内部存在 8 处“孔洞”。Landini 等[102]编制了处理孔洞的程序，其原理是经扫描确定某背景色四周均与目标物接触时，识别该背景为“孔洞”，并进行填充操作。处理采用 Gabriel Landini 程序，效果见图 3.21（b）。

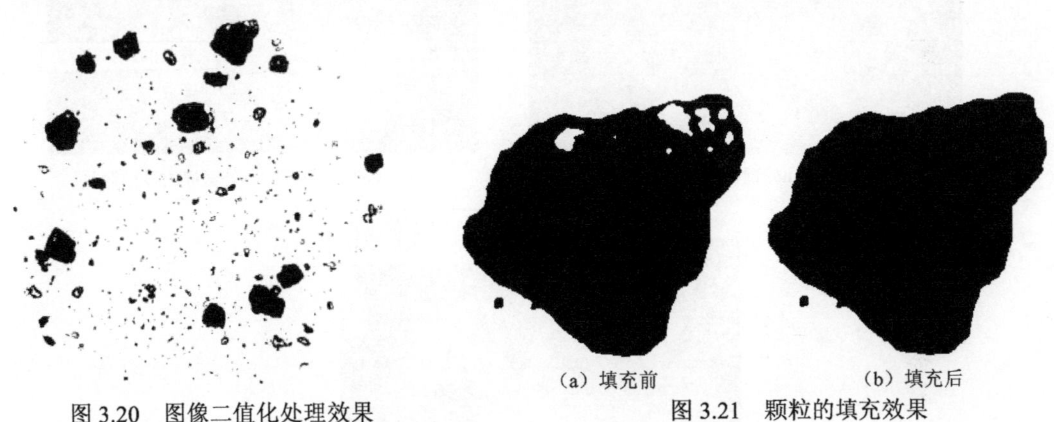

图 3.20　图像二值化处理效果

（a）填充前　（b）填充后

图 3.21　颗粒的填充效果

对于接触颗粒，使用分水岭分割法进行分离。分水岭分割法通过计算其欧几里得距离（Euclidean metric，EDM）并找到图中的腐蚀点（ultimate eroded points，UEPs）集，将每一个腐蚀点进行膨胀运算，直至颗粒接触。分水岭分割法最适合光滑、重叠少的凸面体对象，其形态学梯度定义为

$$\operatorname{grad}(X)=(X\oplus B)-(X\Theta B) \tag{3.20}$$

式中：$X\oplus B$ 表示图像 X 被结构元素 B 膨胀；$X\Theta B$ 表示图像 X 被结构元素 B 腐蚀。

分水岭分割法的缺点是可能产生过度分割，本节采用内部标记方法消除过多的“分水岭”，分割效果见图 3.22。

图 3.23 为距滩顶 0 m、64 m、152 m 处试样的显微照片。图中的尾矿颗粒按粒径可分为两种：粒径小于 35 μm 的颗粒，在照片中显示为小黑点，下文中称为微米级颗粒；粒径大于 35 μm 的颗粒，在照片中颗粒轮廓清晰可见，颗粒棱角性比微米级颗粒弱，这种颗粒下文中称为非微米级颗粒。总体上看，尾矿颗粒的粒径分布具有不连续性，尤其是微米级颗粒和非微米级颗粒之间缺少过渡粒径。

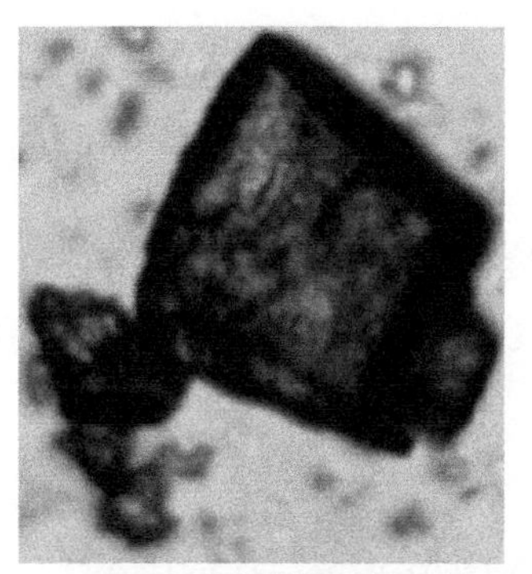
(a) 接触颗粒照片

(b) 待处理的接触颗粒图像

(c) 分割后的接触颗粒图像

图 3.22 接触颗粒的分割效果图像

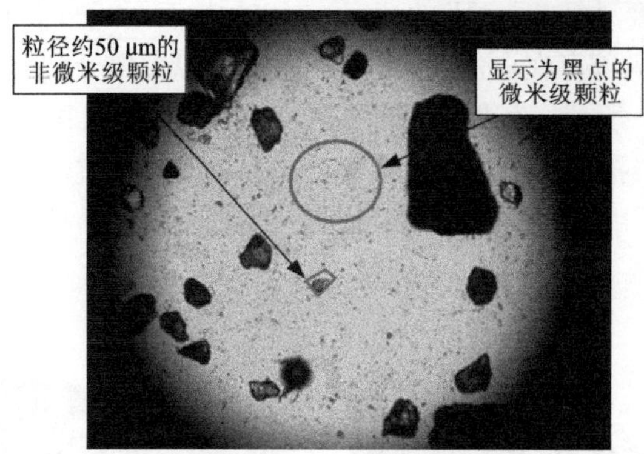

(a) 距滩顶0 m处试样的显微照片

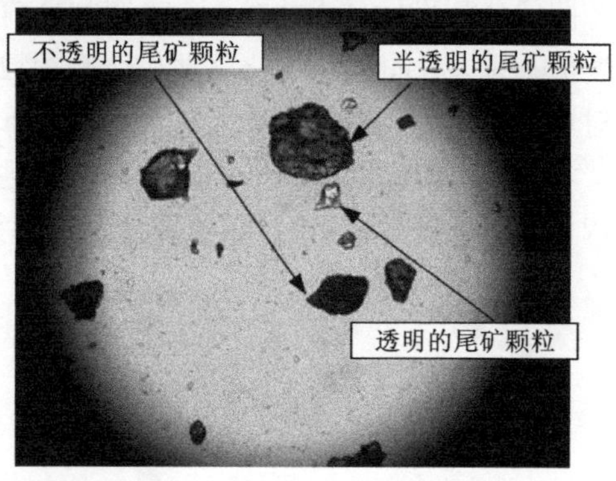

(b) 距滩顶64 m处试样的显微照片

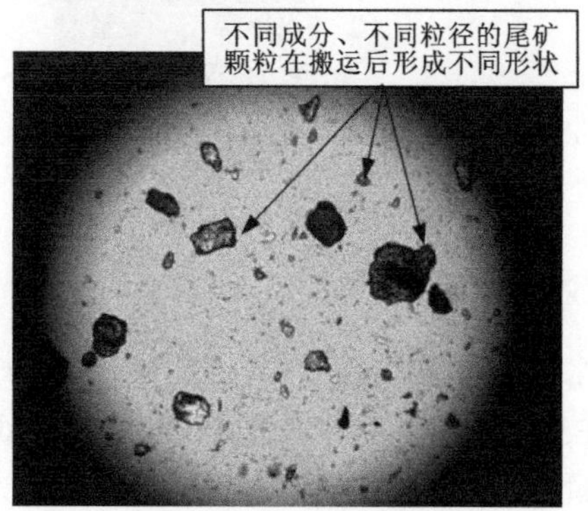

(c) 距滩顶152 m处试样的显微照片

图 3.23 尾矿的显微照片

观察发现，照片中各个尾矿颗粒的透光性存在差别，说明尾矿颗粒的成分比较复杂，在细观尺度上不能视为单一性质的材料。

从图 3.23 中可见，黑色颗粒粒径往往大于透明颗粒，且同一沉积位置上，黑色颗粒的棱角性弱于透明颗粒。这说明不同成分的颗粒在粒径、形状方面有一定区别。

对比图 3.23（a）～（c）中三组照片，尾矿颗粒的粒径随沉积距离的增大而减小，这符合尾矿粒径沿坝轴线方向先粗后细的工程经验。但是，考虑在实验过程中试样的分散是不均匀的，单一视场只能反映局部情况，需要对所有视场的数据进行统计和整理，以定量地对粒径、粒形进行分析。

由于水流的分选作用，干滩面上的尾矿有粗化现象，其颗粒粒径分布随沉积距离而变化，在细观结构上与入水浆体存在较大差异。为研究干滩尾矿颗粒粒径的分布与距滩顶沉积距离的关系，对不同沉积距离尾矿颗粒的等面积圆当量径平均值(以下称为粒径平均值)、尾矿细颗粒的总面积与颗粒总面积之比(以下称为细颗粒面积比)进行统计，结果如图 3.24 所示。从图中可以看出：干滩尾矿的粒径平均值（按总粒径/总数量计算）在 5～12 μm，距离滩顶越远有减小的趋势；细颗粒面积比为 15%～60%，随滩顶距离的增加有增加的趋势。这表明沉积尾矿的细粒含量随与滩顶距离的增加而增加，与颗粒的搬运方式有关。非微米级颗粒属于推移质，以翻滚搬运为主，流速下降时容易沉积。微米级颗粒属于悬移质，以悬浮搬运为主，可长期悬浮于水中。

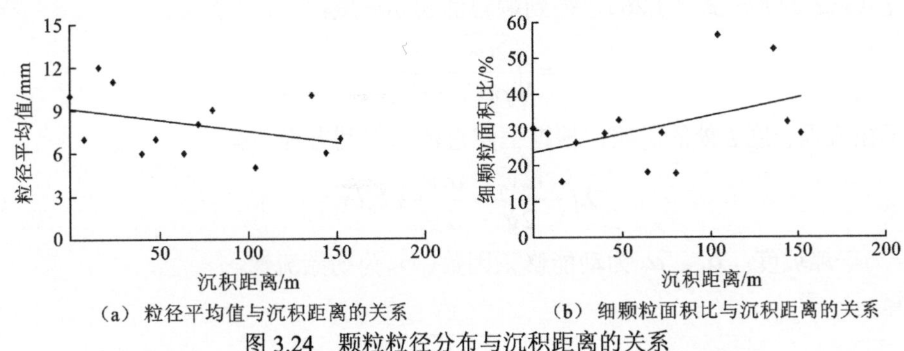

（a）粒径平均值与沉积距离的关系　　（b）细颗粒面积比与沉积距离的关系

图 3.24　颗粒粒径分布与沉积距离的关系

从图 3.24 可知，距滩顶的距离越远，尾矿粒径越细。不同粒径颗粒的沉积距离决定了尾矿在干滩上的粗化程度，尾矿干滩分级效果对尾矿库的稳定性有较大影响。因此，研究不同粒径尾矿在水平方向上的沉积距离及其影响因素，对工程实践有一定指导意义。

由于机械能损失，矿浆在干滩上的流动速度不断下降，当流动速度低于某粒径颗粒的起动速度时，该粒径的颗粒与水流分离，发生沉降，在滩面上形成由粗到细的分布规律。由颗粒受力极限平衡方程和矿浆流动过程的能量守恒方程可推导沉积距离的理论计算公式。

假设矿浆在干滩上的流动满足以下条件。

（1）矿浆在干滩上的流动为恒定流，且不可压缩，总流流量在流动过程中不发生变化。

（2）作用在矿浆上的质量力只有重力。

（3）干滩面为三角斜面，任意过流断面为渐变流。

（4）达到分离速度前颗粒与水流速度相同，分离后对矿浆成分的影响忽略不计。

（5）总流水头损失和流程长度、初始速度满足

$$h_w = k_0 L v_L^2 \tag{3.21}$$

式中：h_w 为总流水头损失；k_0 为定值参数；L 为流程长度；v_L 为 L 处的矿浆流速。

在固液两相的矿浆流体中，对临界分离状态的尾矿颗粒进行受力分析，考虑颗粒在水流拖曳力、上举力和自身重力作用下平衡，建立力矩平衡方程：

$$F_D L_D + F_L L_L = W L_w \tag{3.22}$$

式中：F_D 为拖曳力；L_D 为拖曳力力臂；F_L 为上举力；L_L 为上举力力臂；W 为颗粒重力；L_w 为重力力臂。

又

$$F_{\mathrm{D}} = C_{\mathrm{D}} \alpha d_i^2 \frac{\rho v_{\mathrm{c}}^2}{2} \tag{3.23}$$

$$F_{\mathrm{L}} = C_{\mathrm{L}} \alpha d_i^2 \frac{\rho v_{\mathrm{c}}^2}{2} \tag{3.24}$$

$$W = \alpha(\gamma_{\mathrm{s}} - \gamma) d_i^3 \tag{3.25}$$

式中：C_{D}、C_{L} 分别为拖曳力系数、上举力系数；α 为面积系数；d_i 为颗粒 i 的等面积圆当量径；ρ 为清水容重；γ_{s} 为固体颗粒容重；γ 为矿浆容重；v_{c} 为临界分离流速，即起动速度。

令

$$L_{\mathrm{D}} = L_{\mathrm{L}} = L_{\mathrm{w}} \tag{3.26}$$

联立式（3.22）～式（3.26），得到颗粒的起动速度：

$$v_{\mathrm{c}} = \sqrt{\frac{2(\gamma_{\mathrm{s}} - \gamma) d_i}{\rho(C_{\mathrm{D}} + C_{\mathrm{L}})}} \tag{3.27}$$

对于在流程长度 L 处的矿浆，根据恒定总流伯努利方程，有

$$Li + \frac{\alpha_1 v_0^2}{2g} = \frac{\alpha_2 v_L^2}{2g} + k_0 L v_L^2 \tag{3.28}$$

式中：i 为干滩坡度；α_1、α_2 为动能修正因数；v_0 为初始流速。

计算 v_L，得

$$v_L = \sqrt{\frac{2gLi + \alpha_1 v_0^2}{\alpha_2 + 2gk_0 L}} \tag{3.29}$$

结合式（3.27）和式（3.29），当 $v_L = v_{\mathrm{c}}$ 时粒径为 d_i 的颗粒会发生沉降，此时有

$$L_{\mathrm{c}} = \frac{\alpha_1 \rho (C_{\mathrm{D}} + C_{\mathrm{L}}) v_0^2 - 2\alpha_2(\gamma_{\mathrm{s}} - \gamma) d_i}{4(\gamma_{\mathrm{s}} - \gamma) g k_0 d_i - 2g\rho(C_{\mathrm{D}} + C_{\mathrm{L}}) i} \tag{3.30}$$

式中：L_{c} 为该粒径颗粒的最远沉积距离。

在工程应用中可简化为

$$L_{\mathrm{c}} = M \frac{v_0^2}{(\gamma_{\mathrm{s}} - \gamma) d_i} - N \tag{3.31}$$

式中：M、N 均为定值参数。

综上所述，式（3.30）和式（3.31）描述了粒径为 d_i 的颗粒在不同的初始条件下所能达到的最远沉积距离。从式（3.30）和式（3.31）还可以看出，在工程上采取减小矿浆流速、增大尾矿粒径、减小矿浆浓度等措施可以缩短粗粒尾矿的沉积距离，改善干滩粗化现象。该模型建立了颗粒粒径与沉积距离之间的联系，可为尾矿库数值建模时坝体内尾矿的分布规律提供参考，并在无实测数据时预测干滩尾矿分布规律。

3.1.5 实测沉积分析

式（3.31）可写为

$$D_{\mathrm{L}} = \frac{MQ_{\mathrm{k}}^2}{(L_{\mathrm{c}} + N)(\gamma_{\mathrm{s}} - \gamma) S^2} \tag{3.32}$$

式中：Q_{k} 为尾矿浆体流量；S 为放矿管口总面积，在一个工程中放矿管口总面积 S 可认为

是常数；M、N 均为定值参数；γ_s、γ 可认为是常数；将滩面处加权平均粒径 D_L 替代 d_i；此处的 L_c 并非完全等同滩长 L，而是由多个不同粒径的沉积距离的混合。从式（3.32）可看出距干滩顶部 L 的加权平均粒径 D_L 与尾矿浆体流量 Q_k 的二次方成正比，提出式（3.33）考虑尾矿浆体流量 Q_k 的修正，提出修正后的尾矿沉积模型：

$$D_L = Ad_{cp}^{0.9}L^BQ_k^2 \tag{3.33}$$

式中：A、B 为尾矿参数；d_{cp} 为加权平均粒径。

综上所述，提出修正后的尾矿沉积模型［式（3.34）］可用于预测不同初始粒径情况下干滩的粒径及不同排矿流量情况下干滩的粒径分布情况，该模型对预测坝体稳定性有着重要作用。从该模型还可以看出增大放矿前的粒径和增加流量都能增大距干滩顶部 L 的加权平均粒径。

尾矿沉积规律研究建立在尾矿地质剖面的基础上，本节通过现场采集干滩不同位置的尾矿进行颗粒分析，得到干滩上尾矿平均粒径 D_L 与距子坝距离 L 的关系，并依据该关系建立尾矿坝的地质模型，用于坝体的稳定性分析。以江西某铜矿尾矿库为研究对象，根据对尾矿库放矿管口面积等尾矿参数的测量，可知尾矿库放矿流量 Q_k=25 L/s。

对该尾矿库的新尾矿库和老尾矿库的干滩面尾砂进行了取样测试。其中老尾矿库干滩面为全尾排放时干滩沉积分布而成，新尾矿库干滩面为已经进行了一定提粗分级后尾矿排放时的干滩沉积分布而成。该尾矿库取样后分别对新、老尾矿库干滩面尾矿进行了颗粒分析试验计算出加权平均粒径，老尾矿库的加权平均粒径为 0.06 mm，新尾矿库的加权平均粒径为 0.045 mm，将实测的距子坝不同距离的老尾矿库尾矿的加权平均粒径用式（3.33）进行拟合，得到尾矿参数 A=0.01、B=−0.45。

$$D_L = 0.01d_{cp}^{0.9}L^{-0.45}Q_k^2 \tag{3.34}$$

从式（3.34）中可以看出式（3.33）对尾矿粒径和沉积距离的近似替代是合理的。为进一步验证式（3.34）的正确性，用式（3.34）对尾矿新库进行拟合，已知此时流量 Q_k=25 L/s，放矿原颗粒加权平均粒径 d_{cp}=0.045 mm，得干滩面尾砂颗粒分布规律如图 3.25 所示。

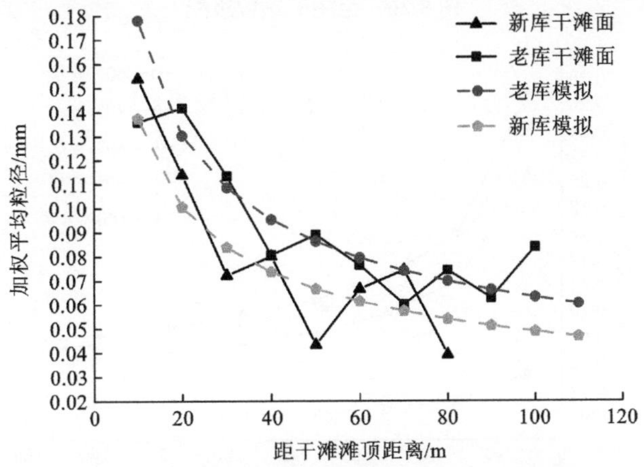

图 3.25　实测干滩面尾矿颗粒粒径变化规律图

从图 3.25 中可以看出：距干滩滩顶越近颗粒粒径越大，距干滩滩顶越远颗粒粒径越小。新尾矿库在距干滩滩顶 15 m 范围内加权平均粒径大于 0.125 mm；在 15～40 m 加权平均粒径大于 0.075 mm；40～80 m 颗粒粒径跳跃较大，加权平均粒径为 0.037～0.075 mm，表明存在尾粉质黏土和尾粉土互层的现象。尾矿库普遍存在这种互层的现象，是由于当颗粒粒径很小时颗粒表面会吸附水膜使多个颗粒互相联结成絮状结构体，加速了沉降。在相同的干滩长度处，老尾矿库干滩面尾砂粒径较大，新库尾矿干滩面尾矿粒径较小，这与新、老库排放尾矿的加权平均粒径大小关系是一致的。从图 3.25 中可以看出尾矿新库的拟合曲线较为吻合，根据现场测量结果可知本节提出的修正沉积模型［式（3.34）］可以较好地描述尾矿的沉积规律。

3.2　粒径对尾矿力学行为影响

3.2.1　尾矿坝概化剖面

实际工程中需要将尾矿进行分级提粗用于井下充填以保证矿的安全稳定。本节研究分为 5 种工况，将全尾矿质量的 60%、70%、80%、90%、100%分别用于分级提取粗尾矿颗粒，分级界限为 30 μm，提粗尾矿颗粒后产生的次生细矿泥和未提粗的全尾矿颗粒混合后再排入尾矿库中。全尾矿的颗粒分布情况如图 3.26 所示。根据式（3.34）及全尾颗粒分布情况，可计算在不同提粗分级条件下坝体不同位置的平均粒径分布情况，如图 3.27 所示。

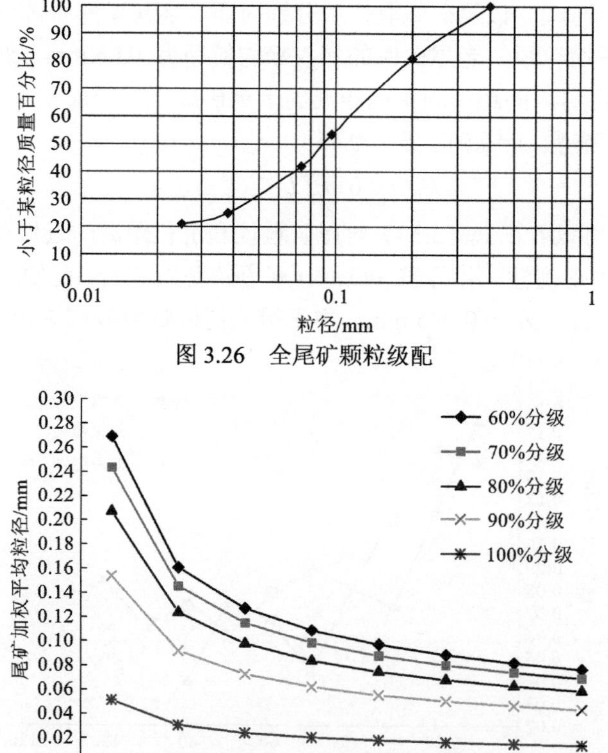

图 3.26　全尾矿颗粒级配

图 3.27　不同提粗分级条件下尾矿颗粒沿干滩面分布规律图

为描述方便，针对该尾矿库粒径分布情况人为划分 6 个尾矿粒料粒径组。尾矿粒料粒径组 1：0.2～0.4 mm；尾矿粒料粒径组 2：0.1～0.2 mm；尾矿粒料粒径组 3：0.08～0.1 mm；

尾矿粒料粒径组 4：0.04～0.08 mm；尾矿粒料粒径组 5：0.03～0.04 mm；尾矿粒料粒径组 6：0～0.03 mm。

现有如图 3.28 所示的工程，在基岩（⑧）上方有一层淤泥质土（⑥），在初期坝（①）下方有进行了加固的加固淤泥质土（⑦），在初期坝顶端进行放矿，排矿流量 Q_k=25 L/s。坝长 250 m，坝高 40 m，堆积坝按照 1∶3.3 坡比向上堆坝，根据图 3.28 给出的沉积分布规律，已知粒径组来反推沉积距离，最后得到该粒径组的沉积分布范围，从而得到不同提粗分级比例条件下的概化剖面图。70%～100%提粗分级比例条件下其他情况的剖面图如图 3.29～图 3.32 所示，其中 100%提粗分级只剩尾矿粒料粒径组 4（⑤），无须使用公式拟合。

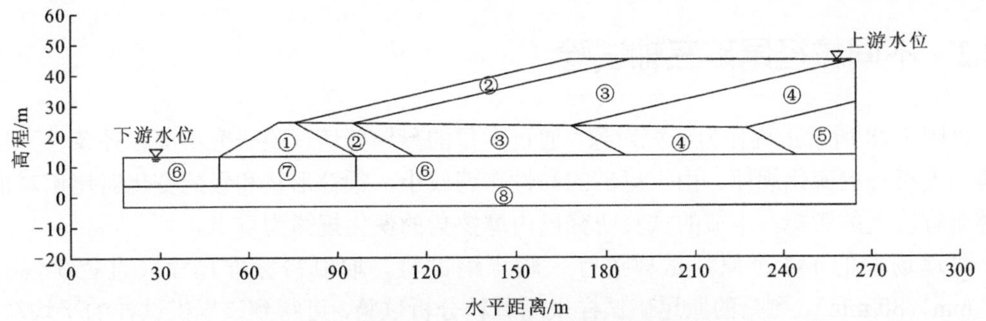

图 3.28　某尾矿坝 60%提粗分级下概化剖面图

①初期坝；②尾矿粒料粒径组 1；③尾矿粒料粒径组 2；④尾矿粒料粒径组 3；⑤尾矿粒料粒径组 4；⑥淤泥质土；⑦加固淤泥质土；⑧基岩

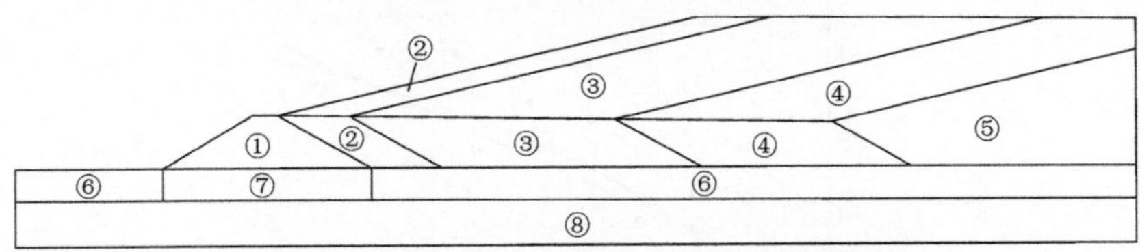

图 3.29　某尾矿坝 70%提粗分级下概化剖面图

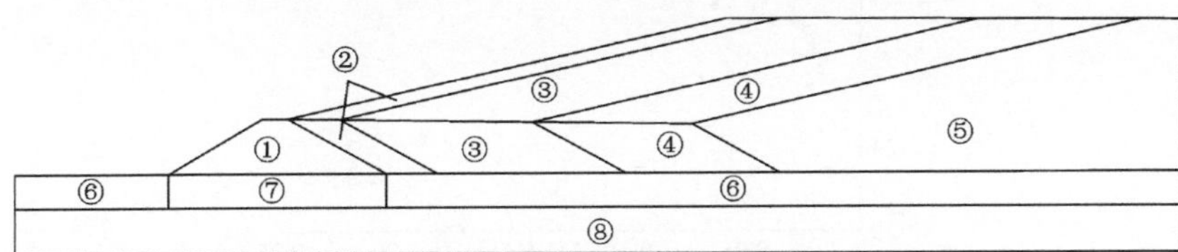

图 3.30　某尾矿坝 80%提粗分级下概化剖面图

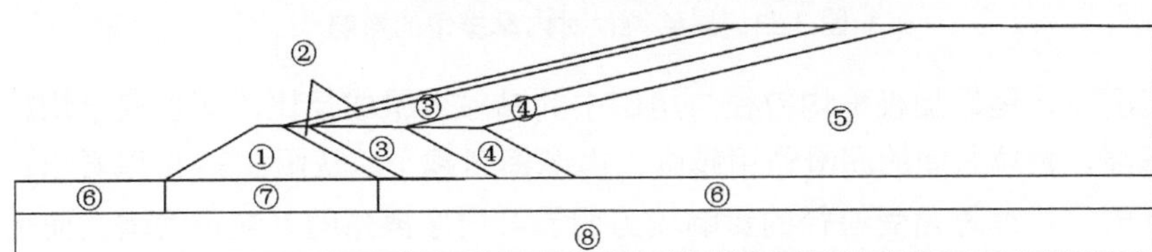

图 3.31　某尾矿坝 90%提粗分级下概化剖面图

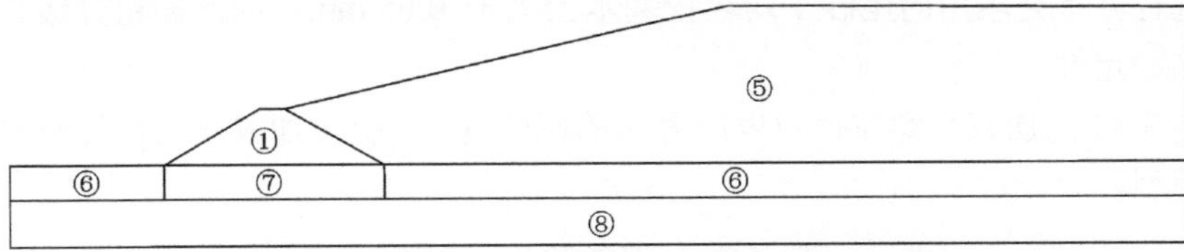

图 3.32　某尾矿坝 100%提粗分级下概化剖面图

从图 3.29～图 3.32 可以看出：随着提粗分级程度的提高，尾矿库内颗粒平均粒径越来越细，各粒径组界限越来越靠近干滩滩顶。本章提出的尾矿坝修正沉积模型［式（3.34）］可以用来预测整个尾矿坝的粒径分布情况。由图 3.29～图 3.32 还可以看出：尾矿颗粒粒径越大，距离干滩滩顶越近；提粗分级程度越高，各粒径组在尾矿坝分布界限越靠近干滩滩顶，且根据沉积模型［式（3.34）］能准确计算出各粒径组界限的位置。为了进一步探究粒径对尾矿强度和坝体稳定性的影响，需找出尾矿强度参数与粒径之间的关系，再根据修正的沉积公式得到尾矿坝坝体强度参数的分布情况，然后找出粒径与渗透系数之间的关系，对尾矿坝坝体进行渗流分析和稳定性分析。

3.2.2 不同粒径尾矿三轴试验

以图 3.28 所示工程作为研究对象，通过大量的三轴剪切试验研究不同粒径条件下尾矿抗剪强度指标的变化规律。由于尾矿的黏性普遍较小，颗粒形状和级配变化对尾矿料的内摩擦角有较大的影响。本节的试验研究以内摩擦角的变化规律为重点。

将现场取的 144 个原状试样进行三轴压缩试验，取制得标准尺寸（直径ϕ× 高 h= 39.1 mm×80 mm），剩余的原尾矿试样采用颗粒分析试验，可得到该尾矿试样的平均粒径。试验采用土常规三轴仪（型号：SJ-1A.G）进行固结不排水三轴试验，试验结果见图 3.33。

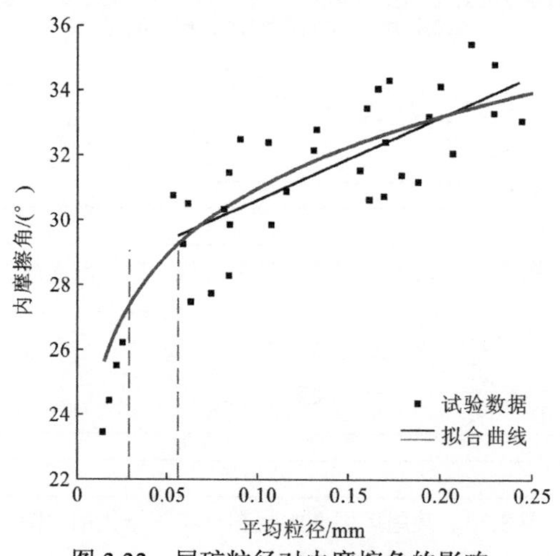

图 3.33 尾矿粒径对内摩擦角的影响

一般情况下，尾矿加权平均粒径与尾矿中的黏粒含量成反比，即加权平均粒径越小，黏粒含量越高，颗粒之间的润滑作用越强，内摩擦角越小。从图 3.33 可以看出：当粒径小于 0.05 mm 时，内摩擦角受粒径的影响较为明显，内摩擦角随着粒径的增大而增大；当颗粒粒径大于 0.05 mm 时，内摩擦角增长速度放缓，且这种趋势随着粒径的增大而变得愈加平缓。而进行井下充填用的尾砂平均粒径基本上大于 0.05 mm，因此提粗分级程度将直接影响坝体的稳定性。

根据图 3.33 的加权平均粒径对内摩擦角的影响规律，提出加权平均粒径对尾矿内摩擦角的影响模型：

$$\varphi = a d_{\mathrm{cp}}^{b} \tag{3.35}$$

式中：φ 为尾矿材料的内摩擦角；d_{cp} 为加权平均粒径；a、b 为尾矿材料参数，无量纲。采用式（3.35）提出的影响模型对试验数据进行拟合，得到拟合曲线：

$$\varphi = 39d^{0.1} \tag{3.36}$$

从图 3.33 可知粒径对内摩擦角的影响为：随粒径的增大，内摩擦角不断增大。但这种影响趋势慢慢趋缓，尾矿加权平均粒径与尾矿中的黏粒含量成反比，加权平均粒径越小，黏粒含量越高，颗粒之间的润滑作用加强，内摩擦角越小。

3.2.3 不同粒径尾矿数值试验

PFC2D 软件是一种离散元数值仿真软件，可直接用于模拟圆形颗粒的运动和相互作用等问题，也可以直接将相邻的多个颗粒打包模拟出任意形状的 clump 块体结构问题。研究表明尾矿作为散体材料用 PFC2D 进行模拟分析效果较好。为探究粒径与试样剪切强度的关系，数值试验中除粒径含量不同之外，控制其他所有条件一样。采用 PFC2D 按照上述分组进行三轴压缩试验数值模拟，如图 3.34 所示。从图 3.34 中可以看出，随着尾矿提粗分级程度提高，细粒含量越来越多，级配越来越不良。本试验需确定的细观参数有：颗粒的法向接触刚度 K_n、切向刚度 K_s、颗粒摩擦系数 f_c、颗粒密度 ρ_s 和试样初始孔隙率 n。将模拟得到的宏观结果与试验结果相比较，直到两者相吻合为止。具体校核的细观参数见表 3.2。

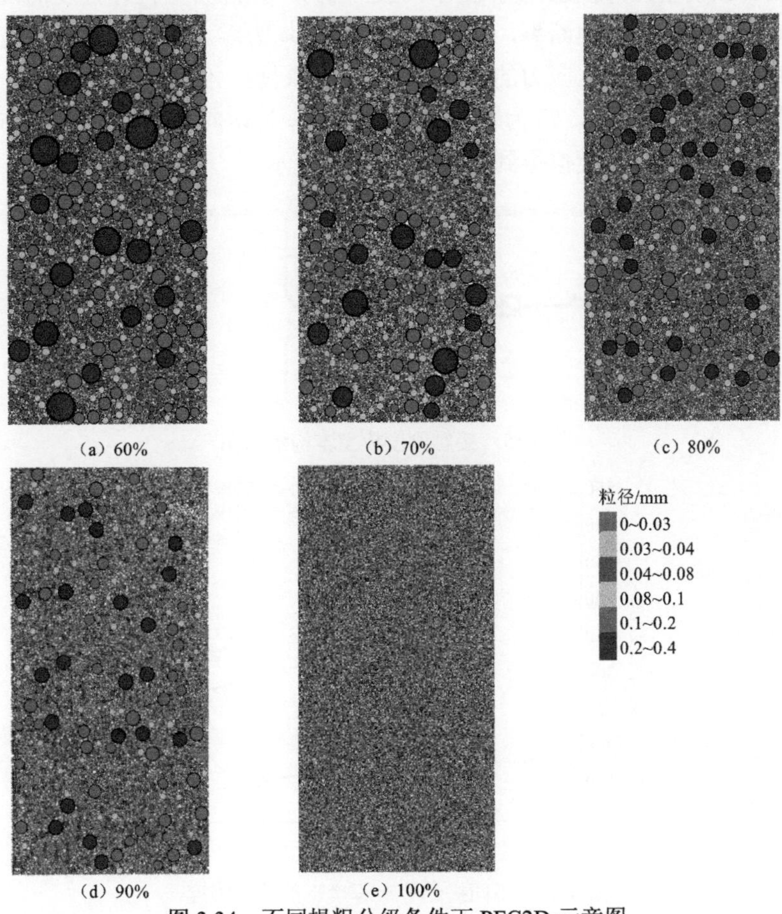

图 3.34　不同提粗分级条件下 PFC2D 示意图

表 3.2　颗粒流模拟的细观参数

试样	参数	值
尾矿试样	试样的长度/mm	2.5
	试样的高度/mm	5
	初始孔隙率	0.2
尾矿颗粒	尾矿颗粒数量/颗	9 062、9 811、11 277、16 241、21 341
	颗粒密度ρ_s /（kg/m^3）	2 700
	颗粒级配/mm	0.02～0.4
	颗粒法向刚度 K_n/（N/m）	7×10^9
	颗粒切向刚度 K_s/（N/m）	7×10^9
	摩擦系数 f_c	0.5
	围压σ_3/kPa	100、200、300

岩土材料常用接触刚度模型来进行模拟，其中接触力与相应的变形呈线弹性关系。该模型假定颗粒本身是刚性体，颗粒之间的变形、位移可通过彼此之间的相互重叠、转动来描述。接触刚度模型可以设想为一对线弹性弹簧，在接触点处具有恒定的法向和剪切刚度。接触键的存在排除了剪切力受摩擦力的限制而发生滑移的可能性；相反，剪切力会受到剪切强度的限制。该模型允许接触间隙之间产生拉应力，拉应力受拉伸强度的限制。如果法向力超过拉伸强度，则接触键断裂，法向力和剪切力均为零。在剪切力超过剪切强度而不超过摩擦力时，且法向力为压应力的情况下，接触键断裂，但是接触力不变。接触刚度模型本构示意图如图 3.35 所示，T_F 为轴向黏壶系数、S_F 为切向黏壶系数、μ为长期强度、g_s 无张力模型。三轴压缩数值模拟得到结果如图 3.36 所示。

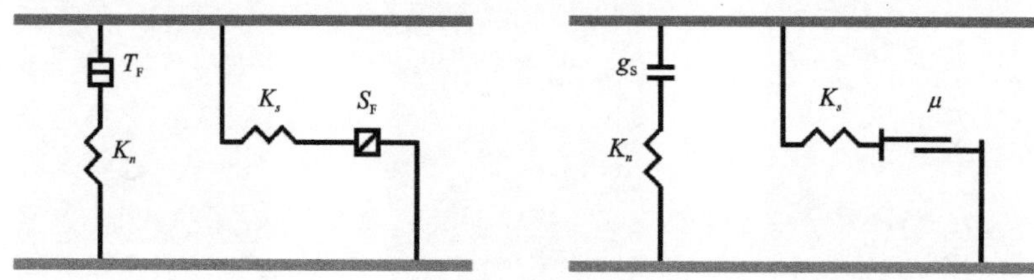

图 3.35　接触刚度模型本构示意图

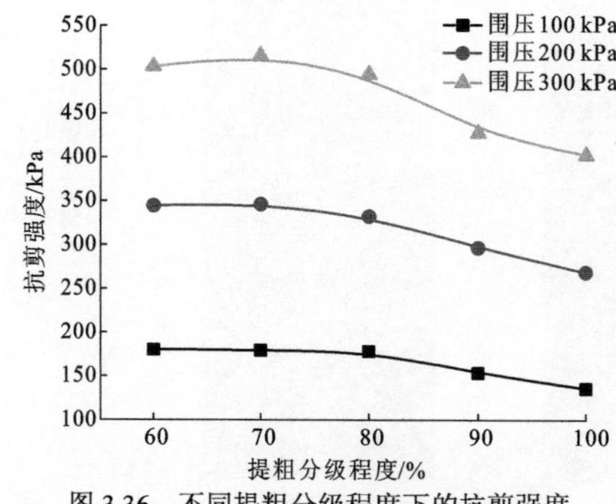

图 3.36　不同提粗分级程度下的抗剪强度

从图 3.36 中可以看出：随着提粗分级程度越大，尾矿试样能承受的最大剪应力逐渐降低，80%提粗分级前抗剪强度变化不大，90%提粗分级后抗剪强度显著降低。80%提粗分级对应的试样加权平均粒径为 0.071 mm，90%提粗分级对应的试样加权平均粒径为 0.051 mm，说明细粒尾矿试样的抗剪强度在低于加权平均粒径为 0.051 mm 时会显著降低，这与试验数据统计的结果相同；80%提粗分级前抗剪强度随分级程度缓慢减小，90%提粗分级后抗剪强度随分级程度大幅度减小。且随围压的增大，细粒尾矿抗剪强度衰减效应越显著。临界细粒界限的提粗分级程度为 80%～90%，即 0.051～0.071 mm。此结论与前述通过试验统计得到的粒径界限 0.05 mm 相近。

3.2.4 影响机制

在尾矿砂粒中掺入细粒时，细粒不是填充在孔隙中，而是夹杂在砂粒之间，土体的变形特性与颗粒性质有关。图 3.37 描述了尾矿砂粒夹杂细粒时，颗粒变形特性与颗粒位移的关系。

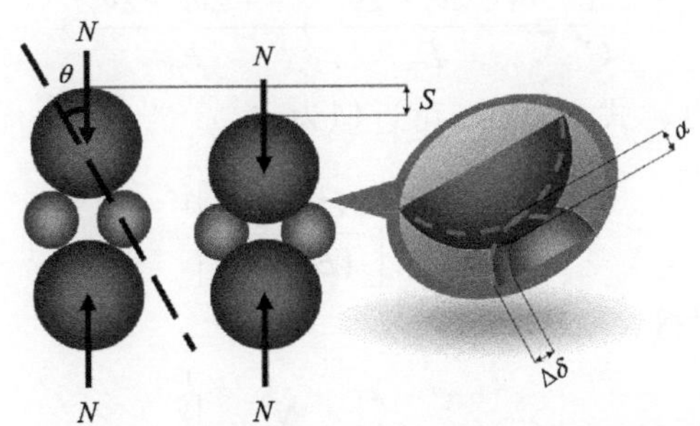

图 3.37 尾矿砂粒夹杂细粒时颗粒的变形特征与颗粒位移示意图

为了简化问题，忽略重力影响。假设在外力 N 作用下，颗粒接触后经微小变形后系统达到平衡状态，此时总压缩量为 S。如图 3.37 所示，由于小球的掺入，大球脱离接触。假设大球半径为 r_1、弹性模量为 E_1、泊松比为 ν_1，小球半径为 r_2、弹性模量为 E_2、泊松比为 ν_2，两球中心连线与竖直方向的夹角为 θ。

显然，系统的总压缩量与球体变形量的关系为

$$S = 2\alpha\cos\theta + 2\Delta\delta\sin\theta \tag{3.37}$$

式中：α 为粒间法向位移；$\Delta\delta$ 为粒间切向位移。

对大球进行受力平衡分析，有

$$N = 2N_1\cos\theta + 2f\sin\theta \tag{3.38}$$

式中：N_1 为粒间法向力；f 为粒间切向力。

对小球进行受力平衡分析：

$$N_1\sin\theta = f\cos\theta \tag{3.39}$$

根据 Hertz 法向力理论：

$$N_1 = \frac{4}{3}E^*(R^*)^{0.5}\alpha^{1.5} \tag{3.40}$$

式中：E^* 为有效弹性模量；R^* 为有效半径。

根据 Mindlin-Deresiewicz 切向力理论：

$$f = 8\sqrt{\alpha R^{*}}G^{*}\theta_{0}\Delta\delta + \mu(1-\theta_{0})\Delta N \tag{3.41}$$

式中：G^{*}为有效剪切模量；θ_{0}为函数参数；μ为颗粒表面静摩擦系数；ΔN为因剪切引起的法向力增量。

为了简化计算，假设颗粒表面静摩擦系数足够大，此时$\theta_{0}=1$，式（3.41）简化为

$$f = 8\sqrt{\alpha R^{*}}G^{*}\Delta\delta \tag{3.42}$$

解得

$$S = \left(\frac{1.04\cos^{2}\theta}{E^{*}} + \frac{0.17\sin^{2}\theta}{G^{*}}\right)\left(\frac{E^{*}N^{2}}{R^{*}\cos\theta}\right)^{\frac{1}{3}} \tag{3.43}$$

$$\frac{1}{E^{*}} \equiv \frac{1-\nu_{1}^{2}}{E_{1}} + \frac{1-\nu_{2}^{2}}{E_{2}} \tag{3.44}$$

$$\frac{1}{R^{*}} \equiv \frac{1}{r_{1}} + \frac{1}{r_{2}} \tag{3.45}$$

$$\frac{1}{G^{*}} \equiv \frac{4+2\nu_{1}-2\nu_{1}^{2}}{E_{1}} + \frac{4+2\nu_{2}-2\nu_{2}^{2}}{E_{2}} \tag{3.46}$$

由于θ较小，$\sin\theta \approx 0$，式（3.43）可近似为

$$S = 1.04\left[\frac{N^{2}\cos^{5}\theta}{(E^{*})^{2}R^{*}}\right]^{\frac{1}{3}} \tag{3.47}$$

特别地，当$\theta=0$的时候S取最大值：

$$S = 1.04\left[\frac{N^{2}}{(E^{*})^{2}R^{*}}\right]^{\frac{1}{3}} \tag{3.48}$$

式（3.48）描述了总压缩量S和外力N的关系，说明在外力一定的条件下，颗粒的性质对压缩量是有影响的。从式中可以看出，在摩擦系数足够大的条件下，细粒粒径r_2越小，弹性模量E_2越小，夹角θ越小，相同力作用下的总压缩量就越大。

3.3 不同矿物组分对尾矿力学性质影响

3.3.1 不同矿物尾矿性质

试验所需尾矿材料取自江西德兴铜矿四号尾矿库（铜尾矿）、江西银山枫树岭尾矿库（铜尾矿）和甘肃陇南紫金尾矿库（金尾矿）。为方便描述，将德兴铜尾矿命名为 CTI，枫树岭铜尾矿命名为 CTII，将甘肃陇南紫金尾矿命名为 GT。三种尾矿原状试样如图 3.38 所示，可以看出 CTI 的原状呈现浅灰色，尾矿颗粒松散，黏性较低；CTII 呈金黄色，颗粒感更明显，无黏性；GT 呈深灰色，具有少许的团聚现象，并且颗粒更细。这主要是金的价值更高，选矿过程中会花更大的成本进行磨矿，导致尾矿粒度更细。三种尾矿的粒径级配分布如图 3.39 所示。CTII 的砂粒最多，CTI 和 CTII 的级配曲线比较接近，GT 含有更多的粉

粒和黏粒。三种尾矿的比重分别为 2.76、2.78 和 2.77。尾矿的物理力学参数如表 3.3 所示，表明两种铜尾矿的级配不良，金尾矿级配良好。金尾矿细粒含量多，天然含水率较高，所以其干密度相对较小。不同的铜尾矿的干密度也有差异，说明尾矿干密度受矿物成分影响，此外与放矿的随机性和沉积规律也有一定关系。

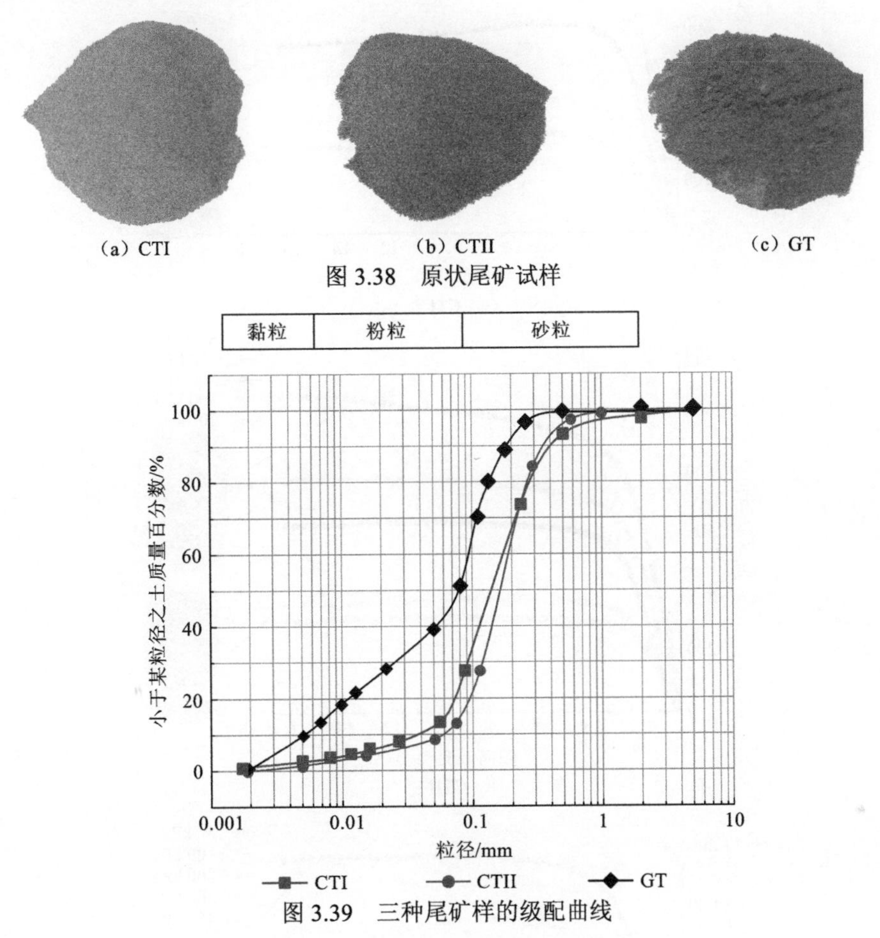

（a）CTI （b）CTII （c）GT

图 3.38 原状尾矿试样

图 3.39 三种尾矿样的级配曲线

表 3.3 三种尾矿的基本物理性质

编号	d_{50}/mm	C_u	C_c	含水率/%	干密度/（g/cm^3）
CTI	0.139	4.6	1.35	11.65	1.72
CTII	0.162	3.9	1.90	9.34	1.78
GT	0.065	11.7	1.23	15.90	1.65

3.3.2 矿物组分对应力-应变特性影响

岩土材料的应力-应变特性包括非线性、弹塑性和剪胀性。主要影响因素是应力水平、应力路径、应力历史。图 3.40 分别为 CTI、CTII、GT 的应力-应变关系曲线。可以看出随着围压增加初始变形模量和峰值偏应力增加，应力快速增加阶段对应的应变越小。对于 CTI 而言，在 50 kPa 和 100 kPa 围压下应力-应变曲线形状相似，都是偏应力随轴向应变先增加，

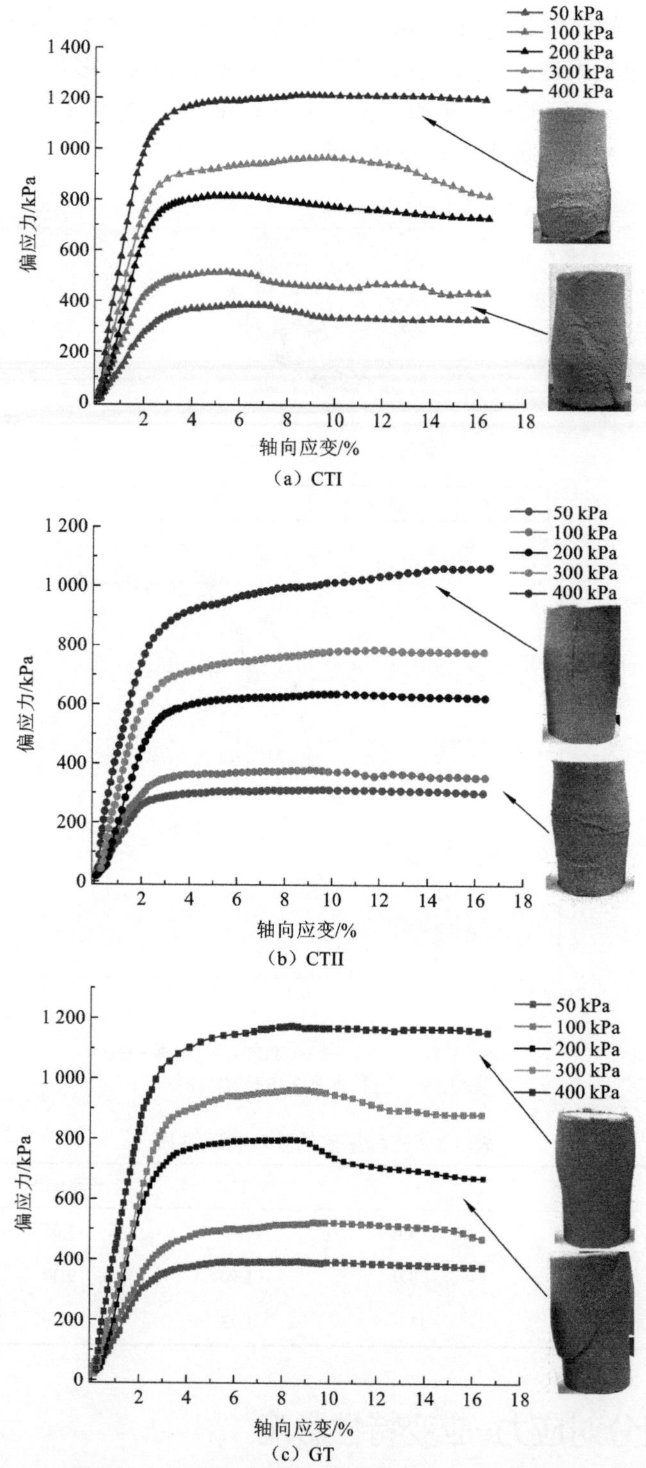

（a）CTI

（b）CTII

（c）GT

图 3.40 含不同矿物成分的尾矿的应力-应变曲线

峰值以后开始平稳发育，在轴向应变为 7%时出现了偏应力下降；同样的应力随应变的变化发展也出现在了 GT 试样在 200 kPa 和 300 kPa 的围压下。并且可以观察到应变局部化-剪切带的出现围压为 300 kPa 时，偏应力下降明显出现在大应变时。试样的应力-应变关系是应变软化。围压为 200 kPa 时，峰值偏应力后伴随着应力的缓慢减小。在 400 kPa 围压下，试样应力-应变关系为应变硬化，试样没有出现应变局部化。对于 CTII 而言，在 50 kPa 和 100 kPa 围压下试样发生应变软化，应变软化现象不明显，对应的应变局部化也不明显。在 200 kPa 围压下，偏应力达到峰值后，维持稳定状态，被称为准稳态；超过 200 kPa 围压下，试样发生应变硬化，并且可以看出试样剪胀性更弱，破坏形式为鼓胀破坏。对于 GT 尾矿而言，400 kPa 围压以下试样发生应变软化，在 400 kPa 围压下处在准稳态。

基于以上分析，尾矿试样的应力-应变关系受矿物成分影响。在不排水剪切试验中高压下更容易出现应变硬化。随着黏土矿物含量的增加，尾矿试样发生应变硬化所需围压更高。随围压增加，应力-应变关系由应变软化逐渐转变为应变硬化，中间存在一个准稳态进行过度。应变软化越严重，局部剪切带越明显。三种试样在高压下都发生了轻微的鼓胀破坏。随着黏土矿物含量的增加，尾矿试样应变局部化更明显。尾矿的鼓胀变形随围压的增大逐渐减小，暗示在更高的围压下，尾矿被剪切后会出现剪缩破坏。原因主要是高压下尾矿颗粒的旋转与滑移被限制。

3.3.3 矿物组分对应力路径影响

表示应力状态的点在应力空间中形成的轨迹称为应力路径。对于固结不排水试验而言，描绘有效应力路径的应力空间变量为 p' 和 q，横轴是平均主应力 p'，纵轴是平均偏应力 q。分别定义如下：

$$p' = (\sigma_1' + \sigma_3')/2 \tag{3.49}$$

$$q = (\sigma_1' - \sigma_3')/2 \tag{3.50}$$

图 3.41 为三种含不同矿物的尾矿的应力路径。可以看出每种尾矿试样的应力路径在不同围压下基本都是互相平行的，并且所有试样应力路径都呈现线性增长特点，即孔压系数基本不改变。所有试样在 200 kPa 和 300 kPa 围压下在峰之后都出现在了下降。主要跟应变软化行为有关。只有 CTII 尾矿试样在 300 kPa 围压下，应力路径在峰值后产生向左偏移的下降，主要是因为孔压对应力路径的影响比偏应力的大。孔压系数对应力路径具有显著影响。从图 3.41 可以看出三种尾矿的孔压系数 A 都在 0～1/3，说明所有试样在剪切过程中都发生剪胀破坏。并且明显可以看出 CTII 尾矿试样的孔压系数明显低于另两种尾矿，可能是由于 CTII 尾矿试样的非黏土矿物含量更高，造成孔压可以更快消散。破坏主应力线，是指通过莫尔圆顶点的，位于强度包线下方的直线，即破坏主应力线。它可以通过连接不同围压下试验的破坏点获得。由平均有效峰值偏应力的值可以看出 CTII 的有效应力破坏主应力线位置最低。CTI 的破坏主应力线和 GT 的比较接近。主要跟两种尾矿的孔压系数接近有关，黏土矿物含量差不多。但是 GT 黏土矿物含量稍高一些，空压系数更高，破坏主应力线整体还是在最高位置。表明黏土矿物含量越高，孔压越高，破坏主应力线的斜率越大。

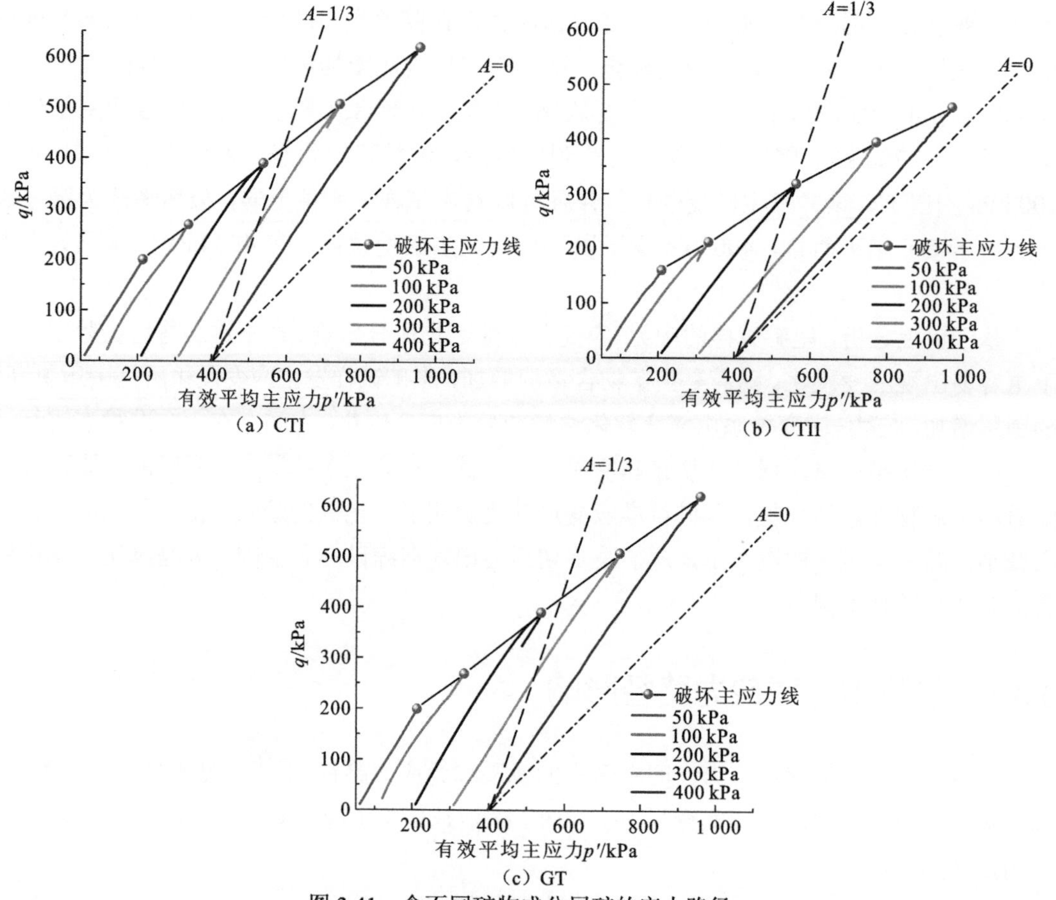

图 3.41　含不同矿物成分尾矿的应力路径

3.3.4　矿物组分对剪切强度影响

对于应变软化的试样取峰值强度作为抗剪强度，对于应变硬化的试样取轴向应变值为15%对应的偏应力作为抗剪强度。图 3.42 为三种含不同矿物尾矿的峰值强度随围压变化。由莫尔-库仑强度准则可知，围压与抗剪强度的关系为式（3.51），可以看出抗剪强度和围压呈线性关系。

$$(\sigma_1-\sigma_3)_{\mathrm{f}}=\frac{2}{1-\sin\varphi}(c\cos\varphi+\sigma_3\sin\varphi) \tag{3.51}$$

式中：$(\sigma_1-\sigma_3)_{\mathrm{f}}$ 为剪切强度；c 为黏聚力；φ 为内摩擦角；σ_3 为围压。

由图可以看出 CTI 和 GT 的强度基本相同，CTII 的强度明显低于另两种尾矿，主要是由于 CTI 和 GT 黏土矿物含量基本相同，并且 CTII 黏土矿物含量更低。黏土矿物颗粒的含量，决定尾矿抗剪强度的参数。对于固结不排水试验强度指标一般由强度包线获得，在剪切时总是会产生孔隙水压力 u，在相应的坐标空间中可以得到总应力强度指标和有效应力强度指标。根据莫尔-库仑强度准则，强度包线可以用式（3.52）、式（3.53）表示。

$$\tau_{\mathrm{f}}=c_{\mathrm{cu}}+\sigma\tan\varphi_{\mathrm{cu}} \tag{3.52}$$

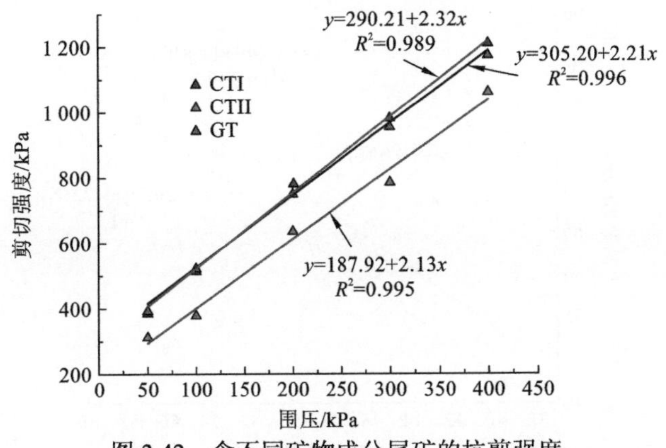

图 3.42　含不同矿物成分尾矿的抗剪强度

$$\tau_{\mathrm{f}} = c' + \sigma \tan\varphi' \tag{3.53}$$

式中：τ_{f} 为抗剪强度；c_{cu} 为尾矿的总应力黏聚力；φ_{cu} 为尾矿的总应力内摩擦角；c' 为有效应力黏聚力；φ' 为有效应力内摩擦。

图 3.43 为总应力和有效应力强度包线示意图。总应力强度包线与总应力破坏莫尔圆相切，有效应力破坏莫尔圆的公切线是有效应力强度包线。根据强度包线可以得到每种尾矿的强度参数，如表 3.4 所示。从表 3.4 可以看出尽管 CTII 的内摩擦角最小，无论有效应力还是总应力指标，减幅相对其他尾矿较小，因此内摩擦角与黏土矿物含量相关性不大。根据三种尾矿的黏聚力差别，可以建立黏聚力与黏土矿物含量的关系。图 3.44 所示为黏聚力与黏土矿物含量之间的关系。可以看出尾矿黏聚力与黏土矿物含量呈线性增长关系。总应力黏聚力和有效应力黏聚力随黏土矿物含量增加而增加的趋势是相似的，二者拟合直线接近平行。

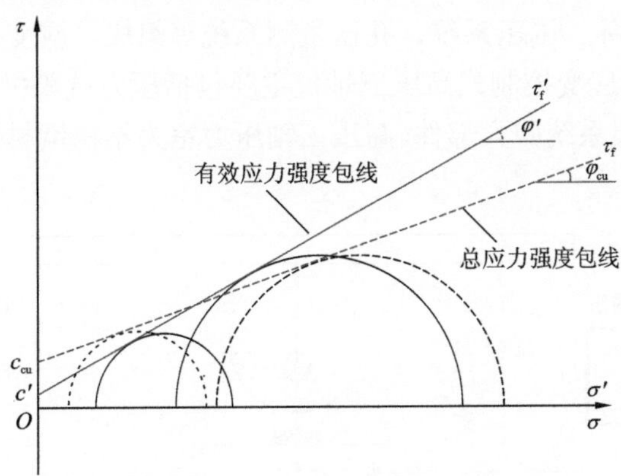

图 3.43　总应力和有效应力强度包线示意图

实线在 σ'-τ 平面，虚线在 σ-τ 平面

表 3.4　含不同矿物尾矿的强度指标

尾矿	c_{cu}/kPa	φ_{cu}/（°）	c'/kPa	φ'/（°）
CTI	80.9	32.1	76.1	33.0
CTII	53.1	31.0	47.5	32.0
GT	83.1	31.5	78.2	32.8

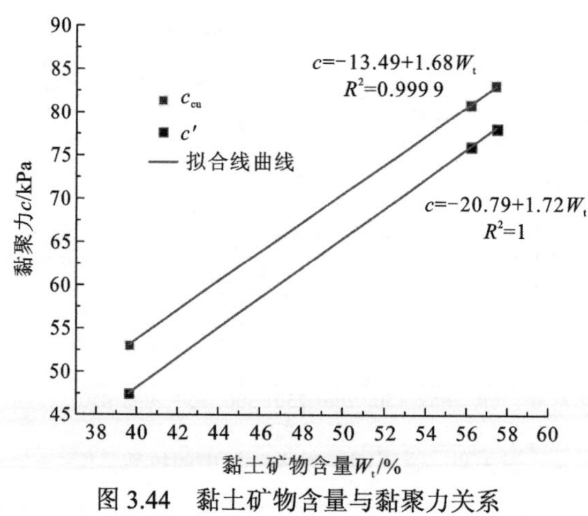

图 3.44 黏土矿物含量与黏聚力关系

3.4 夹层异质性对尾矿力学行为影响

3.4.1 含夹层尾砂三轴试验

本章试验中，对于围压小于 400 kPa 的试验采用应变控制式 SJ-1A.G 三轴仪进行试验，对于围压大于 400 kPa 的试验采用应变控制式高压三轴仪。这两台仪器都可进行不固结不排水（unconsolidated undrained，UU）剪、固结不排水（consolidated undrained，CU）剪、固结排水（consolidated drained，CD）剪三种类型试验。应变控制式 SJ-1A.G 三轴仪主要由三轴室、电机、量力环、围压系统、孔压量测系统等组成，应变控制式 SJ-1A.G 三轴仪示意图如图 3.45 所示。应变控制式高压三轴仪主要包括压力试验机、高压三轴压力室、压力体积控制器、数据采集系统四大部件。高压三轴压力室为不锈钢材料制成，壁厚为 12 mm，

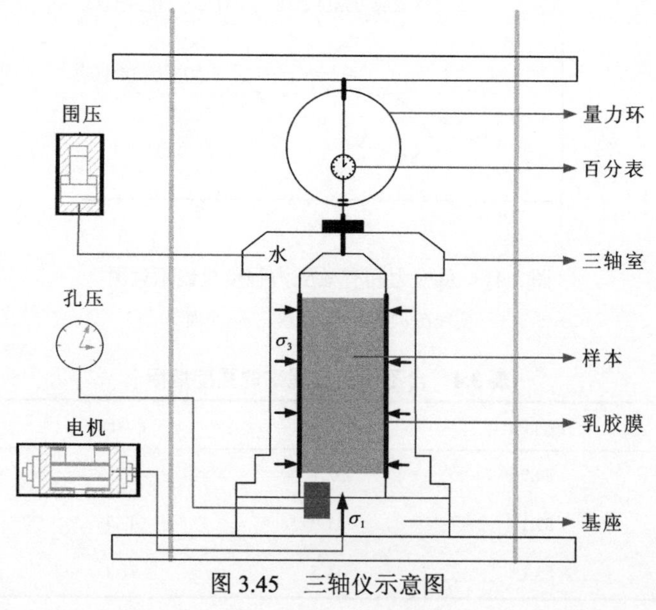

图 3.45 三轴仪示意图

围压连接管采用铜制材料，试验最高围压可达 5 MPa，反压为 1 MPa。高压三轴仪如图 3.46 所示。电机的最大行程为 80 mm。轴向荷载传感器最大荷载为 60 kN，轴向位移传感器最大测量范围为 20 mm，压力体积控制器体积变化容量为 200 mL。

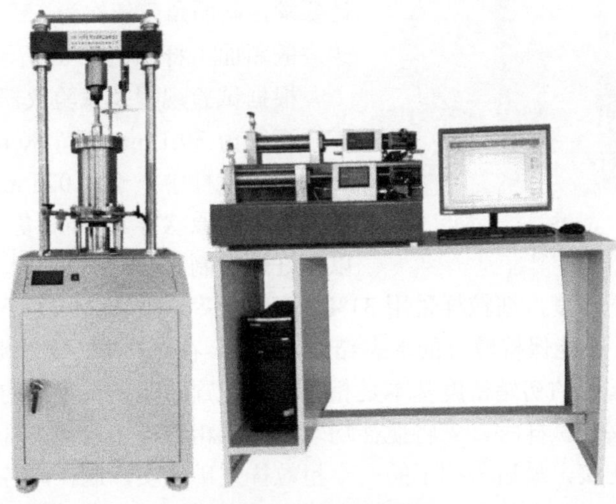

图 3.46　高压三轴仪

试验采用尾砂试样取自江西银山枫树岭尾矿坝。原状尾矿呈淡黄色，矿石金属矿物成分有黄铜矿、方铅矿、闪锌矿、黄铁矿，尾矿主要成分以石英砂为主。尾矿材料含有 68.6%的砂粒、23.4%的粉粒和 8%的黏粒。粒径分布曲线如图 3.47 所示，其物理性质指标见表 3.5。

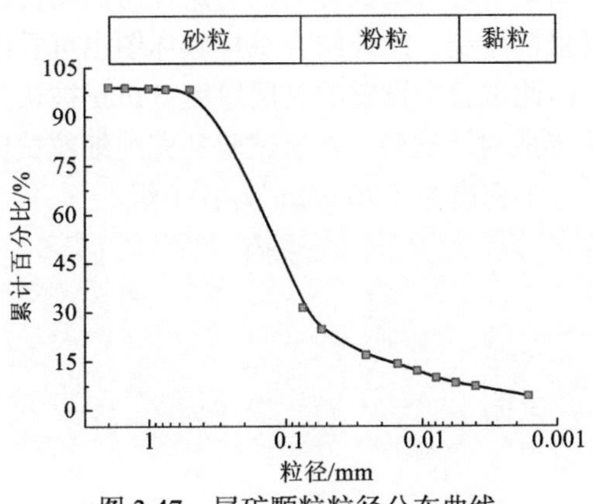

图 3.47　尾矿颗粒粒径分布曲线

表 3.5　试验尾矿试样的物理性质指标

参数	值
比重	2.60
平均粒径 d_{50}/mm	0.14
含水率/%	11.65
干容重/（g/cm³）	1.58

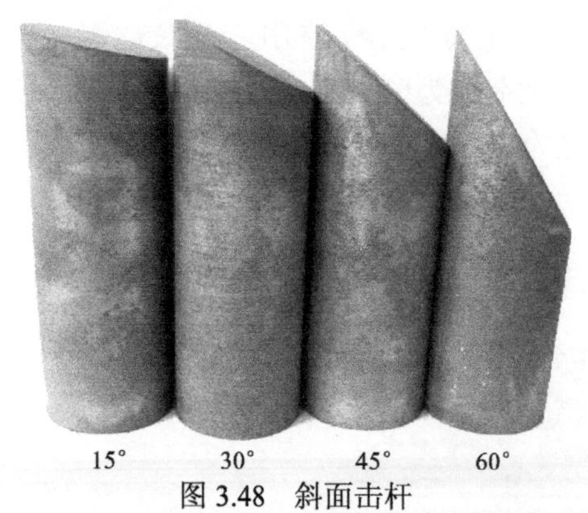

图 3.48　斜面击杆

为制备含倾斜软弱夹层尾矿的试样，需对原来传统制样方法进行改进，改进具体措施是将传统的平面击杆加工成斜面击杆。根据试验方案设计要求，斜面角度依次为 15°、30°、45°、60°。改进的斜面击杆如图 3.48 所示。

根据试验规程及试验仪器要求，三轴试验尾矿样直径为 39.1 mm、高 80 mm。试样中夹层细尾矿为原状样中小于 0.075 mm 的细粒，非夹层粗粒尾矿为原状样。试样制备均采用湿式制样法，以更好地控制试样孔隙率[103]。为达到设计需要的夹层与非夹层尾矿干密度，细粒样采用 31%的高含水率，在该含水率下，孔隙水较好地填充了颗粒骨架孔隙，又能保持较好的形态结构，因此，在制样时不会引起夹层细粒的压缩，夹层细粒的密度与配置的初始密度基本是相等的。配置的非夹层粗样的含水率为 15%。在制备含有斜面细砂夹层试样时，先将搅拌均匀的一半粗粒样用斜面击杆压实，然后将细粒尾矿盛入击样器并压实，最后将剩下的一半粗粒样尾矿压实，制样时各层接触面均做刨毛处理。夹层尾矿干密度为 1.55 g/cm^3，非夹层尾矿干密度为 1.75 g/cm^3。如果试样中夹层厚度太小，则会引起夹层上部与夹层下部粗粒的直接接触，从而弱化了夹层的影响。另外，如果夹层的厚度太大，试样中的细粒夹层将主导试样的力学性能，这也弱化了非夹层粗粒的主导优势。为避免夹层厚度对试样力学行为影响，每个试样的夹层厚度均设置为 5 mm。结合应力路径试验结果可知，当试样夹层厚度设置为 5 mm 时，常压下含夹层试样的应力路径与纯粗粒试样重合，高压下含夹层试样的应力路径与纯粗粒试样类似，这说明含夹层试样力学行为是由非夹层粗粒控制。此外结合试样破坏图也可看出夹层上部与夹层下部粗粒尾矿不存在直接接触。因此试验中设置的夹层厚度 5 mm 被认为是合理的。制成的含夹层试样如图 3.49 所示。为形成对比试验，本次试验补充纯细粒试样（干密度为 1.55 g/cm^3）和不含夹层的纯粗粒试样（干密度为 1.75 g/cm^3）各 1 组。

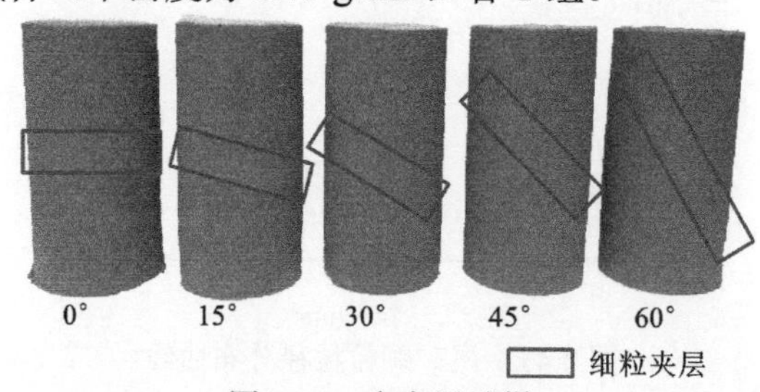

图 3.49　含夹层试样

为了解细粒尾矿夹层影响下尾矿的强度特性及变形特性，试验夹层设计的倾角为 0°、15°、30°、45°、60°。以纯细粒尾矿组及纯粗粒尾矿组为参照组。根据实际工况，选择固结不排水条件进行三轴试验。为方便试样的安装，制备好的试样在真空抽气饱和后需进行低温冻结，冻结后再将试样安装在三轴压力室内，试样饱和采用反压饱和方法，饱和之后缓慢施加围压进行等压固结。常压下试验设计围压为 100 kPa、200 kPa、400 kPa，高压下试验设计围压为 1 MPa、2 MPa、3 MPa、4 MPa，剪切速率为 0.074 mm/min，轴向变形达到 15%停止试验。

3.4.2 应力-应变特性

尾矿试样在不同固结压力下进行不排水试验，可获得轴向应变及偏应力，据此可得到各倾角细粒夹层状态下的应力-应变关系。图 3.50 所示为含夹层尾矿应力-应变关系曲线。从图 3.50 可知，夹层倾角较大试样的应力-应变关系为典型的应变软化型，夹层倾角较小的试样及重塑样表现为应变强化型。

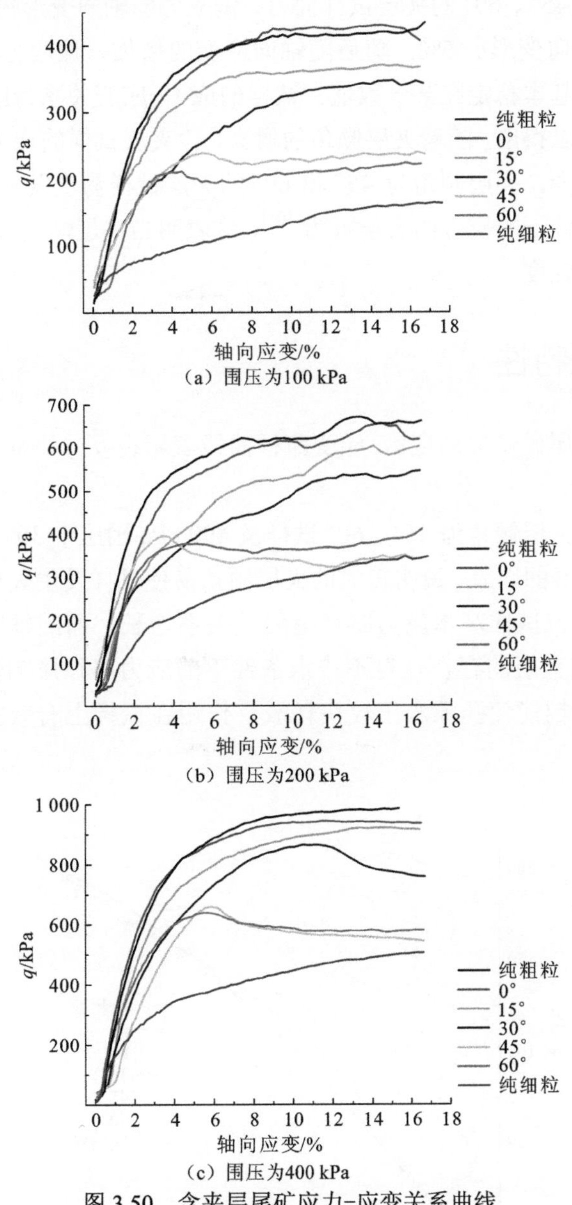

图 3.50　含夹层尾矿应力-应变关系曲线

对于夹层倾角为 0°、15° 的夹层试样而言，在初始加载阶段，偏应力随着轴向应变而迅速增加，当轴向应变达到某一数值时，应力-应变曲线的斜率逐渐平缓，在大应变时，偏应力达到试样的峰值。试样峰值强度接近于纯粗粒试样。试样的应力-应变关系为应变硬化型。

对于夹层倾角为 30° 的夹层试样而言，在 100 kPa 和 200 kPa 围压下，其应力-应变关系与 0° 和 15° 夹层倾角的应力-应变关系相似，为应变硬化型，试样强度接近纯粗粒试样强度。但是在 400 kPa 围压下，其应力-应变关系为应变软化型，在 11%的轴向应变下出现了明显的应力下降，残余强度接近由纯细粒试样强度。这表明试样夹层倾角 30° 是处于应变硬化与应变软化的临界点。

对于夹层倾角为 45°、60° 的夹层试样而言，偏应力随轴向变形快速增加，且很快达到峰值状态，对应的轴向变形$\varepsilon<5\%$。随后随轴向应变的增加，偏应力减少，并逐渐向纯细粒试样的强度靠近，基本稳定在某一数值。试样的应力-应变关系为应变软化型。

根据上述分析可以得出，随着夹层倾角的增大，含夹层试样的应力-应变关系逐渐由应变硬化向应变软化转变。夹层倾角为 45° 和 60° 的夹层试样易于发生应变软化行为，类似于不排水剪切试验条件下的松砂的力学行为[104]，这表明当夹层倾角较大时，细粒夹层的存在严重弱化了试样的强度。

3.4.3 应力路径特性

不同夹层倾角下尾矿试样的应力-应变路径曲线表示在 p'-q 平面内，含夹层尾矿样应力路径如图 3.51 所示。

由图 3.51 可知：夹层倾角为 45°、60° 试样及 400 kPa 围压下 30° 试样的应力路径在峰值后均出现了向下发展的现象，说明较大的夹层倾角易使试样发生失稳，而导致强度降低。含夹层的试样和纯粗粒试样基本应力路径呈线性关系增长，而纯细粒试样的应力路径呈“C”形增长。这说明夹层的存在，对不排水条件下的应力路径影响较小。产生这种现象是由于含夹层试样粗粒能使孔隙水压较快耗散，作用在试样上有效应力基本与初始围压相等。

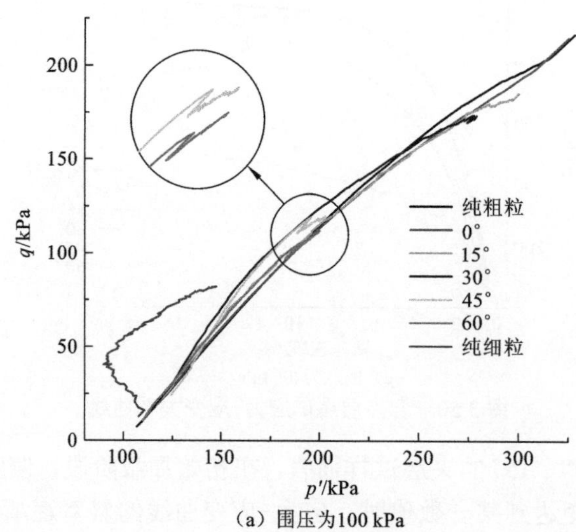

(a) 围压为100 kPa

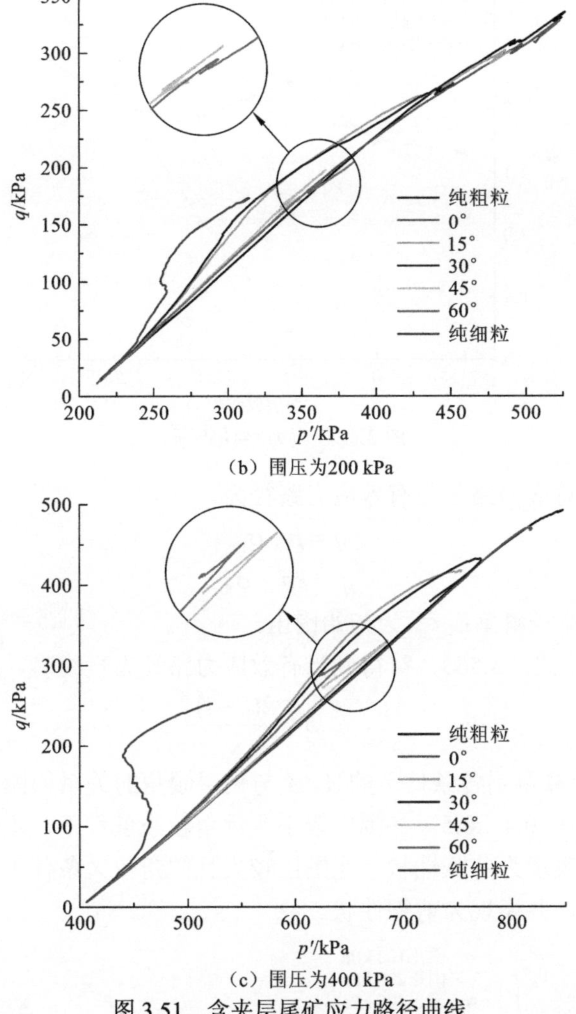

（b）围压为200 kPa

（c）围压为400 kPa

图 3.51　含夹层尾矿应力路径曲线

对含夹层的试样与纯粗粒试样的峰前数据进行线性拟合，可得到各应力路径曲线的斜率，绘制出图 3.52。由于纯粗粒试样和纯细粒试样没有对应的夹层倾角角度，为方便比较含夹层试样与不设置夹层试样的各向力学性能关系，统一将纯粗粒试样的横坐标值设置为−15，纯细粒试样横坐标值设置为 75。由图 3.52 可知，应力路径的斜率随夹层倾角的增大出现了略微增长的趋势，但影响程度不大。各试样应力路径斜率随着围压的增加而增加，说明围压对孔压具有较大的影响。

由于含夹层试样应力路径与夹层倾角有较好的线性关系，孔压系数 A 在剪切过程中即为一常数，便可通过孔压与偏应力的关系求得 A，A 的计算式为

$$A=\frac{2\Delta u}{\Delta q} \tag{3.54}$$

式中：u 为孔隙水压力。

在应力路径曲线中有

$$u=p-p' \tag{3.55}$$

$$q'=q \tag{3.56}$$

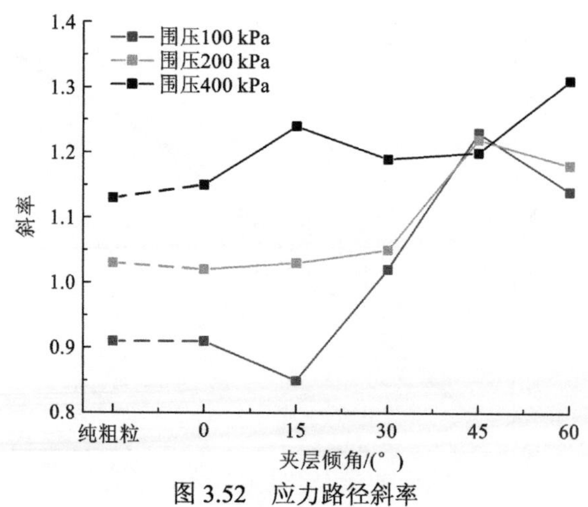

图 3.52　应力路径斜率

由线性关系可得总应力路径与有效应力路径为

$$q = p + \sigma_{f0} \tag{3.57}$$

$$q' = kp' + \sigma_{f0} \tag{3.58}$$

式中：k 为有效应力路径斜率；σ_{f0} 为初始围压。

结合式（3.54）～式（3.58），可得到当有效应力路径为直线时，孔压系数 A 为

$$A = \frac{2(k-1)}{k} \tag{3.59}$$

由式（3.59）可计算得到各条件下的 A。A 与夹层倾角的关系如图 3.53 所示。由图 3.53 可知，A 的变化范围在-0.4～0.5。在围压较小且倾角较小条件下，A 较小，试样在剪切过程中出现负孔压，并表现为剪胀性状。在围压较大且倾角较大条件下，A 较大，试样在剪切过程中孔压呈正值，并表现为剪缩性状。

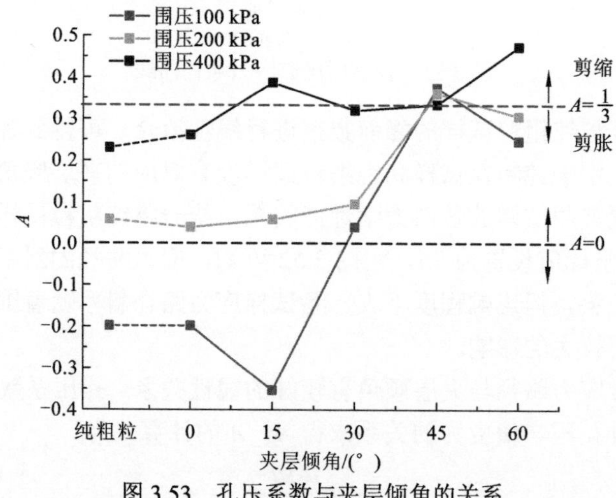

图 3.53　孔压系数与夹层倾角的关系

3.4.4　大倾角夹层试样应变软化特征

试验中夹层倾角为 45°、60°的试样均出现了应变软化特性，并伴有剪缩性。Bishop[105]

曾提出用脆性指标 I_B 来反映土体应变软化的可能性，也有研究[106-107]利用脆性指标 I_B 来反映砂土的剪缩特性和发生流滑的可能性。脆性指标 I_B 的定义为

$$I_B = \frac{q_p - q_r}{q_p} \tag{3.60}$$

式中：q_p 为不排水剪主应力差峰值；q_r 为不排水剪残余主应力差值。

由式（3.60）的关系可知，对于应变软化的试样 I_B 变化范围在 0～1。I_B 越小，意味着剪切过程中主应力差越小，引起土体发生滑移而导致大变形的概率就越小。含夹层尾矿试样 I_B 与围压的关系如图 3.54 所示。由图 3.54 可知，含夹层尾矿的 I_B 较小，数据离散性较大。45° 试样的 I_B 大于 60° 试样。

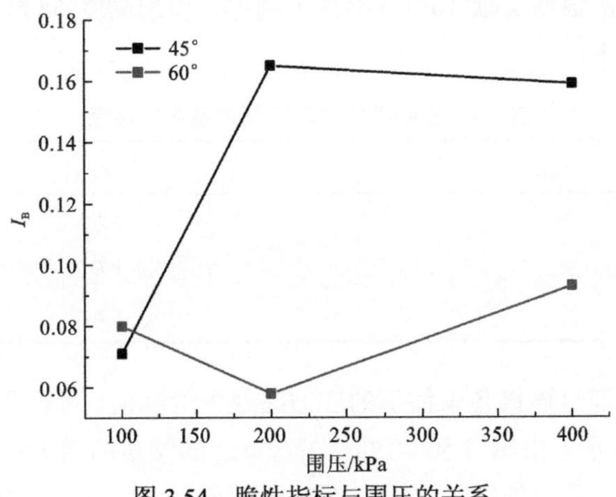

图 3.54　脆性指标与围压的关系

3.4.5　强度参数

峰值强度随夹层倾角的变化图如图 3.55 所示。由图 3.55 可知，在不排水剪切条件下，纯粗样剪切强度明显大于纯细粒试样，含夹层的试样强度范围变化在纯粗粒试样与纯细粒试样之间，说明含夹层试样强度并不是受试样单一颗粒成分的影响，是整个试样颗粒成分、组构、结构的综合反映。随固结围压的不断升高，纯粗粒试样的峰值强度增加速率较快，为最高值，纯细粒试样峰值强度增加速率较慢，为最低值，其余随倾角的增加逐渐减少。

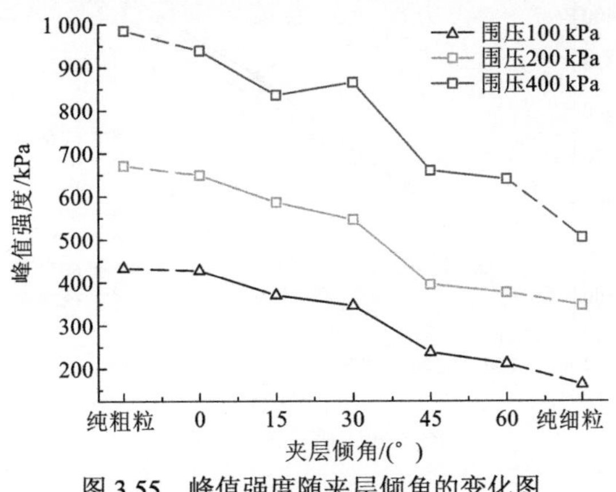

图 3.55　峰值强度随夹层倾角的变化图

在含夹层试样内，夹层试样的强度随夹层倾角的增大而减少，0°试样强度最大，60°试样强度最小，与夹层倾角呈线性变化。因此，在细粒夹层的影响下，尾矿试样峰值强度呈现出显著的各向异性特征。峰值强度各向异性度定义为[108]

$$R_s = \frac{\sigma_{max}}{\sigma_{min}} \tag{3.61}$$

式中：R_s 为夹层试样的峰值强度各向异性度；σ_{max} 为夹层试样的最大峰值强度；σ_{min} 为夹层试样的最小峰值强度。

不同固结围压下强度的各向异性度如表 3.6 所示。可知峰值强度的各向异性随固结围压的增加不断降低，对应的是随尾矿坝的坝高的增加峰值各向异性度减少。若取尾矿坝的平均密度为 1.6 g/cm^3，根据文献[109]结果，可判定在坝顶高度 64 m 以下范围的含细粒夹层尾矿属于弱各向异性。

表 3.6　三种不同围压下强度各向异性度

围压/kPa	R_s
100	2.025
200	1.725
400	1.467

在 p'-q 平面内，通过连接各条件下的应力路径中的峰值，可得到破坏主应力线。破坏主应力线如图 3.56 所示。由图 3.56 可知，峰值 q_{max} 随倾角的增大逐渐减小。夹层倾角为 45°、60°试样峰值曲线靠近纯细粒试样，而夹层倾角为 0°、15°、30°试样峰值曲线靠近纯粗粒试样。说明在夹层的影响下，尾矿峰值表现为明显的双向各向异性，30°倾角为一个明显的跳跃点，45°倾角峰值 q_{max} 出现了快速降落。因此可总结：小倾角（0°、15°）的强度力学特性受试样粗粒控制，大倾角（45°、60°）强度力学特性受夹层控制。所以在对含有大倾角夹层及透镜体尾矿坝体进行分析时，应重点注意软弱夹层产生的坝体不稳定，防止坝体失稳而带来灾害。

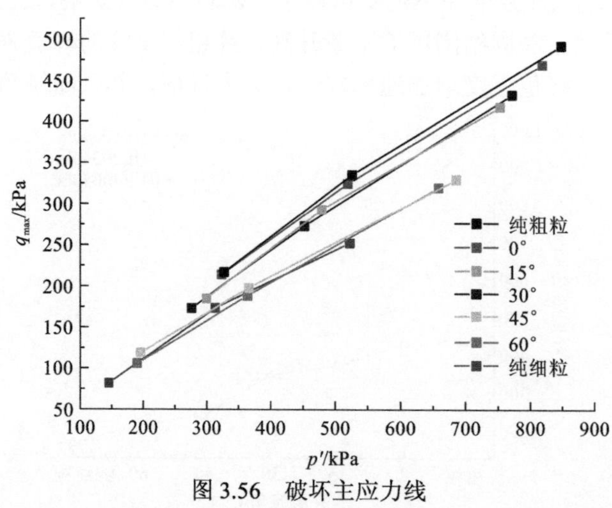

图 3.56　破坏主应力线

破坏主应力线和强度包线两者并不是互相独立的，而是都对应着试样的破坏状态。破坏主应力线通过各莫尔圆上的顶点，强度包线通过的则是莫尔圆上的切点。两者之间的几何关系如图 3.57 所示。

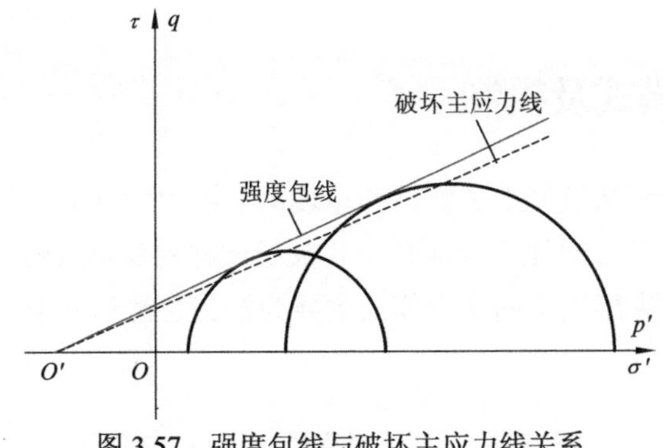

图 3.57　强度包线与破坏主应力线关系

结合两者的关系，可根据破坏主应力线求得不同倾角夹层下的强度指标参数，破坏主应力线一般公式为

$$q_{\max} = p' \sin\varphi + c\cos\varphi \tag{3.62}$$

式中：$q_{\max}$ 为平均峰值偏应力。

利用式（3.62）对破坏主应力线进行拟合，可得到不同夹层倾角下的强度指标参数，内摩擦角曲线图如图 3.58 所示，黏聚力曲线如图 3.59 所示。

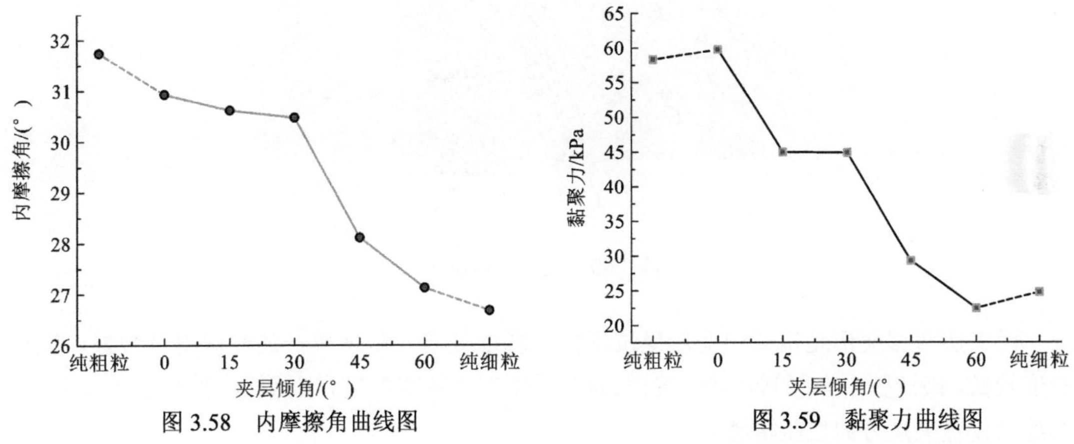

图 3.58　内摩擦角曲线图

图 3.59　黏聚力曲线图

由图 3.58 可知，内摩擦角随夹层倾角的增大而减小，线性关系不强，含夹层试样的内摩擦角控制在纯粗粒试样与纯细粒试样之间。在 30° 处出现明显的两极分化现象，内摩擦角骤降，夹层倾角小于 30° 的试样内摩擦角值在 31° 附近，接近纯粗粒试样的内摩擦角，试样强度受细粒夹层影响较低。夹层倾角大于 30° 的试样内摩擦角值为 27° 左右，接近细粒试样的内摩擦角，试样强度表现出明显的受细粒控制特点，受细粒夹层的影响较大。

由图 3.59 可知，黏聚力随夹层倾角的增大也呈减小的趋势，黏聚力线性关系较内摩擦角线性关系更为明显。除夹层倾角为 0°、60° 试样，含夹层试样黏聚力均控制在纯粗粒试样与纯细粒试样之间。各倾角下的黏聚力分布范围为 20～60 kPa。该试验中纯细粒试样的黏聚力小于纯粗粒试样黏聚力，但这并不与一般性粗粒尾矿黏聚力小于细粒尾矿黏聚力结论相矛盾，主要原因是：①选取的尾矿试样本身就含有较高的黏性矿物成分；②试验设置的纯细粒试样密度小于纯粗粒试样。

3.4.6 变形破坏模式及机制

对试样的变形分析可从机制上了解试样呈现的宏观力学行为。常压下试验条件下的尾矿试样变形如图 3.60 所示。对比不同倾角下含夹层试样的变形特性，可知在固结不排水三轴剪切条件下，含细粒夹层尾矿的变形模式主要为沿夹层滑移变形、鼓胀变形及两种变形的复合变形。

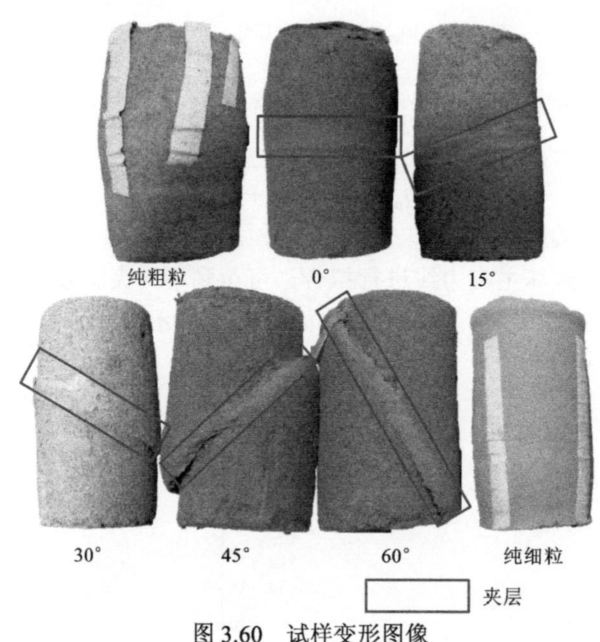

图 3.60 试样变形图像

沿夹层滑移变形是指试样变形受试样内部弱面控制，呈现单一的倾向滑移现象，试样强度较低。该试验中夹层倾角 45° 试样、60° 试样为这种变形模式。试样在剪切试验过程中，始终沿设置夹层方向发生滑移。

鼓胀变形常见于土体的变形破坏，主要发生在较为均质的土试样中。变形模型特点是试样中部在剪切时向外膨胀，呈现为中间大、端部小的特征。夹层倾角为 0° 试样、15° 试样、纯粗粒试样及纯细粒试样表现为这种变形模型。可知在细粒夹层倾角较小时，含夹层试样的变形模型不受夹层影响。

复合变形是指试样在剪切过程中既有剪切滑移的发生又有鼓胀变形的破坏。该试验中，在细粒夹层倾角为 30° 时吻合这种破坏模式，试样伴有轻微的滑移变形，且出现鼓胀现象。

3.5 夹层异质性对尾矿细观力学性质影响

3.5.1 含夹层尾砂数值试验

为表征含不同倾角细粒夹层尾矿的力学行为，并鉴于尾砂的非连续性，采用颗粒离散元进行细观力学模拟。二维模型高 80 mm、宽 40 mm，尾砂采用圆盘颗粒进行模拟。非夹层尾砂采用粗颗粒进行模拟，颗粒半径介于 0.5～1.5 mm，服从均匀分布。夹层尾砂采用细颗粒进行模拟，颗粒半径介于 0.3～0.6 mm，服从均匀分布。含夹层试样的颗粒数量至少为 5 508。周健等[110]认为当双轴压缩试验中的颗粒数在 2 000～10 000 时，试样的计算效率和准确性是可接受的。因此在该数值试验中，由样本引起的尺寸效应是可以忽略不计的。为研究夹层倾角对尾砂的力学及变形破坏规律的影响，夹层厚度设置为 5 mm，夹层倾角根据尾矿坝实际沉积规律，采用 0°、15°、30°、45°、60° 5 个不同工况条件。离散元模型生成的步骤：①先在模型内生成尾砂粗颗粒，粗颗粒总数为 4 602；②以模型中心旋转点，按设定倾角删除 0.5 cm 厚度的粗颗粒，并在已删除粗颗粒区域生成夹层细颗粒。构建的模型如图 3.61 所示。

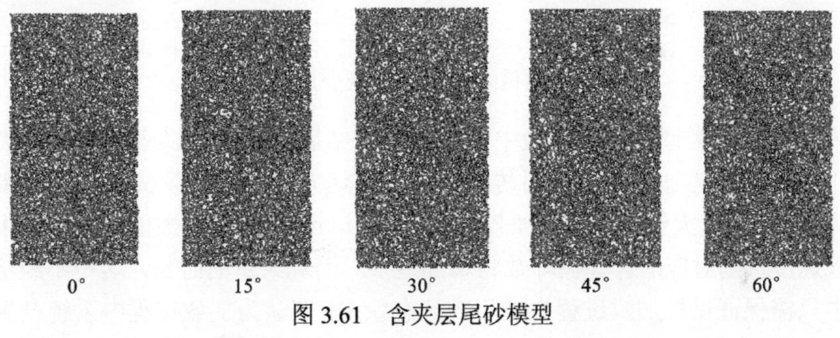

图 3.61 含夹层尾砂模型

为实现含细粒夹层尾砂的离散元精细模拟，并使所构建的数值模型能较为真实地反映尾矿的力学行为，确定一组相对合理的细观力学参数是相当必要的。尾砂是经矿石分选后品位较低的尾料，是一种特殊的人工土，胶结性不强，多以松散形态呈现，颗粒形态不规则，棱角分明。因此可采用抗旋转刚度接触模型及滑移模型来表征尾砂颗粒之间的接触本构力学行为。含细粒夹层尾砂离散元模型中粗细尾矿的宏观力学行为明显不同，因此需要分别对粗细尾矿的细观力学参数进行标定。所要确定的细观参数分别为粗、细颗粒的法向刚度、刚度比、细观摩擦系数及抗旋转摩擦系数。

通过开展粗、细尾矿的双轴数值试验，并与相应的室内试验结果对比来标定粗、细尾矿颗粒的细观力学参数。室内粗、细尾矿试样取自枫树岭尾矿坝，试样的干密度均为 1.62 g/cm^3。确定的粗、细尾矿颗粒细观力学参数如表 3.7 所示。上下加载墙的摩擦系数设为 0，法向刚度和切向刚度均设为 1×10^8 N/m，柔性颗粒链细观参数黏结强度取为 1×10^{300} N/m^2，法向刚度和切向刚度均取为 1×10^7 N/m。数值试验和室内试验的应力-应变曲线对比如图 3.62 所示，由图 3.62 可知：较低围压的数值曲线初始模量与室内曲线吻合较好，400 kPa 围压吻合性较差，但曲线峰值吻合较好。低围压的峰值略小于室内曲线峰值，其他各组曲线峰值均吻合较好。因此可认为所建立的数值模型和标定的细观力学参数是比较可靠的。

表 3.7　颗粒细观力学参数

对象	法向刚度/（N/m）	刚度比	摩擦系数	抗旋转摩擦系数	密度/（kg/m^3）
粗颗粒	1×10^8	4/3	1	0.8	2 620
细颗粒	5×10^7	4/3	1	0.7	2 600
颗粒链	1×10^7	1	0	0	2 000

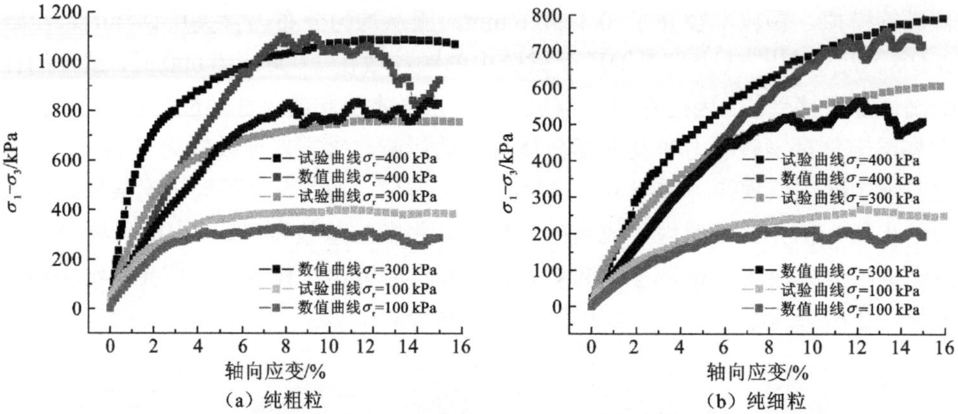

（a）纯粗粒　　（b）纯细粒

图 3.62　纯粗细尾砂应力-应变曲线对比图

与室内三轴试验类似，数值试验中试样等向固结后轴压同样以应变控制方式施加，以模型的上下边界墙作为加载板，采用传统的排水剪切方式进行加载试验，上下墙体的加载速率设定为 0.01 m/s，大于室内试验加载速度 0.073 mm/min。如果数值试验中采用室内试验相同的加载速度，则对应的计算循环数将增加过多，消耗大量的时长，这是不经济的。通常数值试验中只需保证试样加载过程中处于准静态状态，即认为加载过程中系统产生的动能可忽略不计。判断是否为准静态加载条件可用惯性参数表征[111-112]，其计算公式为

$$I=\dot{\varepsilon}\sqrt{\frac{m}{p}} \tag{3.63}$$

式中：$\dot{\varepsilon}$ 为应变率；m 为颗粒质量；p 为试样平均应力。$I\ll1$ 时，可认为是准静态加载。本节中使用的加载速率为 0.01 m/s，$I=1\times10^{-5}$，满足准静态试验加载要求。

在柔性伺服等压固结过程中，采用快速固结方法。分两步进行伺服控制，以节约伺服控制的时间并快速达到颗粒系统的平衡：①在不删除侧向刚性墙前，先利用侧向刚性墙体将试样伺服到设定的围压状态；②删除侧向刚性墙体后，在原有墙体空间位置构建柔性颗粒链膜，再通过柔性围压施加原理将试样伺服到初始围压设定状态。试样加载剪切过程中，监测系统相关信息变量，当轴向应变达到 15%时，停止试验，保存并输出试验数据。

3.5.2　室内试验验证

在室内试验的基础上，开展 100 kPa 围压条件下含夹层尾砂固结排水试验，以论证二维数值试验结果的可靠性。为保证室内试验结果与数值试验结果具有对比性，含夹层试样

的尾矿成分仍与标定的粗、细尾矿试样成分是一致的。三轴试验尾矿试样尺寸直径为39.1 mm、高为80 mm。

图3.63为100 kPa围压条件下室内试验与数值试验的应力-应变关系对比图。由图3.63可知，数值试验结果与室内试验结果具有良好的一致性。含夹层试样的强度均在粗样与细样之间，试样强度随着夹层倾角的增大而减小。从图3.63（a）可知，夹层倾角为45°试样及60°试样峰后呈现出明显的应变软化行为，虽然图3.63（b）中没有展示出在100 kPa围压条件下有明显的应变软化行为，但在300 kPa、400 kPa围压条件下45° 试样及60°试样呈现出明显的应变软化行为。虽然室内试验曲线峰值与数值试验曲线峰值存在一定的偏差，但这并不能说明数值试验无效。因为尾矿颗粒自身的复杂性及试验存在误差，所以标定的细观参数很难完全反映实际情况。综上所述，二维离散数值试验能够反映含夹层试样的力学行为。

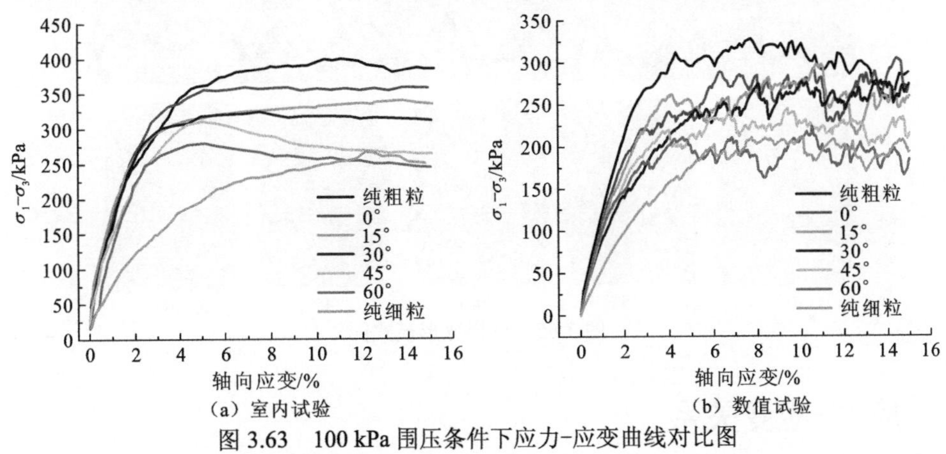

图3.63　100 kPa围压条件下应力-应变曲线对比图

图3.64为数值试验与室内试验峰值强度对比图。虽然室内试验峰值强度大于数值试验峰值强度，但是两组曲线的变化规律是一致的。这是因为校核的细观力学参数模拟的是尾矿颗粒在0～400 kPa的总体力学行为，而没有精确地模拟100 kPa围压下的力学行为。对于100 kPa 围压条件而言，所校核的细观力学参数偏小，所以才使得试验峰值强度大于数值模拟峰值强度。此外，由于尾矿的力学行为的复杂性，精准化模拟尾矿的力学行为较难。但总体上对比尾矿的强度及变形行为，PFC2D数值模拟仍然可以很好地模拟尾矿的力学行为。

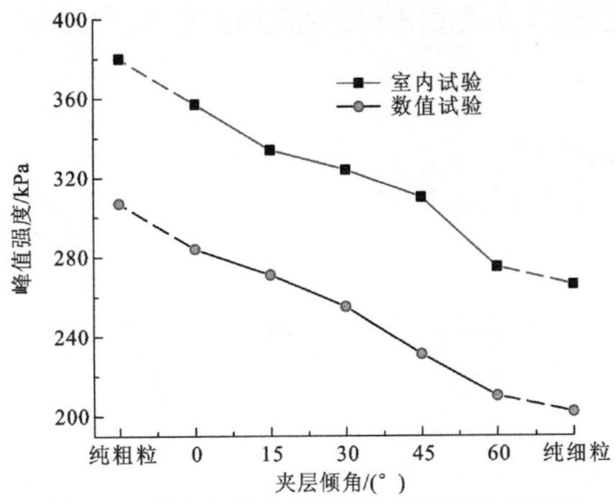

图3.64　数值试验与室内试验峰值强度对比图

室内试验条件下的尾矿试样变形模式如图 3.65 所示。由图 3.65 可知，数值试验试样变形模拟结果与室内试验结果具有很好的一致性。夹层倾角小于 30° 的试样呈现出明显的鼓胀变形，而夹层倾角大于 30° 的试样呈现出明显的沿夹层滑移特征。鼓胀变形随着夹层倾角的增大而减弱，滑移变形随着夹层倾角的增大而越发明显。尾矿试样的变形进一步论证了数值试验能够反映含夹层试样的力学行为。

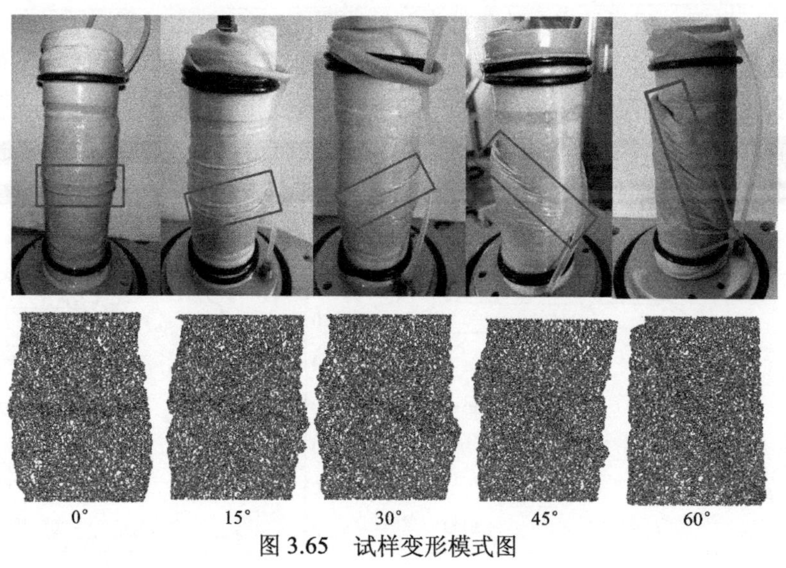

图 3.65　试样变形模式图

3.5.3　应力-应变关系

含细粒夹层尾砂试样应力-应变关系曲线如图 3.66 所示。由图 3.66 可知，当围压相等时，随着细粒夹层倾角的增加，试样的峰值强度及初始模量均不断减小，含夹层尾矿试样的强度及初始模量均介于粗粒与细粒强度之间。试样应力-应变曲线接近峰值后产生明显的起伏波动，并伴有很强的流塑性。在轴向应变达 12%后，大倾角试样的应力与细粒样接近，小倾角试样的应力与粗粒样接近，说明软弱夹层的存在降低了尾矿试样的强度，峰后残余强度存在明显双重分布特征。当夹层倾角相等时，试样的峰值强度随围压的增大而增大，达到峰值对应的应变也增加，与低围压相比曲线的波动也较大。说明围压的增大，试样的抵抗变形能力在增强。

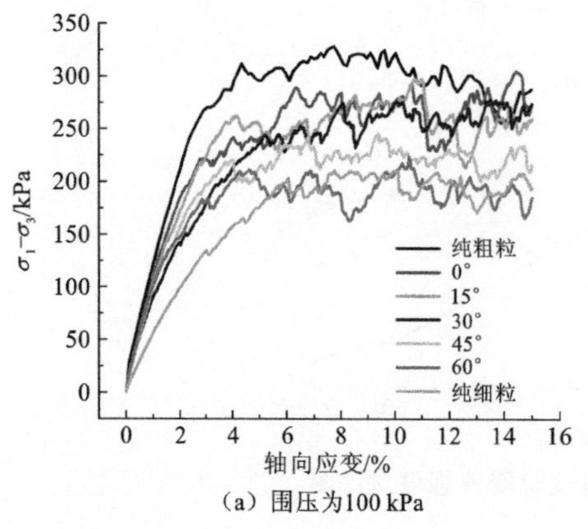

(a) 围压为100 kPa

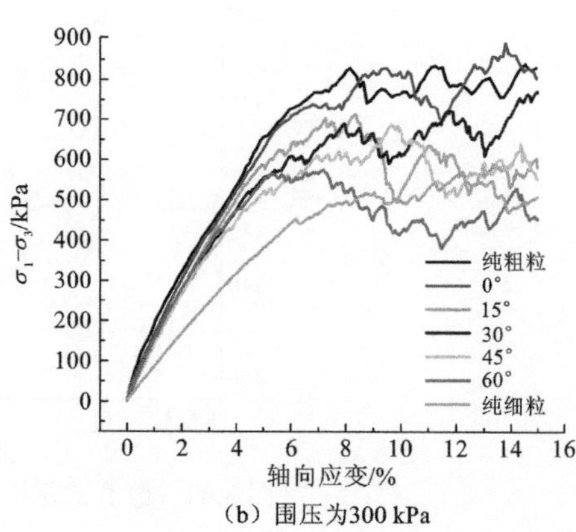

(b) 围压为300 kPa

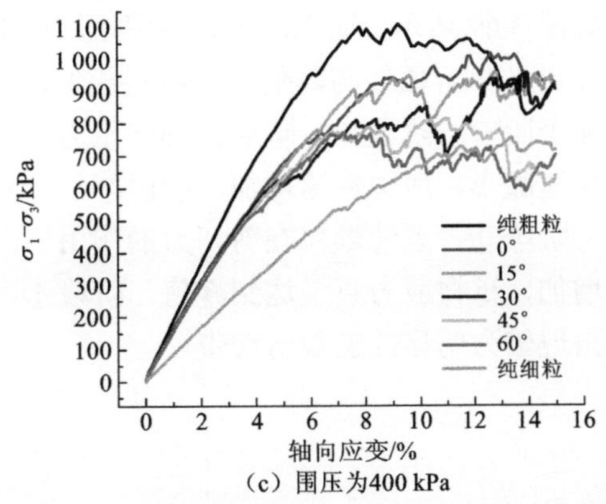

（c）围压为400 kPa

图 3.66　含细粒夹层尾砂试样应力-应变关系曲线

图 3.67 为含夹层尾矿试样的峰值强度随夹层倾角变化规律曲线。从图 3.67 可知，试样的峰值强度随细粒夹层倾角增大线性减小，夹层试样的峰值强度在粗粒与细粒之间。围压越大，试样的峰值强度越大，曲线斜率也越大。图 3.68 为夹层尾砂试样的宏观内摩擦角随夹层倾角变化规律曲线，从图 3.68 可见：夹层试样内摩擦角的变化规律与峰值强度变化规律基本一致，整体上都随夹层倾角的增大而减少，且在粗粒与细粒内摩擦角之间；在 30° 之前内摩擦角减少幅度较大，在 30° 之后，减少幅度较小。说明夹层的存在不利于坝体的稳定性。

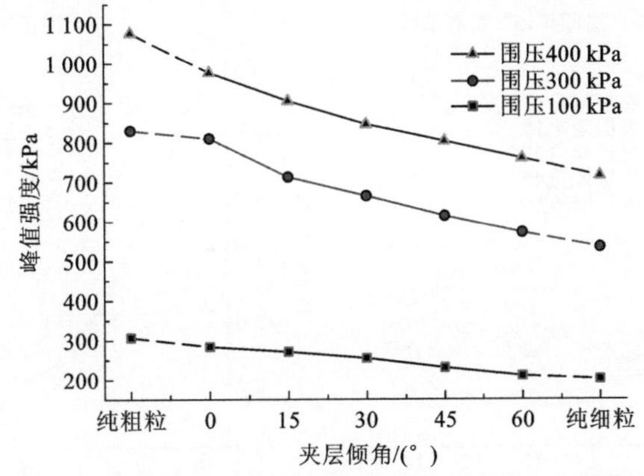

图 3.67　含夹层尾矿试样峰值强度随夹层倾角变化规律曲线

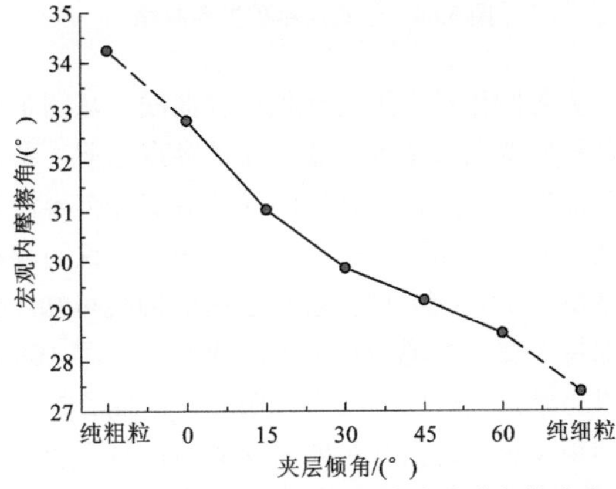

图 3.68　宏观内摩擦角随夹层倾角变化规律曲线

含夹层尾矿扩容曲线如图 3.69 所示，图 3.69（a）为围压 100 kPa 夹层倾角 15° 扩容曲线，由图 3.69（a）可知，尾砂的扩容曲线与其他岩土材料相似，扩容点与应力峰值点不重合。扩容曲线大致可分为 4 个阶段。阶段①：颗粒在轴向压力和围压下向孔隙滑移，被填充的孔隙造成试样体积的快速减小，应力快速增加。阶段②：体积缓慢减小，并逐渐达到体积最小值，即为扩容点。阶段③：系统颗粒在剪切力的作用下，产生剪胀效应，初始剪切带形成，试样体积开始增加，试样应力直至达到峰值。阶段④：体积持续减小，应力保持为常值不变，试样内部出现较为明显的宏观剪切带。

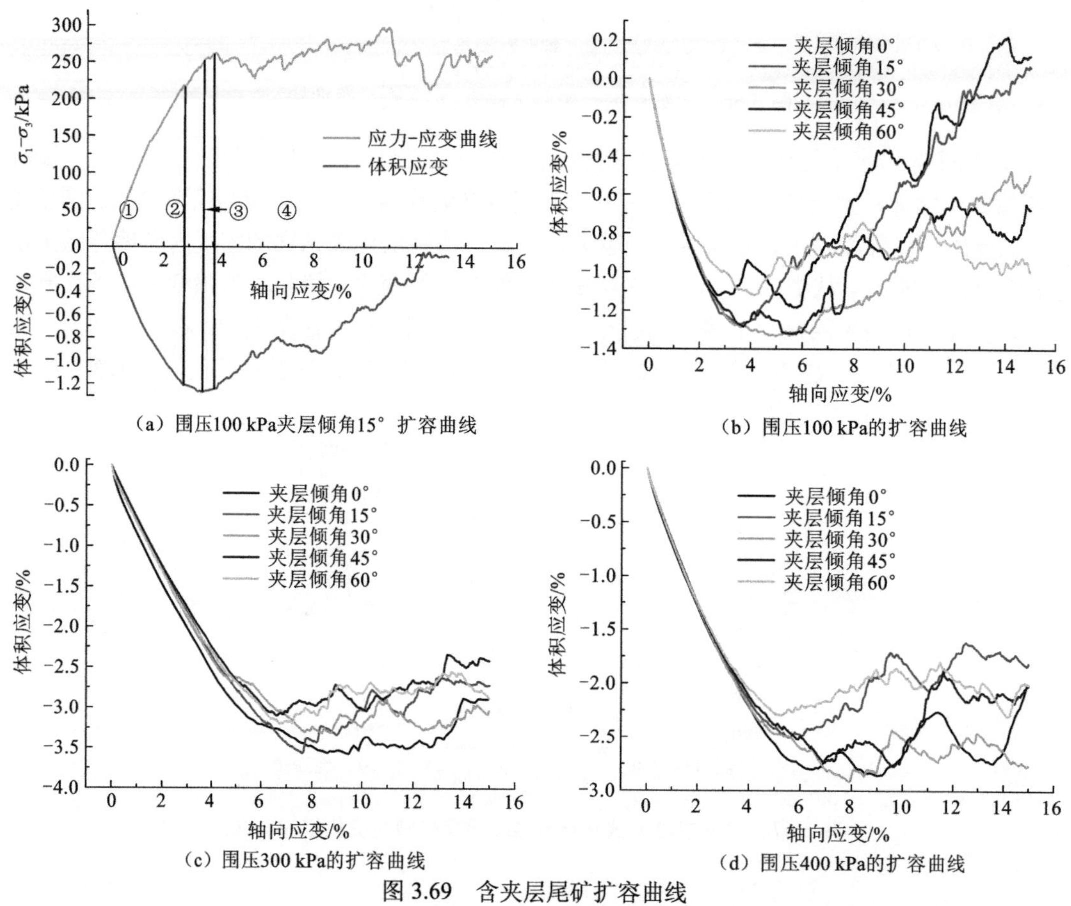

（a）围压100 kPa夹层倾角15° 扩容曲线

（b）围压100 kPa的扩容曲线

（c）围压300 kPa的扩容曲线

（d）围压400 kPa的扩容曲线

图 3.69　含夹层尾矿扩容曲线

图 3.69（b）～（d）为各围压条件下的体积扩容曲线，从图中可以看出，在相同围压下，不同倾角夹层下的体积应变曲线基本一致，在扩容点之前，各曲线重合，曲线斜率相等，扩容点之后，曲线离散性较大。说明夹层的存在对试样扩容没有明显的影响。在不同围压下，最大扩容体积及扩容点均随着围压的增加而增加，说明较高的伺服围压增加了试样的弹性变形。比较图 3.69（b）、（d）中扩容点之后的曲线可知，围压 400 kPa 的曲线较为平缓，体积应变基本保持不变，表现为常体积应变状态，而 100 kPa 的扩容曲线表现出明显的体积增大现象，以小倾角夹层的曲线更为明显，出现了扩容体积大于初始体积。这表明，围压越大，扩容体积越小，进而产生的宏观剪切带越不明显。

3.5.4 变形模型及破坏模式

对于颗粒材料而言，在轴向荷载作用下，在剪应力集中区，颗粒会产生相对的错动和转动，从而形成一个局部化剪切带。通过对比含夹层试样在不同轴向应变下的颗粒错动和转动，分析剪切带的形成演化过程及其破坏形式，进而揭示含细粒夹层尾砂试样变形破坏规律。

颗粒旋转表征了剪切带演化过程，是分析剪切带形成与演化的重要细观力学量[113]。图 3.70 为含夹层试样在围压 100 kPa 条件下颗粒旋转云图，从图 3.70 中可以清晰看出，0°夹层倾角在加载过程中，由于柔性围压的柔性控制，试样内部剪切带经历了不同时期的形成演化过程。在轴向应变小于 6%时，试样形态与初始形态一致，颗粒内部没有可视化的宏观剪切带。在轴向应变达 9%之后，试样出现略微的鼓胀，并伴有一条明显的宏观剪切带的产生。在轴向应变达 12%之后，试样呈现明显的鼓胀变形，并伴有单叉形宏观剪切

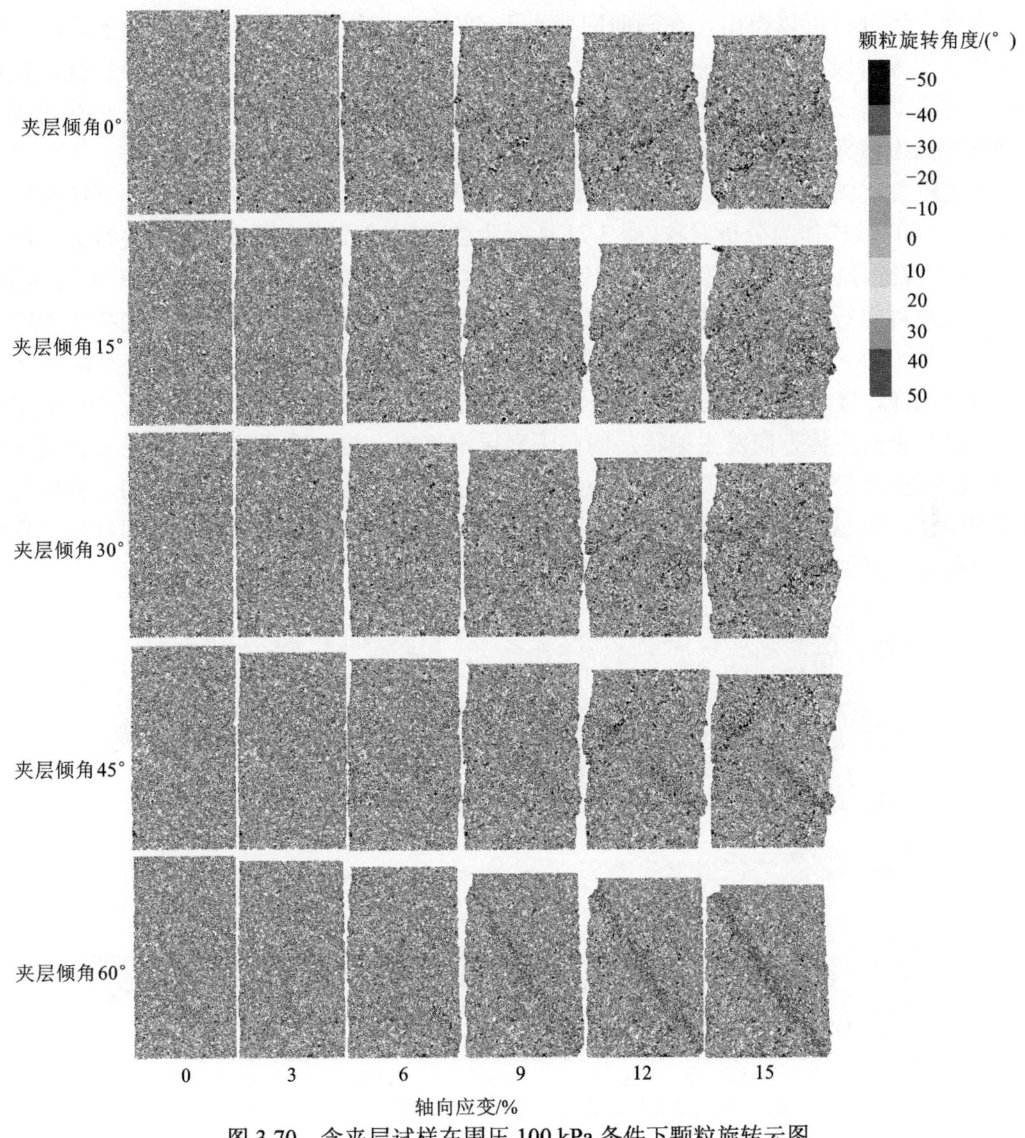

图 3.70 含夹层试样在围压 100 kPa 条件下颗粒旋转云图

带的产生。试样表现出了鼓胀破坏形态，这与在室内均质土三轴条件下的破坏形态是类似的[114]，同时也验证了柔性伺服围压加载下数值结果的正确性。

夹层倾角为 15°和 30°试样在加载过程中，在轴向应变小于 6%时，试样变形规律与夹层倾角为 0°试样一致，形态与初始形态一致，颗粒内部没有可视化的宏观剪切带。在轴向应变达 9%之后，试样不仅略微鼓胀而且出现试样沿夹层右侧的倾斜，并伴有宏观剪切带的产生。在轴向应变达 12%之后，试样呈现明显的鼓胀变形，沿夹层一侧的倾斜也更加明显。试样表现出鼓胀滑移破坏。

夹层倾角为 45°和 60°试样在加载过程中，在轴向应变小于 6%时，试样变形规律与其他试样一致，形态与初始形态一致，颗粒内部没有可视化的宏观剪切带。在轴向应变达 9%之后，试样仅沿夹层滑移而偏向于右侧，没有宏观剪切带的产生。在轴向应变达 12%之后，试样滑移更为明显。其中夹层倾角为 60°试样侧边界基本为直线，完全不存在鼓胀变形。试样表现出滑移破坏形态。

综合上述分析可以得出，在轴向应变小于 6%时，试样变形不受夹层倾角的影响，试样为体积压缩阶段，在轴向应变大于 6%之后，因夹层倾角空间位置分布的差异性，颗粒的转动与错动造成明显变形的各向异性。随着夹层倾角的增大，试样的最终变形模式逐渐由鼓胀转化为沿夹层滑移的渐进模型，并伴随着宏观剪切带的逐渐消失。

为比较夹层倾角引起的接触各向异性细观力学行为，以围压 100 kPa 条件下的夹层倾角为 0°与 60°试样作为分析对象。图 3.71 所示为含夹层试样颗粒间接触力的力链分布演化过程。红色表示强力链，蓝色表示弱力链，线条越粗，表示的接触力越大。由图 3.71 可知，粗力链的数目随着轴向应变的增加不断增加，最后基本保持不变。细粒夹层的接触力链数目多且接触力小，强力链主要分布在粗颗粒体系中。在轴向应变达 6%之前，夹层倾角为 0°与 60°试样，接触骨架的主体方向是沿着轴向方向，在轴向应变达 6%之后，60°夹层倾角试样接触骨架主体方向发生偏转，偏向于夹层滑移的一侧。造成这种结果主要存在两个原因：①夹层产生滑移后，夹层的中心位置偏离试样的中心，使围绕着夹层的力链接触主轴发生偏移，引起局部非夹层内部力链主轴垂直于夹层面的现象；②夹层内部颗粒自身在发生滑移后，夹层内部的弱力链接触主轴垂直于夹层面。

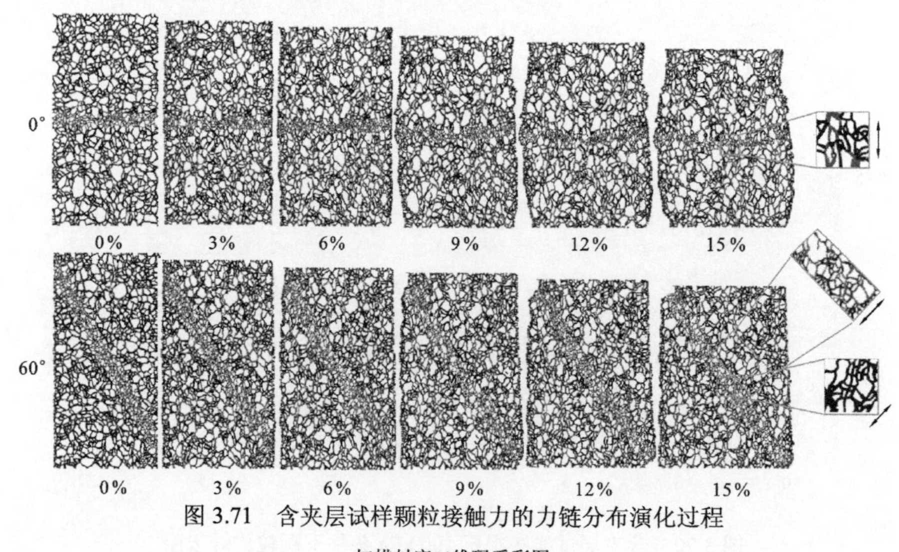

图 3.71　含夹层试样颗粒接触力的力链分布演化过程

扫描封底二维码看彩图

3.5.5 接触组构分析

散粒体微细观组构的概念常用来描述颗粒间接触、接触力的分布特征[115-116]。Rothenburg 和 Bathurst 提出的颗粒间接触及接触力分布描述函数[117-119]，可定量地描述试样在加载过程中颗粒内部细观组构的变化规律。对于接触力方向、法向力接触的分布函数，可以用傅里叶级数表示为

$$E(\theta)=\frac{1}{2\pi}[1+a\cos 2(\theta-\theta_a)] \tag{3.64}$$

$$f_n(\theta)=f_0[1+a_n\cos 2(\theta-\theta_n)] \tag{3.65}$$

式中：$E(\theta)$、$f_n(\theta)$ 分别为接触力方向和法向接触力的分布函数；θ_a、θ_n 为接触力方向及接触力法向主方向角度；f_0 为平均法向接触力；a、a_n 均为傅里叶级数系数，也称组构参数，其值的大小分别反映了试样接触力方向及法向接触力分布的各向异性程度。

为了更加清楚地了解含夹层尾矿试样在加载过程中内部颗粒间接触及接触力分布的演化规律，对不同轴向应变下颗粒间接触及接触力进行统计，并绘制围压 100 kPa 条件下夹层倾角为 0° 与 60° 试样的颗粒间接触力方向与法向接触力的统计分布图。图 3.72 为含夹层试样颗粒间接触力方向分布演化过程，图 3.73 为含夹层试样颗粒间法向接触力分布演化过程。图 3.74 和图 3.75 是对应接触力分布函数的拟合曲线。对比吻合情况可以看出，接触力分布函数拟合总体效果较好。在初始加载阶段（ε =0%），接触力方向及法向接触力分布形态近似呈圆形，说明在初始固结状态时，试样受力处于各向同性状态。随着轴向应变的增加，颗粒间接触力及法向接触力分布形态发生了明显的变形，接触力方向分布形态由圆形变为椭圆形，法向接触力分布形态则由圆形变为花生形。在轴向应变大于 6%之后，接触力方向及法向接触力分布形态变化不大。

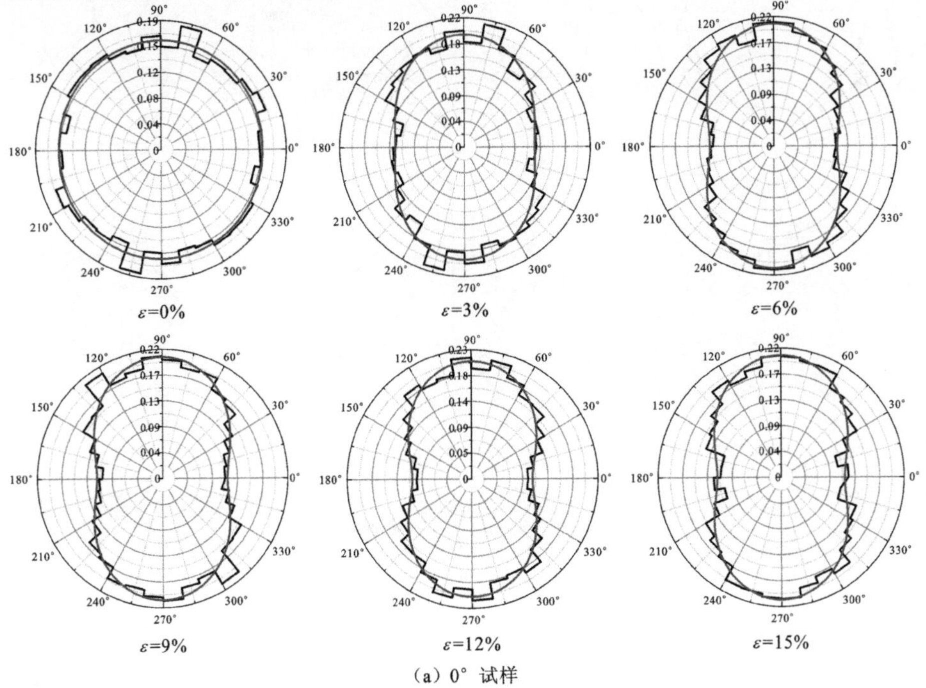

(a) 0° 试样

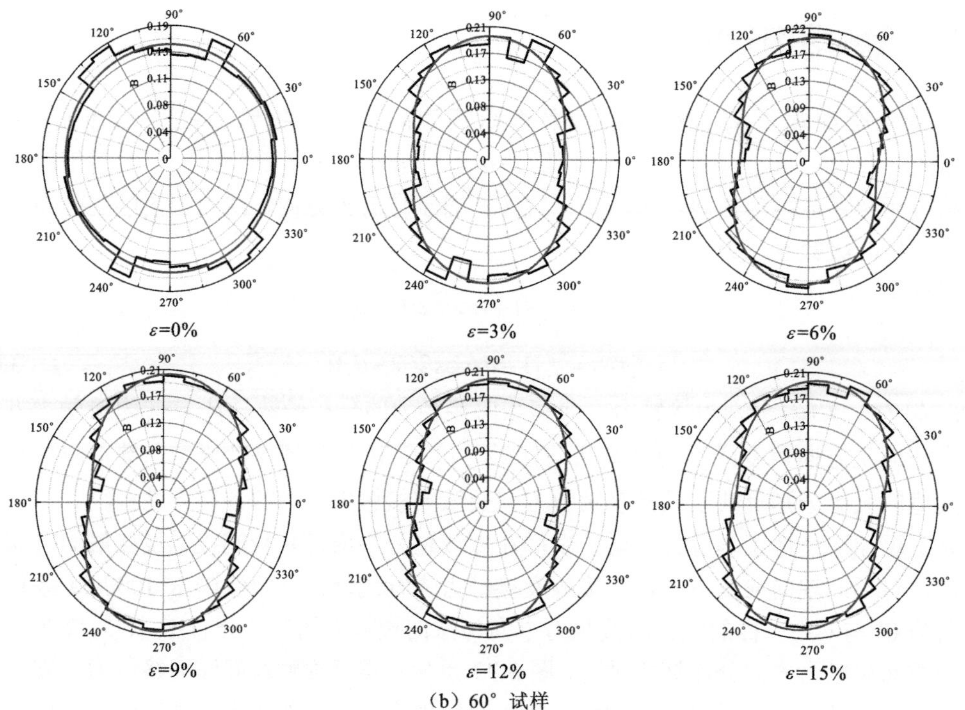

（b）60° 试样

图 3.72　含夹层试样颗粒接触力方向分布演化过程

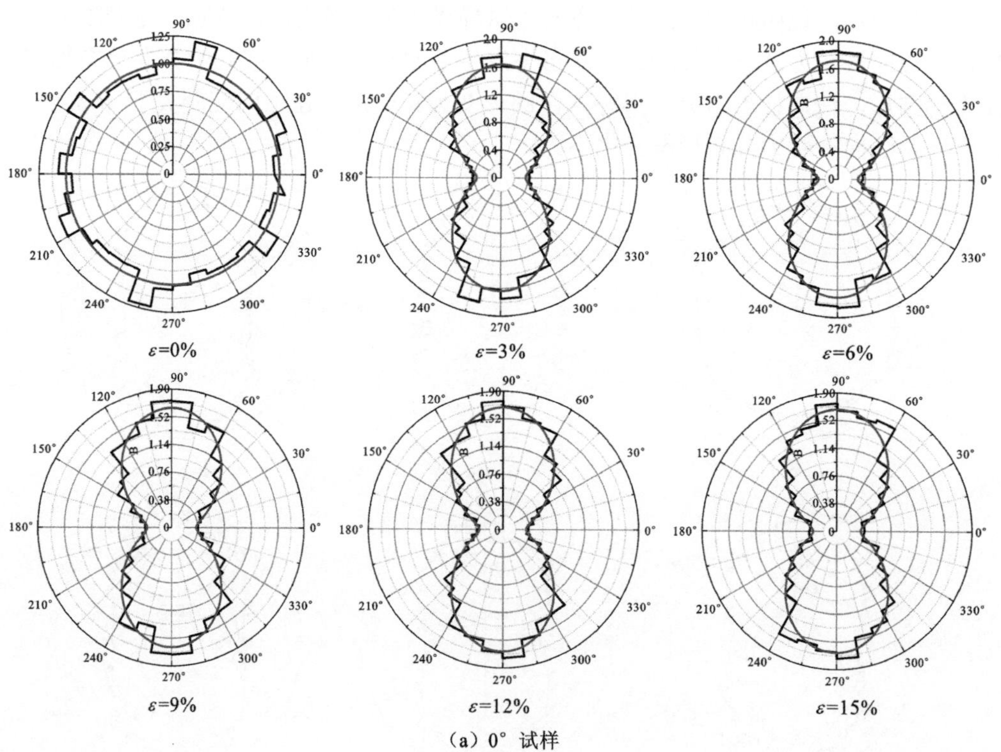

（a）0° 试样

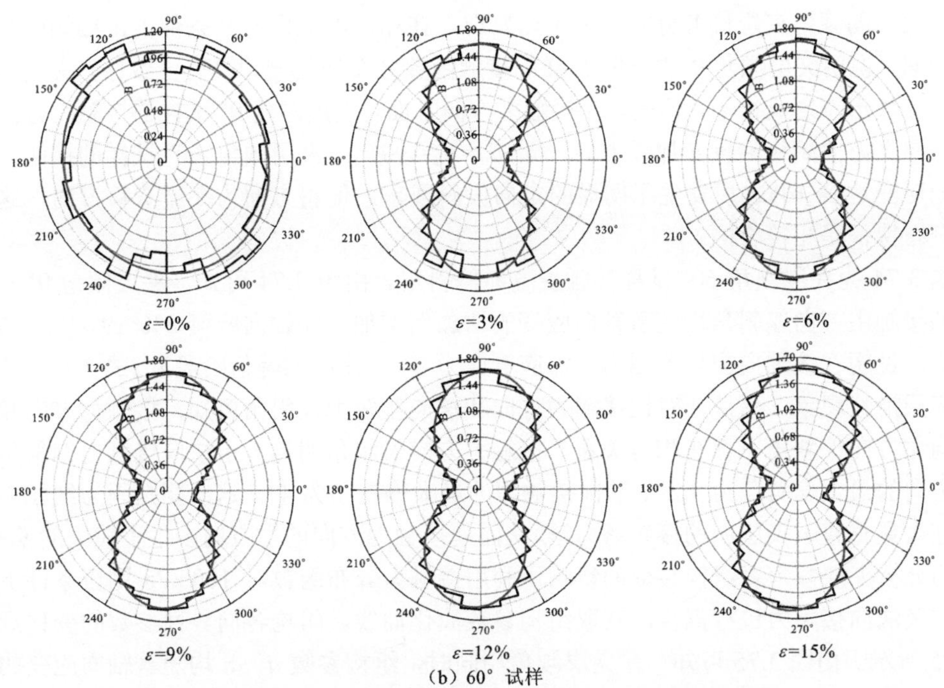

（b）60° 试样

图 3.73　含夹层试样颗粒间法向接触力分布演化过程

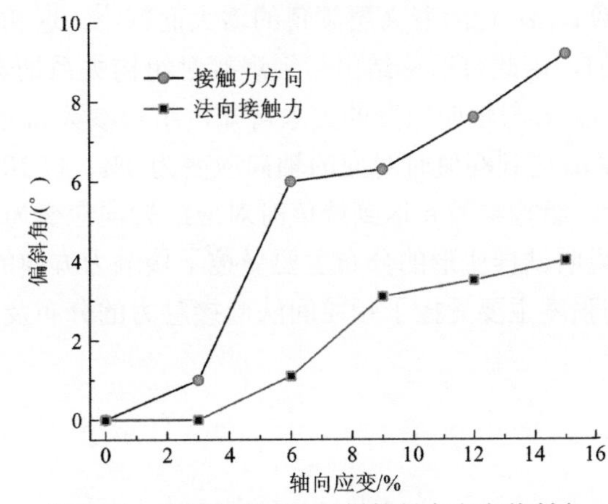

图 3.74　夹层倾角 60°试样接触主方向偏斜角

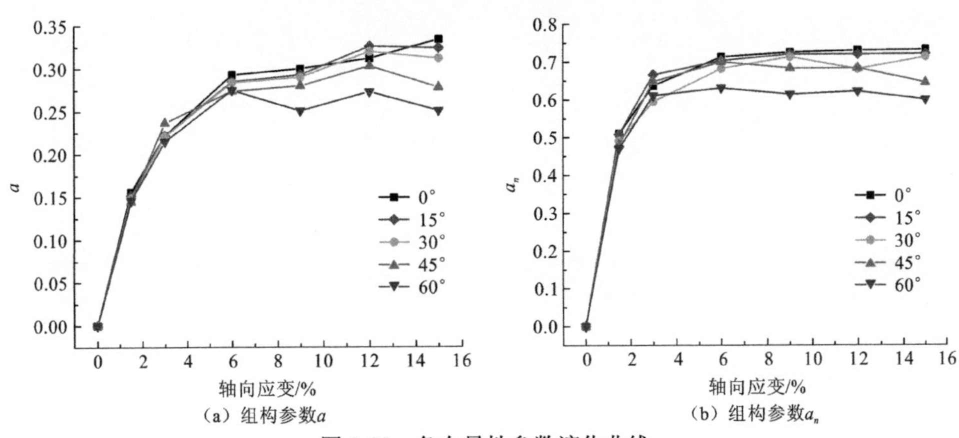

（a）组构参数a　　（b）组构参数a_n

图 3.75　各向异性参数演化曲线

对比不同倾角夹层接触分布形态可以发现，在相同的轴向应变条件下，接触函数分布形态相似，说明夹层倾角 0° 与 60° 试样的接触函数分布演化规律具有一致性，夹层的倾角对接触函数形态影响很小。但是，在接触主方向方面，夹层倾角 0° 试样的接触力方向和接触力法向主方向始终沿轴向加载方向，即 $\theta_a=\theta_n=90°$ 。夹层倾角 60° 试样的接触主方向在轴向应变达到 6%之后发生了明显的定向偏斜现象，偏斜方向为夹层滑移方向，这与接触力分布特征是相符合的。

图 3.74 为夹层倾角 60° 试样接触主方向偏斜角。由图 3.74 可知，夹层倾角 0° 与 60° 试样的接触主方向偏斜角均随着轴向应变的增加而增加。在轴向应变 3%～9%内，增加幅度最大。说明在该轴向应变范围内（对应着应力-应变曲线的峰值阶段），试样发生了明显的沿夹层滑移现象。另外，对比接触力方向和法向接触力偏斜角可知，接触力方向和接触力法向主方向偏斜角不存在相等关系。接触力方向偏斜角明显大于法向接触力偏斜角。接触力方向的最大偏斜角为 9.2°，法向接触力的最大偏斜角为 4°。这主要是因为细粒夹层内部存在大量垂直于夹层面的接触弱力链，从而使接触力方向的主方向产生了较大的偏斜角。

为分析夹层倾角对组构参数的影响，利用接触力分布函数对 100 kPa 围压条件下接触力方向及法向接触力进行拟合，获取组构参数演化曲线。组构各向异性参数的变化规律如图 3.75 所示。由图 3.75 可知，在夹层倾角相同时，组构参数 a、a_n 均随着轴向应变的增加先快速增加，然后缓慢增加，最后接近某一数值而保持不变。与应力-应变曲线一致，在轴向应变相同时，组构参数 a、a_n 均随着夹层倾角的增大而减小，这和夹层倾角对应力-应变曲线影响规律也是一致的，由此可以总结出，细观接触组构关系是宏观应力水平的内在表现形式。对比组构参数 a、a_n 与轴向应变的关系可知，组构参数 a_n 的数值和变化量明显大于组构参数 a，组构参数 a_n 达到峰值时对应的轴向应变为 3%，与 100 kPa 围压下应力曲线拐点（应变为 4%）接近。组构参数 a 达到峰值时对应的轴向应变为 6%，与试样变形拐点（应变为 6%）一致。这说明试样变形的分布主要受控于接触力方向的分布及其各向异性演化规律，试样宏观的剪切强度主要受控于颗粒间法向接触力的分布及其各向异性变化规律。

第 4 章　高应力条件下尾矿渗透与固结特性

4.1 试验仪器

图 4.1 为新研制的高应力尾矿渗透固结试验仪。该系统由高应力加载架、渗透压力室、控制系统和压力传感器组成。加载架可以提供 0～50 kN 的垂直力。渗透压力室最大反压和底压为 1.7 MPa，轴向行程为 100 mm。该系统可进行渗透试验、固结试验和渗透固结联合试验，其最大垂直压力可达 15 MPa。试样直径为 63.5 mm，高度为 20 mm。固结压力 p_c 由轴压和反压的差（$p_c=p_1-p_2$）提供，水头压力由反压 p_2 与底压 p_3 之差（$\Delta p=p_2-p_3$）提供，其中反压由反压体积控制器提供。水从体积控制器中流出，然后通过渗透压力室进入样品的顶部，经过试样流入底压控制器。底压由试样底部的体积控制器提供。实际产品如图 4.2 所示。

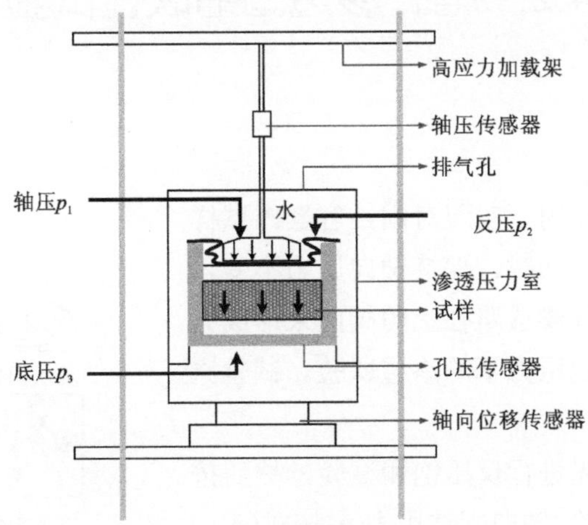

图 4.1　高应力尾矿渗透固结试验仪结构示意图

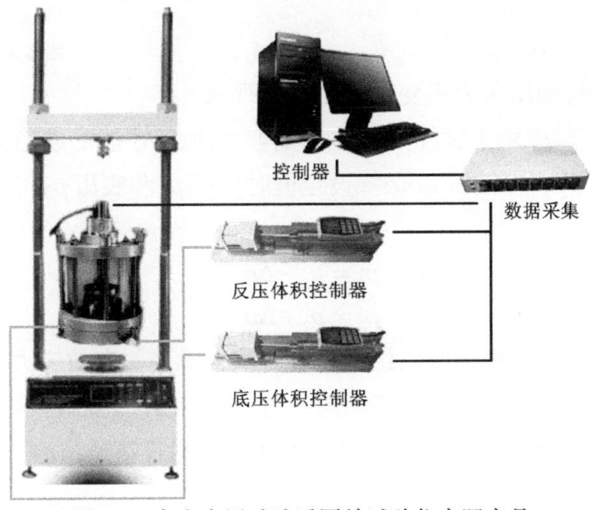

图 4.2　高应力尾矿渗透固结试验仪实际产品

高应力尾矿渗透固结试验仪全面超越了传统的固结试验仪和渗透仪器，其核心优势在于：在保持竖向应力 p_1 不变的条件下进行恒定水头压力（p_2-p_3）的渗透试验，且可施加的最大压力达到 15.8 MPa。具体优势如下。

（1）直接测定各级固结压力（$p_c=p_1-p_2$）下的渗透系数 k_v。试样在最后一级荷载完成后取出，各级固结压力下试样均保持未扰动状态，加载过程中试样的真实状态得以体现。由此，在固结过程中任意时刻的渗透系数 k_v 可以直接测量，可准确测定固结系数 c_v，具有重要的意义。

（2）自动化程度高。相较于传统土样渗透、固结试验仪器，高应力尾矿渗透固结试验仪可随意设置渗透、固结试验步骤，且可设置自动进行下一步步骤；固结压力可调整加载波形，自动控制整个试验过程，实时采集试验数据。

（3）可以进行多种复杂试验：常规渗透试验、高应力固结试验、高应力渗透固结联合试验、连续加载固结试验和蠕变试验。

4.2 尾矿渗透固结联合试验

4.2.1 试验原理

试验时，在轴压的作用下实现对固结容器内试样的加压，每完成一级固结加载，保持轴向压力不变，通过关闭孔压阀门，打开渗透路径上的阀门来形成完整的渗流路径，实现固定压力下的渗透试验。试验原理图如图 4.3 所示。

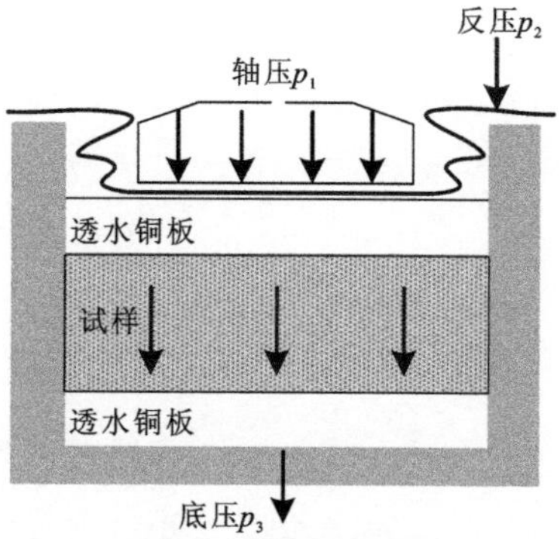

图 4.3 试验原理图

固结试验：试样首先进行反压饱和试验，然后按照试验规范进行固结试验。轴向固结压力 p_c 按式(4.1)计算。

$$p_c = p_1 - p_2 \tag{4.1}$$

渗透试验：在保持固结压力不变的同时可进行水头压力$\Delta p=p_2-p_3$，试验中由于试样的黏性，足够大的Δp 才能形成稳定流。在反压饱和后续维持一定饱和反压 p_2'，在轴压 p_1 保持设定值时反压 p_2 和底压 p_3 可按水头压力分布在饱和反压平均分布，即

$$p_2 = p_2' - \Delta p / 2 \tag{4.2}$$

$$p_3 = p_2' + \Delta p / 2 \tag{4.3}$$

渗透固结联合试验：在每一级固结压力下，试样承受的有效应力为 $\sigma' = p_1 - p_2$。为测定此级固结压力下的渗透系数，需保持轴向压力 p_1 不变，按照式（4.2）和式（4.3）设置反压 p_2 和底压 p_3。每级固结压力下选取 5 个水头压力进行渗透试验。

4.2.2 试验步骤

1. 试样选取

尾矿材料试样取自江西德兴铜矿 4 号坝。将现场采集的原尾矿试样烘干（105℃）后通过目标筛（D_{max} 为 2 mm、0.2 mm、0.075 mm 和 0.035 mm），其中采用气流分级机对粒径界限为 0.035 mm 的尾矿进行分离，试样分别标记为 D20、D02、D_75、D_35。空气分级机使用风扇将颗粒分离成两堆。利用激光粒度分析仪调整风机的频率，使其达到目标粒度限值。分级处理后的 4 种尾矿的级配曲线如图 4.4 所示，试验用土物性指标如表 4.1 所示。从表 4.1 可知 4 种尾矿试样分别属于砂性尾矿（D20）、粉性尾矿（D02）、粉质黏性尾矿（D_75）、黏性尾矿（D_35）。选取 D_{max} 的 4 个值的原因是：D_{max}=2 mm 就是德兴尾矿原状试样粒径，D_{max}=0.075 mm 是粗、细颗粒粒径的分界线，D_{max}=0.2 mm 为 0.075～2 mm 中间一值；D_{max}=0.035 mm 为 0～0.075 mm 中间一值。

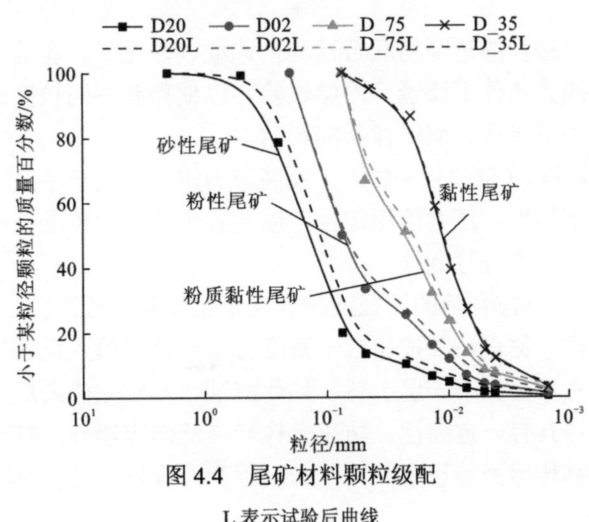

图 4.4 尾矿材料颗粒级配

L 表示试验后曲线

表 4.1 尾矿材料基本物性

参数	D20	D02	D_75	D_35
比重 G_s	2.87	2.85	2.82	2.78
干密度ρ_d/（g/cm³）	1.6	1.6	1.6	1.6
孔隙比 e	0.794	0.781	0.763	0.738
比容 v	0.625	0.625	0.625	0.625
液限 w_l/%	—	—	28.8	40.4
塑限 w_p/%	—	—	16.9	20.1
塑性指数 I_p	—	—	11.9	20.3

续表

参数	D20	D02	D_75	D_35
d_{10}/mm	0.023	0.009	0.006	0.003
d_{30}/mm	0.093	0.035	0.013	0.008
d_{50}/mm	0.141	0.076	0.023	0.011
d_{60}/mm	0.173	0.091	0.035	0.013
d_{90}/mm	0.370	0.166	0.067	0.028
C_u	7.522	10.111	5.833	4.333
C_c	2.174	1.496	0.805	1.641
细粒含量（粒径<35 μm）	11.89	30.16	59.79	92.39

注：$C_u = d_{60} / d_{10}$；$C_c = (d_{30})^2 / (d_{10} \times d_{60})$

2. 试样制备与安装

基于不同粒度成分进行渗透固结联合试验，选取砂性尾矿、粉性尾矿、粉质黏性尾矿和黏性尾矿样进行高应力条件下渗透、固结试验，以期得到不同粒度成分对渗透、固结性质的影响，以及高应力下渗透、固结性质的影响。

依据《土工试验规程》（SL 237—1999）及高应力渗压仪用户手册完成对仪器各个元件的检验，包括容器的密闭性和压力的稳定性，以及各个仪表的校准。由于本次试验方案采用重塑土，将采取以下步骤进行制样。

土样经风干、碾碎、过筛[筛的孔径应符合《土工试验规程》（SL 237—1999）规定]，配备好相应级配的土样，称重，并按相应干密度将土样分层填入仪器环刀内，每层土样进行压实和表面刨毛，然后再加下一层土料，如此继续，直到完成最后一层。土样装填完成后加入少许水使得土样具有一定黏性，防止土粒轻易洒出容器外；打开软件系统；连接好孔压传感器、轴向位移传感器等设备零件；开机运行；设置孔压传感器指针指向零，保障压力基准点相同。

在渗透压力室底座槽中一次放上透水铜板、密封圈、环刀样、侧环（涂有凡士林）、密封圈、透水铜板、顶盖。盖上亚克力渗透室，打开底部排水软管阀门，打开顶部排气孔，使用充水泵将水头压力室充满无气水，待顶部排气孔有水喷出关闭顶部排气孔及底部排水软管。对试样施加 0.01 kN 轴向压力，确保试验设备与试样接触。

3. 试样饱和

先将试样放入真空缸抽气饱和，然后放入高应力尾矿渗透固结试验仪器反压饱和。同时施加轴压 p_1 和反压 p_2，p_1 稍大于 p_2，防止试样膨胀。同时不断增加 p_1 和 p_2 以排出试样内空气。当底部孔压增量Δu 达到反压增量Δp_2 的 93%以上时，试样被认为饱和，即

$$\Delta u / \Delta p_2 \geqslant 93\% \tag{4.4}$$

4. 开始试验

首先在软件上新建一个工程，在工程区双击 Device，在硬件配置中连接高应力加载架、

反压体积控制器、底压体积控制器和 8 通道数据采集仪。双击工程区 Specimen，在弹出的试样选择对话框中选择固结模块。首先进行三步的反压饱和，轴压分别为 70 kPa、120 kPa 和 220 kPa，反压分别为 50 kPa、100 kPa 和 200 kPa，每个饱和阶段历时 6 h。保持压力差不变，逐步增大反压以排出试样中空气。设置好数值和时间后，点击自动进入下一步。

然后进行固结试验的设备设置。为保持试样压缩在水中的空气不被释放，即保证试样饱和，维持反压在 200 kPa。固结压力即轴压和反压的差值，固结压力分别设置为 20 kPa、50 kPa、100 kPa、200 kPa、400 kPa、800 kPa、1.2 MPa、2 MPa、3 MPa、4 MPa 和 5 MPa。当固结压力小于 1 MPa 时，固结压力比$\Delta p/p_c=1$，符合常规设置。当固结压力大于 1 MPa 时，若是继续按 1 的固结压力比加载，试样结构将易被损坏。为了获得更多数据点及保护试样结构，在固结压力大于 1 MPa 时，固结压力按照增量 1 MPa 来设置。固结时间为 24 h，本试验步骤结束后自动进入下一步。

试样固结 24 h 后设定常水头压力渗透试验，设置的水头压力为 5 kPa、10 kPa、20 kPa 和 30 kPa。为研究尾矿试样水头压力路径对渗透系数的影响，对于砂性尾矿和粉性尾矿，水头压力路径为 5 kPa→10 kPa→20 kPa→10 kPa→5 kPa。对于粉质黏性尾矿和黏性尾矿，由于黏性土样存在起始水头压力，水头压力路径为 10 kPa→20 kPa→30 kPa→20 kPa→10 kPa。渗透时间为 1 h，本试验步骤结束后自动进入下一步。

4.2.3 试验内容

选取江西德兴铜矿 4 号坝重塑样配置 4 种类型尾矿重塑试样，即砂性尾矿、粉性尾矿、粉质黏性尾矿和黏性尾矿，使用高应力尾矿渗透固结试验仪进行如下试验。

1. 分级渗透固结联合试验

按分级对尾矿试样进行加载，在 24 h 固结时间结束后，保持试样的固结压力不变，进行 1 h 尾矿常水头压力渗透试验，具体试验步骤设置如表 4.2 和表 4.3 所示。总共完成 4 组试验，试样编号为 D20、D02、D_75 和 D_35，该试验主要目的是研究不同固结压力下的渗透特性，以及对比高应力条件下尾矿的固结和渗透特性。

表 4.2　D20、D02 试样分级渗透固结联合试验

试验类型	轴压 p_1/kPa	反压 p_2/kPa	底压 p_3/kPa	历时 t/min	条件
反压饱和	70	50	—	360	$\Delta u/\Delta p_2 \geqslant 93\%$视为饱和
	120	100	—	360	
	220	200	—	360	
渗透	220	203	198	60	水头压力 5 kPa 下渗透系数
		205	195		水头压力 10 kPa 下渗透系数
		210	190		水头压力 20 kPa 下渗透系数
		205	195		水头压力 10 kPa 下渗透系数
		203	198		水头压力 5 kPa 下渗透系数

续表

试验类型	轴压 p_1/kPa	反压 p_2/kPa	底压 p_3/kPa	历时 t/min	条件
固结	250	200	—	1 440	50 kPa 下固结参数
渗透	250	203	198	60	水头压力 5 kPa 下渗透系数
		205	195		水头压力 10 kPa 下渗透系数
		210	190		水头压力 20 kPa 下渗透系数
		205	195		水头压力 10 kPa 下渗透系数
		203	198		水头压力 5 kPa 下渗透系数
固结	300	200	—	1 440	100 kPa 下固结参数
渗透	300	203	198	60	水头压力 5 kPa 下渗透系数
		205	195		水头压力 10 kPa 下渗透系数
		210	190		水头压力 20 kPa 下渗透系数
		205	195		水头压力 10 kPa 下渗透系数
		203	198		水头压力 5 kPa 下渗透系数
固结	400	200	—	1 440	200 kPa 下固结参数
渗透	400	203	198	60	水头压力 5 kPa 下渗透系数
		205	195		水头压力 10 kPa 下渗透系数
		210	190		水头压力 20 kPa 下渗透系数
		205	195		水头压力 10 kPa 下渗透系数
		203	198		水头压力 5 kPa 下渗透系数
固结	600	200	—	1 440	400 kPa 下固结参数
渗透	600	203	198	60	水头压力 5 kPa 下渗透系数
		205	195		水头压力 10 kPa 下渗透系数
		210	190		水头压力 20 kPa 下渗透系数
		205	195		水头压力 10 kPa 下渗透系数
		203	198		水头压力 5 kPa 下渗透系数
固结	1 000	200	—	1 440	800 kPa 下固结参数
渗透	1 000	203	198	60	水头压力 5 kPa 下渗透系数
		205	195		水头压力 10 kPa 下渗透系数
		210	190		水头压力 20 kPa 下渗透系数
		205	195		水头压力 10 kPa 下渗透系数
		203	198		水头压力 5 kPa 下渗透系数

表 4.3 D20、D02 试样高应力分级固结渗透联合试验

试验类型	轴压 p_1/kPa	反压 p_2/kPa	底压 p_3/kPa	历时 t/min	条件
固结	1 400	200	—	1 440	1.2 MPa 下固结参数
渗透	1 400	203	198	60	水头压力 5 kPa 下渗透系数
		205	195		水头压力 10 kPa 下渗透系数
		210	190		水头压力 20 kPa 下渗透系数
		205	195		水头压力 10 kPa 下渗透系数
		203	198		水头压力 5 kPa 下渗透系数
固结	2 200	200	—	1 440	2 MPa 下固结参数
渗透	2 200	203	198	60	水头压力 5 kPa 下渗透系数
		205	195		水头压力 10 kPa 下渗透系数
		210	190		水头压力 20 kPa 下渗透系数
		205	195		水头压力 10 kPa 下渗透系数
		203	198		水头压力 5 kPa 下渗透系数
固结	3 200	200	—	1 440	3 MPa 下固结参数
渗透	3 200	203	198	60	水头压力 5 kPa 下渗透系数
		205	195		水头压力 10 kPa 下渗透系数
		210	190		水头压力 20 kPa 下渗透系数
		205	195		水头压力 10 kPa 下渗透系数
		203	198		水头压力 5 kPa 下渗透系数
固结	4 200	200	—	1 440	4 MPa 下固结参数
渗透	4 200	203	198	60	水头压力 5 kPa 下渗透系数
		205	195		水头压力 10 kPa 下渗透系数
		210	190		水头压力 20 kPa 下渗透系数
		205	195		水头压力 10 kPa 下渗透系数
		203	198		水头压力 5 kPa 下渗透系数
固结	5 200	200	—	1 440	5 MPa 下固结参数
渗透	5 200	203	198	60	水头压力 5 kPa 下渗透系数
		205	195		水头压力 10 kPa 下渗透系数
		210	190		水头压力 20 kPa 下渗透系数
		205	195		水头压力 10 kPa 下渗透系数
		203	198		水头压力 5 kPa 下渗透系数

2. 水头压力路径渗透试验

为研究黏性尾矿和高应力条件下尾矿的渗透特性是否符合达西定律及起始水头，在每组固结试验结束后，设定了 5 kPa→10 kPa→20 kPa→10 kPa→5 kPa 和 10 kPa→20 kPa→30 kPa→20 kPa→10 kPa 两种水头压力路径。随着固结压力的增加可适当加大水头压力。

3. 连续加载固结试验

为研究连续加载（constant rate of strain，CRS）固结试验及相关理论在测定尾矿的固结参数方面的可行性，利用高应力渗压仪操作 CRS 固结试验（即等应变率固结试验）。分别操作三种不同应变率的 CRS 固结试验与分级加载固结渗透（incremental loading consolidation and permeability test，ILP）试验来研究同一类试样，分析不同应变率对 CRS 固结试验的影响。ILP 试验固结初期尾矿样中施加较大的外部荷载会产生较大孔隙水压力，偏细尾矿固结慢，孔压消散难，内部可能由于孔压梯度过大而影响结果，此处选用 D_35 试样做 CRS 固结试验和 ILP 试验对比，命名为 CD_35。一般依据土样的液限 w_L 来选择应变速率 r，本次选取 r 为 0.005%/min、0.01%/min 和 0.05%/min。

4. 矿物组分分析及扫描电镜试验

矿物组分分析采用德国 Bruker 公司 D8 Advanced X 射线衍射试验仪，可测得尾矿试样中矿物成分及其含量。将 0.2 g 尾矿风干碾碎，与 10 mL 蒸馏水一同放入小瓶，摇匀 2～3 min，将小瓶内尾矿充分分散置于超声波上进行 XRD 测试。最后，用微移液管滴 4 滴溶液在玻片上，所有的样品玻片的涂层厚度均相同，在 2θ 角分布在 5°～17° 和 5°～70° 时扫描可得 XRD 光谱图。

扫描电子显微镜采用美国 FEI 公司生产的型号为 Quanta 250 的仪器，进行尾矿表面形貌的扫描观测。由于试验过程中试样不能被取出，取 5 MPa 渗透固结联合试验后的试样，切取 1 cm^3 的小块非扰动块，冷冻干燥，喷金后对样品扫描微观成像。

4.2.4 试验结果

本节将从试验数据中得出直接的渗透和压缩的基本参数，进一步的分析将在 4.3 节展开。随着试样黏性的增加和固结压力的增加，若水头压力为 5 kPa 难以启动渗透，可采用 10 kPa→20 kPa→30 kPa→20 kPa→10 kPa 的水头压力路径，或更高的循环，视试验情况而定。

1. 渗透试验基本结果

在高应力尾矿渗透固结联合试验中，渗透系数 k_v 在不同的固结压力下直接测得，将 5 次不同水头压力测得渗透系数取平均值。试样 D02 结果统计如表 4.4 所示，其结果见图 4.5。

表 4.4　试样 D02 在固结压力下的渗透系数

p_c/kPa	Δp/kPa	k_v/（$\times10^{-5}$ cm/s）	$k_{v平均}$/（$\times10^{-5}$ cm/s）	p_c/kPa	Δp/kPa	k_v/（$\times10^{-5}$ cm/s）	$k_{v平均}$/（$\times10^{-5}$ cm/s）
	5	19.29			5	17.99	
	10	45.89			10	19.97	
50	20	48.75	47.456	1 200	20	20.48	18.845
	10	47.73			10	19.17	
	5	19.98			5	16.61	
	5	63.14			5	12.12	
	10	61.18			10	12.95	
100	20	62.23	62.629	2 000	20	14.09	12.583
	10	62.62			10	12.40	
	5	63.98			5	11.37	
	5	53.61			5	8.47	
	10	50.57			10	9.02	
200	20	48.84	50.060	3 000	20	9.39	8.630
	10	49.28			10	8.44	
	5	48.00			5	7.82	
	5	34.00			5	6.80	
	10	37.51			10	6.99	
400	20	36.38	34.766	4 000	20	7.21	6.771
	10	36.14			10	6.59	
	5	29.80			5	6.27	
	5	24.41			5	4.99	
	10	27.33			10	5.26	
800	20	26.16	25.107	5 000	20	5.42	5.038
	10	26.24			10	4.93	
	5	21.39			5	4.58	

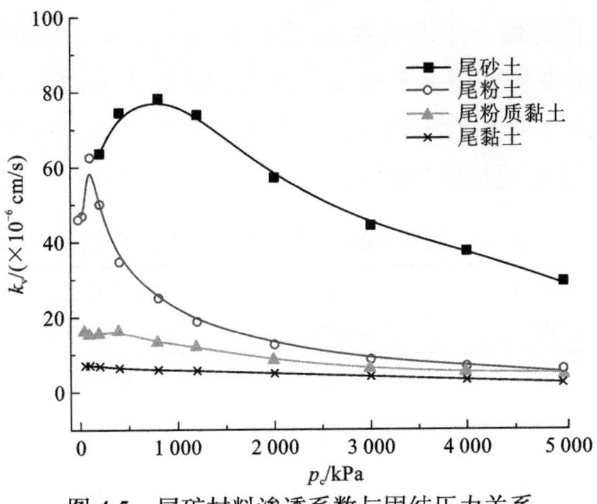

图 4.5　尾矿材料渗透系数与固结压力关系

从图 4.5 可知，当固结压力小于 400 kPa 时，渗透系数变动较大。随后渗透系数 k_v 随固结压力的增加快速降低后逐渐变小。

2. 压缩试验基本结果

试样的初始孔隙比 e_0 为

$$e_0 = \frac{\rho_w G_s(1+0.01w_0)}{\rho_0} - 1 \tag{4.5}$$

式中：G_s 为土粒比重；ρ_w 为水的密度；ρ_0 为试样的初始密度；w_0 为试样的初始含水率。

各级压力下固结稳定后的孔隙比 e_i 为

$$e_i = e_0 - (1+e_0)\frac{\Delta h_i}{h_0} \tag{4.6}$$

式中：e_i 为某一级压力下的孔隙比；Δh_i 为某一级压力下试样高度的变化；h_0 为试样初始高度。

某两个压力节点范围内的压缩系数 a_V：

$$a_V = \frac{e_i - e_{i+1}}{p_{i+1} - p_i} \tag{4.7}$$

式中：p_i 为某一节点压力值。

某两个压力节点范围内压缩弹性模量 E_s 和体积压缩系数 m_v 可分别按式（4.8）和式（4.9）计算：

$$E_s = \frac{1+e_0}{a_V} \tag{4.8}$$

$$m_v = \frac{1}{E_s} = \frac{a_V}{1+e_0} \tag{4.9}$$

渗透固结联合试验步骤按渗透试验和固结试验分别交替进行即可。

表 4.5 列出了粉性尾矿 D02 渗透试验和压缩试验的基本结果，试样孔隙比 e 与固结压力 p 的关系曲线如图 4.6 所示。图 4.6～图 4.9 分别展示了砂性尾矿 D20、粉性尾矿 D02、粉质黏性尾矿 D_75 和黏性尾矿 D_35 的全部压缩结果曲线。从图 4.6 中可以看出，孔隙比 e 随着固结压力的增大而降低。压缩系数 a_V 是指 e-lg$p$ 曲线上的斜率，如图 4.7 所示。压缩模量 E_s 随固结压力的变化如图 4.8 所示，体积压缩系数 m_V 随固结压力的变化如图 4.9 所示。从图 4.6～图 4.9 中可以看出在最大压力为 5 MPa 的压缩试验中，当固结压力超过 2 MPa 时不同粒径尾矿试样可压缩性相近。

表 4.5　试样 D02 压缩试验和渗透试验汇总

固结压力 p_c/kPa	压缩系数 a_V/MPa^{-1}	压缩模量 E_s/MPa	体积压缩系数 m_V/MPa^{-1}	渗透系数 k_v /(×10^{-6} cm/s)
50	0.245	7.113	0.141	47.456
100	0.273	6.340	0.158	62.629
200	0.357	4.756	0.210	50.060

续表

固结压力 p_c/kPa	压缩系数 a_V/MPa^{-1}	压缩模量 E_s/MPa	体积压缩系数 m_V/MPa^{-1}	渗透系数 k_v /(×10^{-6} cm/s)
400	0.233	7.086	0.141	34.766
800	0.127	12.582	0.079	25.107
1 200	0.085	18.488	0.054	18.845
2 000	0.061	24.808	0.040	12.583
3 000	0.044	33.707	0.030	8.630
4 000	0.031	47.048	0.021	6.771
5 000	0.028	49.930	0.020	5.038

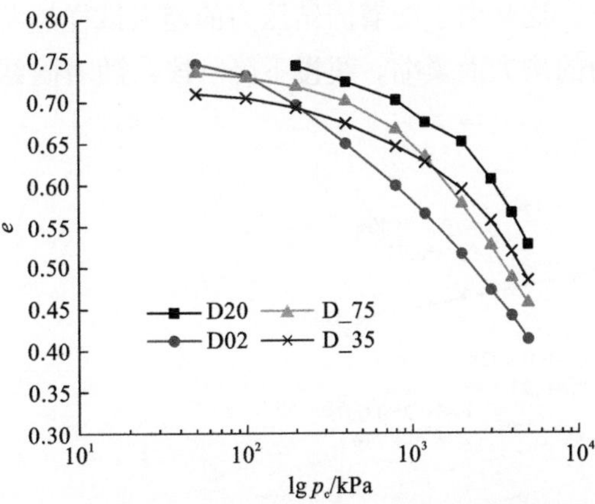

图 4.6 半对数坐标下的尾矿压缩曲线

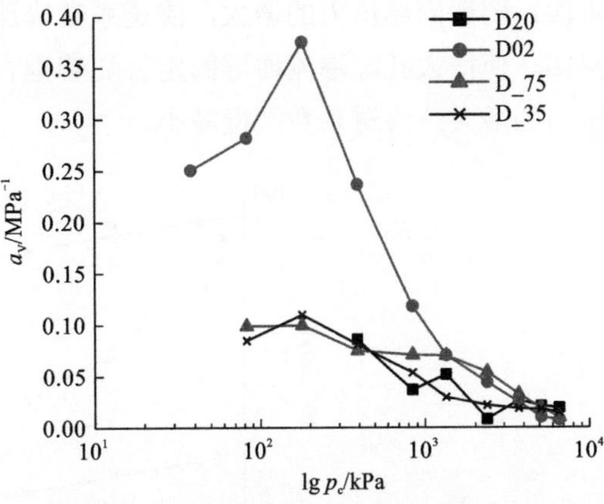

图 4.7 半对数坐标下的尾矿压缩系数曲线

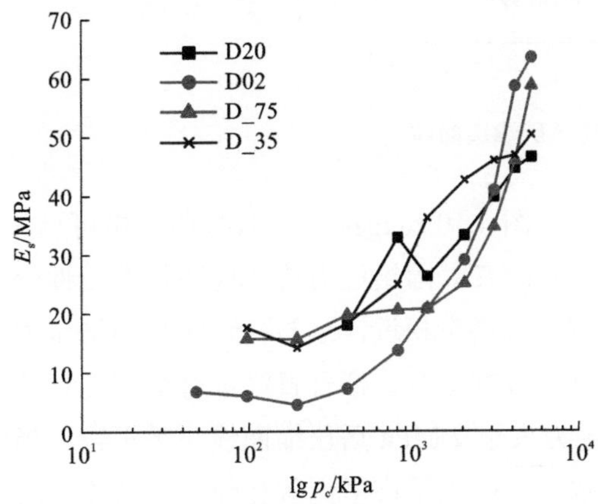

图 4.8 半对数坐标下的尾矿压缩模量曲线

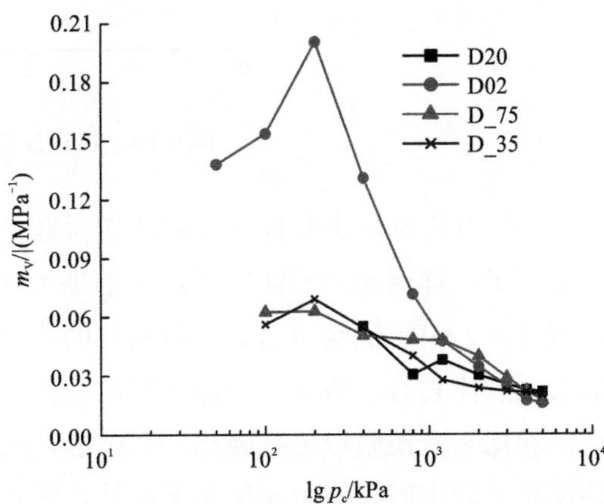

图 4.9 半对数坐标下的尾矿体积压缩系数曲线

4.3 尾矿渗透特性

4.3.1 渗透系数-垂直压力关系

渗透系数作为尾矿坝浸润线计算的重要参数之一。常规仪器中并没有在固结压力下直接测量渗透系数的功能，一般根据太沙基一维固结理论推算。自行设计的仪器能直接在各级固结压力下测量渗透系数，结果如图 4.10 所示。从图中可以看出：当固结压力小于一定值（D20 为 800 kPa，D02 和 D_75 为 400 kPa，D_35 没有）时渗透系数差异较大，此后渗透系数随着固结压力的增大先快速减小后缓慢减小。因此，随着固结压力的增大尾矿的渗透系数变化分为 3 个阶段。不稳定阶段：固结压力较小时，渗透系数的变化无明显规律，这是由于试样松散孔隙多且大，试样在受到垂直压力时颗粒重排，渗流通道容易发生改变，并且实验室测出的渗透系数离散性强。粒径越小的尾矿试样固结压力阈值越小。快速下降阶段：随着固结压力的增大，渗透系数快速减小，这是由于随着固结压力的增大试样越发密实，使得大孔隙渗流通道固定且随着垂直压力的增大而紧缩。缓慢下降阶段：随着固结压力的增大，渗透系数缓慢减小。

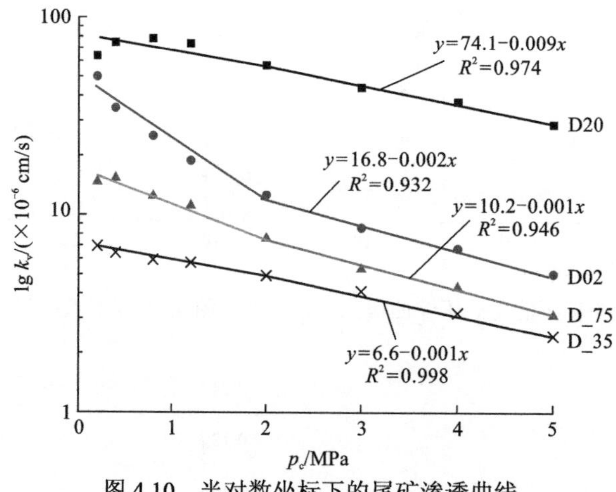

图 4.10 半对数坐标下的尾矿渗透曲线

为了分析高应力条件下尾矿渗透系数的规律，从图 4.10 k_v-lgp_c 的半对数曲线中可见，德兴尾矿试样渗透系数随固结压力的增大而减小，1.2 MPa 固结压力前呈现明显的线性变化规律，2 MPa 固结压力后呈现明显的线性变化规律且斜率相近，这与孔隙比与固结压力的关系规律吻合。将正常坐标下的压缩曲线分段进行线性拟合，拟合直线都有很高的相关性。相比于低压阶段的孔隙比，4 种尾矿试样在压力大于 2 MPa 后压缩曲线几乎平行。当固结压力较小时，细粒尾矿由于黏性颗粒的结合水膜，产生了许多无效孔隙，导致不同细粒含量尾矿渗透系数没有规律性。当固结压力较大时，结合力较弱的水膜被挤出，减少了粗、细颗粒尾矿的骨架差异性。

4.3.2 渗透模式

4 种尾矿试样渗透系数如图 4.10 所示，在尾矿粒径较大时粗颗粒相互接触，渗流通道基本不变，高应力下粗颗粒的破碎不宜忽视，细小颗粒堵塞渗流通道轻微地减少了渗透系数的变化。在粒径较小时，颗粒黏性增强，高固结压力使得大孔隙渗流通道封闭，逐渐由通道渗流变成四散渗流的模式。通道渗流以大孔隙为主，四散渗透则是以多股小孔隙渗流为主。图 4.11 展示了最大轴压 5 MPa 渗透固结联合试验后的 SEM 图经过二值化处理后的图像，其中，白色区域代表固体颗粒，黑色区域代表孔隙，V 代表竖向剖面，H 代表横向剖面，D20 和 D02 采用 200 倍放大的图像，D_75 和 D_35 采用 800 倍放大的图像。从图中可以看出：D20 和 D02 在 200 倍放大图像纵断面上的孔隙有明显的方向性，渗流通道明显（折线），且对应的横断面上有明显的孔洞（圆圈），D_75 在 800 倍放大的图像上才能看清渗流通道，且横断面多为细小且多的孔洞，D_35 完全看不出渗流通道的痕迹。这也验证了在粒径较大时渗流模式为大孔隙渗流通道渗流，粒径较小时渗流模式为四散渗流。

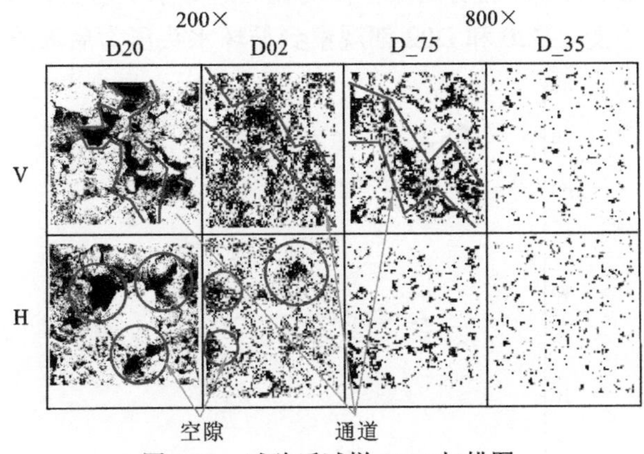

图 4.11　试验后试样 SEM 扫描图

定义参数 R_k 表征渗透系数的改变率：

$$R_k = \frac{k_n - k_{n-1}}{k_{n-1}} \tag{4.10}$$

式中：k_n 为某一级固结压力下的渗透系数；k_{n-1} 为前一级固结压力下的渗透系数。令 $n=0$ 时 $R_k=0$，做出曲线如图 4.12 所示。从图中可以看出：在固结压力达到 400 kPa 后，不同尾矿试样将趋于同一个渗透系数改变值；在固结压力达到 5 MPa 时，不同尾矿试样 R_k 趋于一致约为−0.23。通道渗流模式渗透系数改变率随着固结压力的变化大，固结压力越大渗流通道越被压缩，所以 R_k 与 p_c 关系与试样的压缩性有关。四散渗流模式下，固结压力的增大使得颗粒旋转、重排，一些微小孔隙的关闭伴随着另一些微小孔隙的打开，因此渗透系数变化率小。高固结压力下微小孔隙都不得不被压缩，从图中可以看出，高固结压力可以消除粒径对尾矿渗透系数改变率的影响。

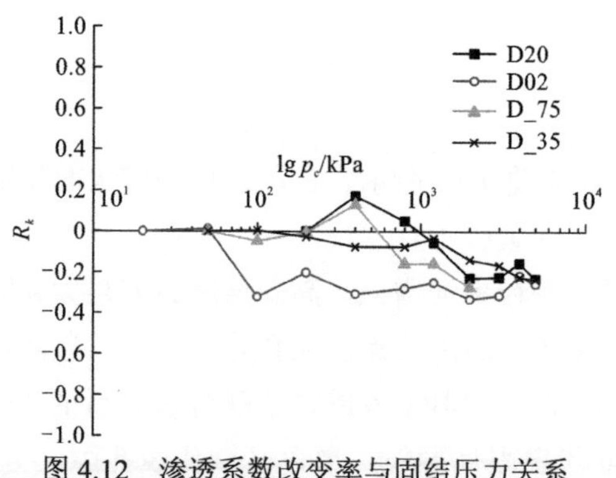

图 4.12　渗透系数改变率与固结压力关系

4.3.3　水头对渗透系数影响

不同水头下对应了不同的渗透系数，如图 4.13 所示（以 400 kPa 固结压力为例）。从图 4.13 中可以看出：①试样 D20 随着水头压力的增大渗透系数普遍降低；②试样 D02 渗透系数随水头压力的增大而增大；③试样 D_75 渗透系数随水头压力增大而显著增大，当水头为 5 kPa 时渗透系数几乎为 0，说明试样存在明显的起始水头压力；④D_35 试样渗透系数随水头压力增大几乎不变。D20 和 D02 都观察到循环水头压力后渗透系数出现滞后效应。

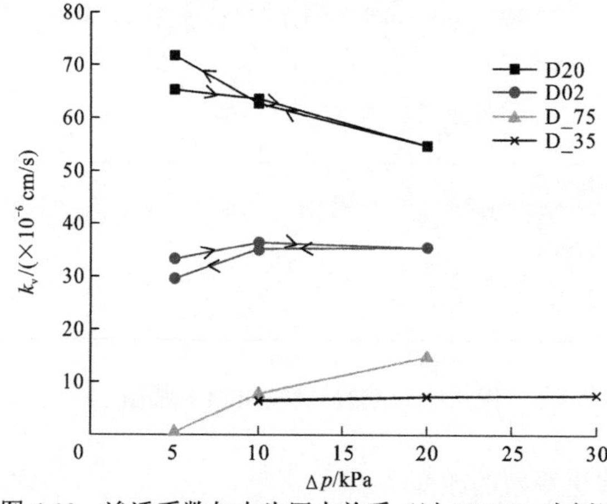

图 4.13　渗透系数与水头压力关系（以 400 kPa 为例）

粗颗粒尾矿随着固结压力的增大渗透系数减小，当细粒含量增多时，随着固结压力的增大渗透系数增大。这是因为细粒含量的增多使试样黏性增强，小水头压力下颗粒容易黏结，但是黏性尾矿 D_35 除外，这可能与颗粒粒径平均反而孔隙比大有关。图 4.14 展示了试样的 XRD 试验得出不同矿物质量分数，德兴铜矿尾矿主要由石英、伊利石、绿泥石、钠长石及其他矿物（包含少量方解石、白云石、金属矿物等）组成，图中ω_q、ω_c、ω_i、ω_a和ω_o分别代表石英、伊利石、绿泥石、钠长石及其他矿物所占质量分数。从图 4.14 中可以看出，颗粒较大的尾矿所含石英（非黏土矿物）质量分数较高，颗粒较小的尾矿所含伊利石（黏土矿物）质量分数较高。从矿物成分的角度来讲，随着尾矿细粒化程度的提高，黏土矿物含量提高。细粒含量的增加导致尾矿黏土含量增加，细粒含量增加，水力传导率随着水头的升高而上升的现象越明显。

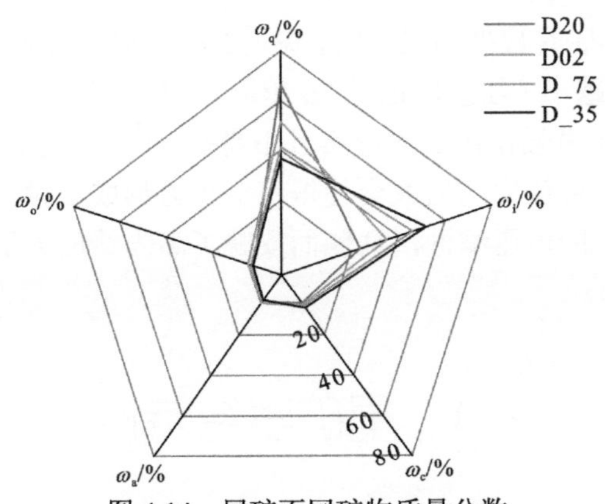

图 4.14　尾矿不同矿物质量分数

关于循环水头压力渗透系数变化的探讨：D20 和 D02 在小的水头压力 5 kPa 时表现出明显的滞后效应，但是 D20 经过水头压力循环后渗透系数增大，D02 经过水头压力循环后渗透系数减小。D20 是因为更大的水头压力对渗流通道产生了不可恢复的扩宽；D02 是因为其压缩性好，不可恢复变形少反而扰动更大。

为定量和全面分析水头压力对渗透系数的影响，定义了水头压力滞后系数 H_k，参数 H_k 消除了初始渗透系数的影响，可以展现不同试样的水头压力路径的渗透系数的影响。

$$H_k = \frac{k'_{\mathrm{v}} - k_{\mathrm{v}}}{k_{\mathrm{v}}} \tag{4.11}$$

H_k>0 代表逆时针的水头压力路径（如图 4.13 中 D20 所示，循环水头压力后渗透系数增大），H_k<0 代表顺时针水头压力路径（如图 4.13 中 D02 所示，循环水头压力后渗透系数减小）。图 4.15 所示为水头压力滞后系数与固结压力的关系，从图 4.15 中可以看出：在黏性较小时，尾矿试样以顺时针水头压力路径为主。

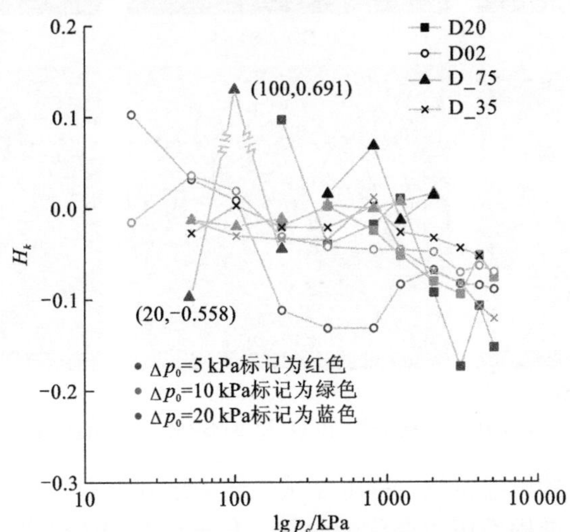

图 4.15　水头压力滞后系数与固结压力的关系

扫描封底二维码看彩图

初始水头压力为 5 kPa 时数据明显异常，说明$\Delta p_0=5$ kPa 未达到试样 D_75 的起始水头压力。起始水头压力Δp_0越小（红色标记），H_k越远离 $H_k=0$ 轴，渗透系数滞后效应越明显。这是因为黏性尾矿持水能力强使得试样密实且不易扰动[120]。随着固结压力的增加，H_k 有整体降低的趋势，说明垂直压力的增大会使得水头压力形成顺时针的水头压力路径。这说明高固结压力增加了试样的可压缩性，从侧面反映了高固结压力下颗粒破碎对水力传导率产生了影响。

4.4 尾矿固结特性

4.4.1 孔隙比-固结压力关系

从图 4.16 试样压缩后的 SEM 扫描观测图像可以看出（以 D20 和 D_35 为例），粗颗粒尾矿骨架主要由砂土颗粒构成，细颗粒尾矿骨架主要由黏土颗粒构成。D20 在 5 MPa 固结压力后仍显示出黏土含量不足以完全填充砂土颗粒间的孔隙。D02 正是因为黏土颗粒充分充填在砂土颗粒的骨架结构中而压缩性最佳。

（a）D20，200倍　（b）D20，800倍　（c）D20，2 000倍

（d）D_35，200倍　（e）D_35，800倍　（f）D_35，2 000倍

图 4.16　试样 D20 和 D_35 的 SEM 微观结构图

为进一步揭示尾矿的压缩特性，将压缩试验结构绘制于常规坐标系。图 4.17 为笛卡儿坐标系下试样的孔隙比随固结压力变化的曲线，从 e-p_c 曲线中可见，尾矿孔隙比随固结压力的增加而减小。$p_c<1.2$ MPa 时呈现明显的线性变化规律，$p_c>2$ MPa 时呈现明显的线性变化规律且斜率相近。将正常坐标下的压缩曲线分段进行线性拟合，除 D02 前段拟合效果稍差外，其余拟合直线都有很高的相关性。相比于低压阶段的孔隙比，4 种尾矿在压力大于 2 MPa 后压缩曲线几乎平行。

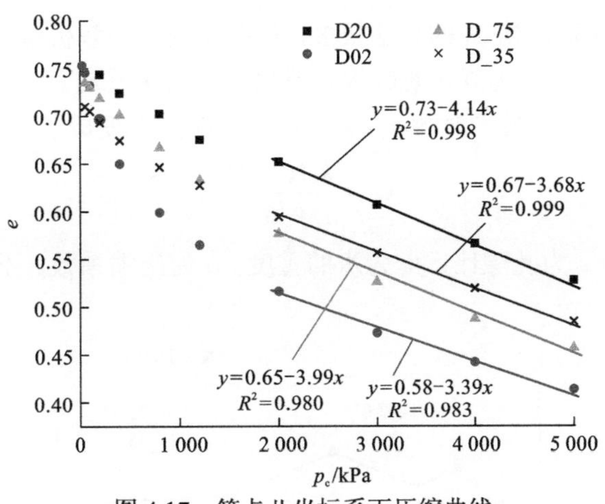

图 4.17　笛卡儿坐标系下压缩曲线

4.4.2　压缩指数特性

e-lg p_c 在坐标系中并不能近似为直线，常表现为明显的弯曲，压缩指数 C_c 为曲线后半段接近直线的斜率用来描述土体压缩特性[121-123] p_c>2 MPa 时 4 种尾矿样均存在明显分段性，分段后各试样的 C_c 值如表 4.6 所示。

表 4.6　压缩指数 C_c 和相关系数 R^2 的关系

固结压力	试样编号	e-lg p_c	
		C_c	R^2
p_c < 1.2 MPa	D20	0.069	0.998
	D02	0.162	0.950
	D_75	0.086	0.901
	D_35	0.077	0.870
p_c > 2 MPa	D20	0.355	0.889
	D02	0.265	0.931
	D_75	0.311	0.856
	D_35	0.324	0.863

p_c<1.2 MPa 时，德兴铜矿尾矿不同粒径大小的试样压缩指数 C_c 变化范围为 0.069～0.162，为低压缩性土，相关系数 R^2 不小于 0.87。p_c>2 MPa 时，不同粒径大小的试样压缩指数 C_c 变化范围为 0.265～0.355，为中压缩性土。对比相关系数 R^2 可知常规压缩模型 e-lg p_c 在高压阶段适用性变差，低压阶段可压缩性高的试样在高压阶段反而更低。

4.4.3　固结系数特性

固结系数 C_v 的大小反映了尾矿固结的快慢，在浸润线和坝体稳定性的分析中有着重要意义。通过室内固结试验计算 C_v 的方法很多，包括作图法和解析法。虽然这些方法具备合理性，但在确定 C_v 时，人为因素影响较大，因此产生的误差较大。由于自行研制的“高应力尾矿渗透固结试验仪”具备同时测量 C_c 和 k_v 的功能，C_v 变成了一个可以直接测量的量。

$$C_v = \frac{k_v(1+e)}{\gamma_w a} \tag{4.12}$$

式中：k_v 为渗透系数；e 为孔隙比；γ_w 为水的重度；a 为压缩系数。不同固结压力下的固结系数如图 4.18 所示。

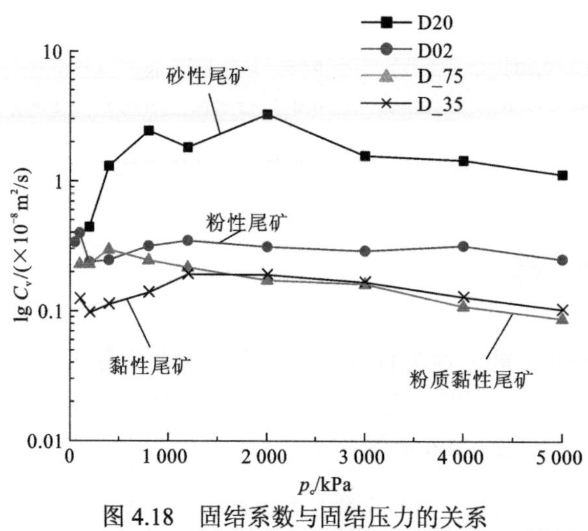

图 4.18　固结系数与固结压力的关系

从图 4.18 中可以看出，D20 的 C_v 先随着固结压力的增大而增大随后基本保持不变。D02、D_75 和 D_35 的 C_v 随固结压力的增大先小幅降低后轻微上涨，随后基本保持不变。砂性尾矿 D20 的固结系数 C_v 明显高于其他三种。固结系数 C_v 与渗透系数 k_v 和孔隙比 e 呈正相关，与压缩系数 a 和水的重度 γ_w 呈负相关。p_c<1.2 MPa 时，D20 已形成砂土颗粒为主的骨架结构，导致 a 显著降低，k_v 和 e 轻微减小，使得 C_v 在低压阶段呈上升趋势。p_c<1.2 MPa 时 C_v 会下降，这可能是尾矿颗粒的偏转和破碎造成的。相比于 D20 显著的砂土性质，D02、D_75 和 D_35 由于细粒含量的增多，其 C_v 变化的主要原因在于 a 的增大与 k_v 和 e 的减小效应相互竞争，直到高压压缩过程中并没有一种占主导优势，整体上不变或小幅波动。

4.4.4　次固结特性

尾矿材料的次固结效应研究较少，但偏细粒尾矿具有透水性差、固结速度慢的缺点，所以其次固结效应明显，这对细粒尾矿坝稳定性具有不可忽略的影响。次固结一般情况下作为黏性尾矿在压缩过程中的独有现象，砂性尾矿和粉性尾矿因为高压下的颗粒破碎原因也具备类似次固结现象，在主固结完成后还会继续变形。

相比较于常见的黏土，黏性尾矿的主固结时间短，且次固结系数小，具有一定特殊性。随着固结压力的增大，次压缩特征越明显，且主固结和次固结的分界点逐渐模糊。这主要归功于高压下主固结变形显著减小，而次固结变形因为颗粒破碎变得更加显著。由于在次压缩阶段，变形与时间对数之间基本呈现线性关系，次固结指数可表示为

$$C_a = -\Delta e / \lg(t_2 / t_1) \tag{4.13}$$

式中：Δe 为对应的次固结阶段 t_1 和 t_2 时刻试样的孔隙比差值。次固结系数与固结压力的关系如图 4.19 所示。

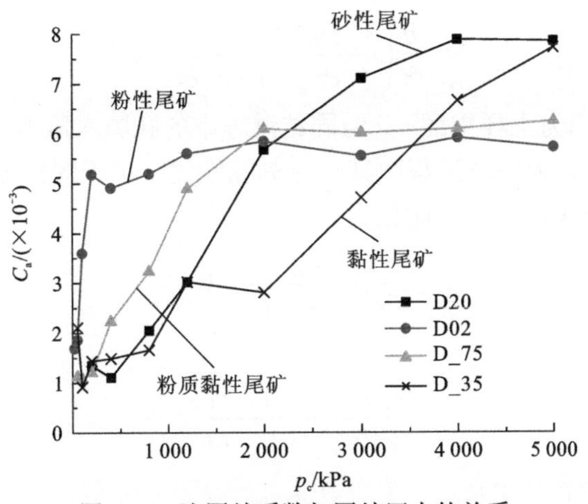

图 4.19　次固结系数与固结压力的关系

从图 4.19 可以看出，德兴铜矿尾矿试样的次固结系数随着固结压力的增大而增大，这与一般的软土次固结效应恰恰相反，但是与常压下尾矿次固结特性一致[124]。D02 和 D_75 明显存在两段关系，D02 在 p_c<200 kPa 时 C_a 快速升高，随后稳定在 0.0055 左右，D_75 在 p_c<2 MPa 时 C_a 快速升高，随后稳定在 0.006 左右。D20 在更高的压力下有稳定的趋势，阈值大约为 0.008。D_35 则表现出阶段性的上升，5 MPa 的固结压力范围内并没有出现最大值。从上述结果可以分析：对于尾矿，当压力达到一定值时次固结系数 C_a 趋于稳定，这与黏性尾矿存在结合水膜有关。Shang 等[125]指出固结压力大于 2.00 MPa 后，土中大部分水已经只剩结合水了，当固结压力较小时，次固结变形以颗粒的相对滑移和破碎产生的细小微末调整稳定构型为主，当土中只剩结合水时，次固结变形以结合水膜的蠕变为主，即水分子层数的变化。Pusch[126]指出结合水膜中的水分子层数对其中的离子可动性几乎无影响，所以造成图 4.19 所示的折线结构，固结压力 2 MPa 对应的 C_a 阈值和 D_75 完全一致，可以看出 D_75 接近一般软土的次固结性质。D02 和 D_75 具有相同阈值，其前期 C_a 的上升阶段较短是因为 D02 属于粉性土黏性较弱且级配最佳，很快能达到稳定构型。D20 和 D_75 前期 C_a 上升斜率相近，但 D20 持续时间更长且阈值更大，这与粗颗粒破碎严重有关。D_35 在固结压力达 2 MPa 后 C_a 持续上升与黏性尾矿的双电层斥力有关，可能在更大的压力下存在阈值。

4.5　一维 CRS 固结试验

4.5.1　CRS 固结理论

CRS 固结试验作为一种常用且高效的连续加载试验方法，可以较快确定固结参数，如压缩指数 C_c、渗透系数 k_v、体积压缩系数 m_v 和固结系数 C_v。CRS 固结理论的基本假定为：①土体饱和；②土颗粒和孔隙水在固结过程中不可压缩；③一维渗流和一维变形，同时水的渗流服从达西定律；④土体变形为小应变；⑤固结过程中试样的渗透系数 k_v 保持不变；⑥孔隙比 e 沿试样高度 h 呈线性分布。

固结过程中单位时间内土单元体的体积变化ΔV等于土单元体水量的变化Δq，则

$$\frac{\partial}{\partial z}\left(\frac{k_v}{\gamma}\frac{\partial u}{\partial z}\right)-\frac{1}{1+e_0}\frac{\partial e}{\partial t}=0 \tag{4.14}$$

式中：k_v 为渗透系数；γ为土样重度；u 为固结过程中的孔隙水压力；z 为试样高度；t 为时间；e_0 为初始孔隙比；e 为固结过程中某一时刻孔隙比。由于固结过程中的渗透系数 k_v 被认为是常数，于是式（4.14）可以简化为

$$\frac{\partial^2 u}{\partial z^2}-\frac{m_v\gamma}{k_v}\frac{\partial u}{\partial t}=0 \tag{4.15}$$

也可写为

$$\frac{k_v}{\gamma}\frac{\partial^2 u}{\partial z^2}=\frac{1}{1+e_0}\frac{\partial e}{\partial t} \tag{4.16}$$

起始条件和边界条件如下：

$$\begin{cases} t=0, & u=0 \\ z=0, & u=0 \\ z=h, & \dfrac{\partial u}{\partial z}=0 \end{cases} \tag{4.17}$$

由于土体变形被认为是小变形，可近似为

$$1+e_0\approx 1+\overline{e} \tag{4.18}$$

式中：$\overline{e}$ 为固结过程中某一时刻土体沿深度方向的平均孔隙比。

$$\overline{e}=\frac{1}{h}\int_0^h e(z,t)\mathrm{d}z \tag{4.19}$$

在 CRS 固结试验中，应变率 r 为用户设定值，于是，孔隙比的表达式为

$$e(z,t)=e_0-rt(1+e_0)+bt\left(\frac{z}{h}-0.5\right) \tag{4.20}$$

式中：b 为与孔隙比 e 有关的常数。联立式（4.16）、式（4.17）和式（4.20）可得

$$u=\frac{\gamma_w r}{k_v}\left[\left(hz-\frac{z^2}{2}\right)-\frac{b}{r(1+e_0)}\left(\frac{z^2}{4}-\frac{z^3}{6h}\right)\right] \tag{4.21}$$

取 $z=h$，可得底部孔压 u_b 为

$$u_b=\frac{\gamma r h^2}{k_v}\left[\frac{1}{2}-\frac{b}{12r(1+e_0)}\right] \tag{4.22}$$

试样的平均有效应力 σ' 为

$$\sigma'=\sigma-\overline{u}\approx\sigma-\alpha u_b \tag{4.23}$$

式中：$\overline{u}=\int_0^h u\mathrm{d}z/h$，$\alpha=\overline{u}/u_b$。

固结系数 C_v 为

$$C_v=\frac{k_v E_s}{\gamma_w}=\frac{k_v\Delta\sigma'}{\gamma_w r\Delta t} \tag{4.24}$$

通常 $b=0$，于是$\alpha=2/3$。则渗透系数 k_{v}、平均有效应力 σ' 和固结系数 C_{v} 可转换为

$$k_{\mathrm{v}}=\frac{rh^{2}\gamma_{\mathrm{w}}}{2u_{\mathrm{b}}} \tag{4.25}$$

$$\sigma'=\sigma-\frac{2}{3}u_{\mathrm{b}} \tag{4.26}$$

$$C_{\mathrm{v}}=\frac{h^{2}}{2u_{\mathrm{b}}}\frac{\Delta\sigma}{\Delta t} \tag{4.27}$$

4.5.2 应变率选取

对于常规固结试验，固结初期的应变率很大，试样的孔压梯度相差很大，常常使得试样出现扰动破坏。随着固结过程的进行，应变率逐渐降低，低应变率加荷情况下的 CRS 固结试验比常规固结试验更接近尾矿坝现场情况。

根据《土工试验规程》（SL 237—1999），在 CRS 固结试验中任一时刻，底部孔压 u_{b} 为轴向荷载σ的 3%～20%。显然，应变率 r 的选取是一种经验方法。此外，还可以根据液限 w_{L} 来选择应变率 r，如表 4.7 所示。

表 4.7　应变率 r 选取参考表

液限 w_{L}/%	应变率 r/（%/min）
0～40	0.040
40～60	0.010
60～80	0.004
80～100	0.001

4.5.3 CRS 固结试验结果分析

为研究连续加载试验及相关理论在测定尾矿的固结参数方面的可行性，利用高应力渗压仪操作 CRS 固结试验（即等应变率固结试验）。分别操作三种不同应变率的 CRS 固结试验与 ILP 试验来研究同一类试样，分析不同应变率对 CRS 固结试验的影响。ILP 试验固结初期尾矿样中施加较大的外部荷载会产生较大孔隙水压力，偏细尾矿固结慢，孔压消散难，内部可能由于孔压梯度过大而影响结果，此处选用 D_35 做 CRS 固结试验和 ILP 试验对比（图 4.20）。一般依据土样的液限 w_{L} 来选择应变速率 r，本次选取 r 为 0.005%/min、0.01%/min 和 0.05%/min。

从图 4.20 中看出加载速率越大，孔隙比降低得越慢。这说明加载速率影响黏性尾矿 D_35 的孔压消散，应变速率 r 越大，超静孔压越来不及消散，使得孔隙比降低得慢。在固结压力大于 2 MPa 时，4 种加载模式的孔隙比变化几乎呈线性关系且斜率近乎相等。在加载初期，ILP 试验由于高孔隙水压力梯度，结构遭到破坏，孔隙比降低较快。随着固结压力的增大，孔隙水压力梯度相比有效应力不算很高，试样结构破坏不多，且试样骨架结构

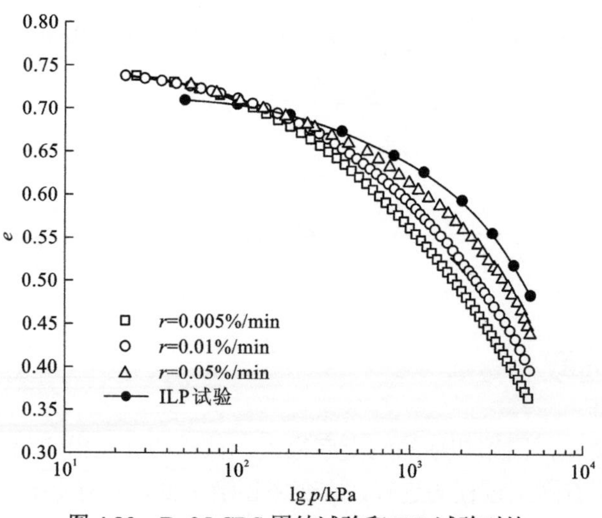

图 4.20 D_35 CRS 固结试验和 ILP 试验对比

逐渐由黏土颗粒为主导转向砂土颗粒为主导，颗粒间力链的减小导致骨架结构更稳定。值得一提的是，ILP 试验每级荷载需要 24 h，整个试验过程需要 10 d 的时间，CRS 试验只需要 2～3 d 的时间，CRS 固结试验极大地提高了工作效率。

图 4.21 展示了不同应变速率（0.005%/min、0.01%/min 和 0.05%/min）下 CRS 固结试验与 ILP 试验的 e-lgk_v 关系。从图 4.21 中看出加载速率对渗透系数影响不大。实测渗透系数与 CRS 固结试验预测渗透系数有一定出入，但显然处于一个数量级，预测结果可接受。当固结压力小于 2 MPa 时，曲线末段与实测数据重合度较高，但在高应力条件下粗粒尾矿的颗粒破碎及细粒尾矿的水膜作用使得实测渗透系数发生较大的突变，与传统 CRS 固结理论发生偏差。

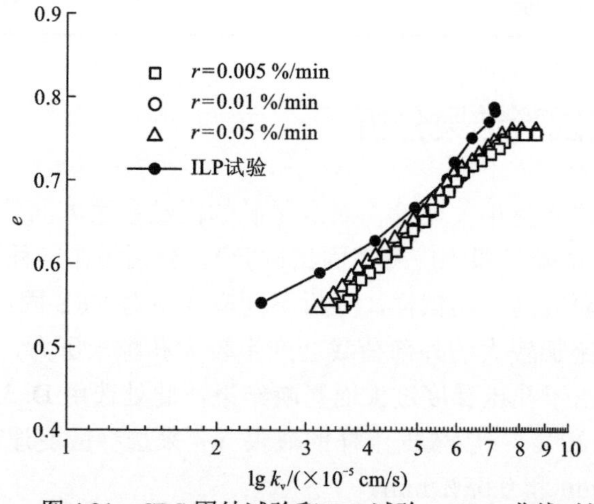

图 4.21 CRS 固结试验和 ILP 试验 e - lg k_v 曲线对比

第 5 章　高应力条件下尾矿力学特性

5.1　颗粒破碎定性化分析

定性化分析方法是指预测者依据主观判断分析能力来推断事物的性质和发展趋势，不追求数量关系与数量变化的分析方法。在颗粒破碎定性化研究中，常采用试验前、后试样剖面图进行对比。但是对于三轴试验条件下的毫米级尾砂颗粒破碎主要是以表面棱角磨碎为主，即使在很大的放大倍数下，颗粒破碎形态对比图也不是很明显。再则在获取图片信息时，是很难保证试验前、后试样剖面图仍处于同一空间位置。因此，Hyodo 等[124]采用标识颗粒的方法研究了不同矿物颗粒破碎形态。Nakata 等[127]采用染色的方法研究了不同粒径的砂石的颗粒破碎的特征。

为定性化研究尾矿颗粒破碎特征，借助标识颗粒试验手段。因方解石硬度（莫氏硬度为 3）较尾矿主要矿物石英低，颗粒表面光滑度、平整度均较好，易于比较试验前后的形态变化，进而可较好地定性化描述尾矿剪切过程中的破碎特征。鉴于上述优点，采用方解石作为标识颗粒，标识颗粒的尺寸为 5 mm。放置的标识颗粒位于试样中部，以使标识颗粒处于相似的受力环境。

5.1.1　标识颗粒对比

为比较不同试样密度颗粒破碎的影响，将围压为 4 MPa 试验前、后的标识颗粒进行对比分析。围压为 4 MPa 试验前、后的标识颗粒形态变化如图 5.1 所示。由图 5.1 可知，试验前、后的标识颗粒表面的形态具有较大的差别。试样的密度越大，标识颗粒的压痕越大。这说明试样的密度越大，尾矿颗粒破碎量越大。

为比较围压对颗粒破碎的影响，将密度为 1.8 g/cm^3 试样在试验前、后的标识颗粒进行对比分析。密度为 1.8 g/cm^3 试样在试验前、后标识颗粒形态变化如图 5.2 所示。由图 5.2 可知，在常围压下，试验前、后标识颗粒表面的粗糙度变化不大，只有少数的压痕存在，压痕也较小，压痕形状呈长条形。在高围压下，试验前、后标识颗粒表面呈现明显的差异性，压痕不仅数量较多，而且面积大。压痕的形状以点状形式存在。另外，标识颗粒边界棱角也有明显的磨损、脱落现象。造成标识颗粒形态差异的原因：低压下的颗粒挤压不密实，颗粒间的挤压力也不大，所以只在标识颗粒表面形成少量的压痕。另外，低压下剪胀扩容效应显著，颗粒间运动主要以翻滚、滑移形式存在，进而使得标识颗粒形状呈长条形。而高压下颗粒被挤压密实，颗粒运动主要以颗粒破碎为主，所以易在标识颗粒表面产生大量较粗的点状压痕。结合标识颗粒表面压痕变化的特征，可总结尾矿在高压下将产生较多的颗粒破碎。

图 5.1　不同密度下试验前、后标识颗粒对比图

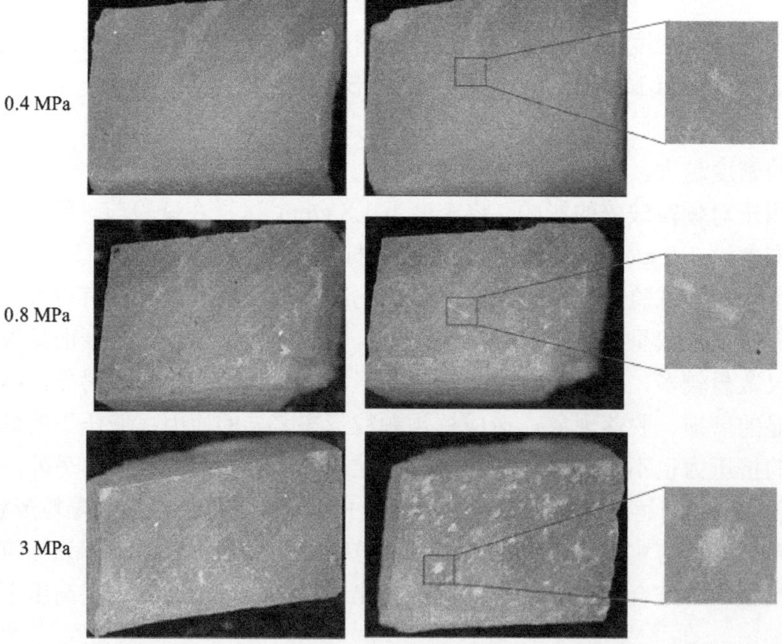

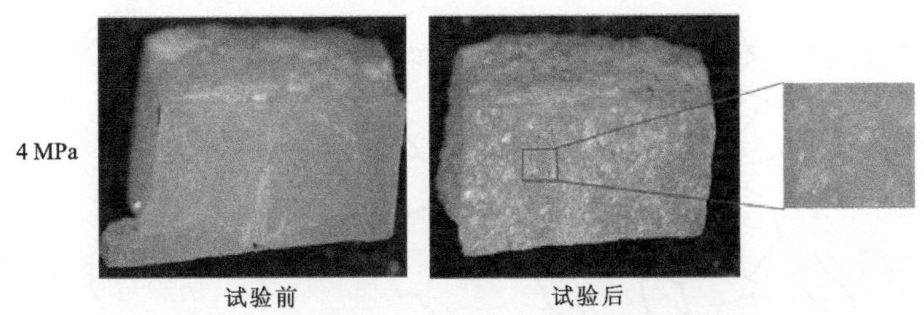

图 5.2　不同围压下试验前、后标识颗粒变化图

5.1.2　尾矿破碎方式

破碎是岩土材料固有的特性，并且破碎特性与材料的性质相关。破碎特性影响了颗粒破碎形态、破碎方式及粒径分布的规律等。因此，不同岩土材料破碎后表现出来的宏观力学特性也是不同的，这与岩土材料的破碎方式相关。岩土材料的破碎方式并不是单一的，而是多样性的，因此岩土材料的破碎分类方式也是多样的。

在破碎理论中，把颗粒材料的破坏过程视作不是由连续单一的一种破坏形式所构成，而是两种以上不同破坏形式的组合，并给出三种不同形式的破碎模型，如图 5.3 所示。

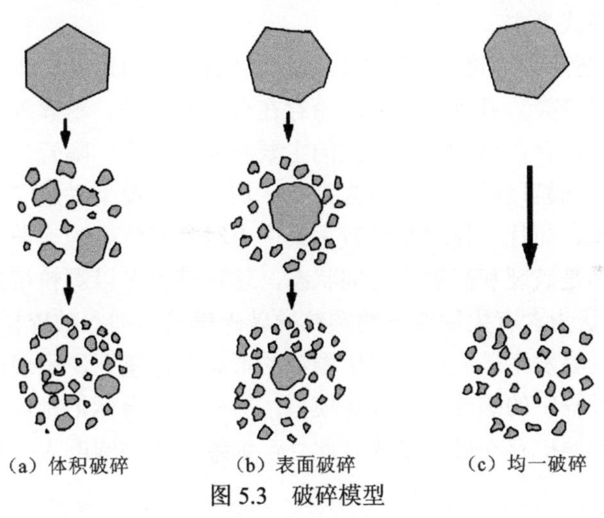

图 5.3　破碎模型

体积破碎模型：整个颗粒都受到破碎，破碎生成物大多为粒度大的中间颗粒；随着颗粒进一步破碎，中间粒径的颗粒会依次再被破碎成具有一定粒度分布的中间粒径颗粒，最后逐渐破碎稳定的微粉颗粒。

表面破碎模型：仅在颗粒的表面产生破碎，微粉颗粒成分不断地从颗粒表面削下，所以这种破碎模型并不会涉及颗粒的内部的损坏。

均一破碎模型：当外力施加于颗粒后，颗粒将产生分散性的破碎，并直接碎成微粉成分。

此外，Guyon 等[128]在研究散体材料的基础上，系统全面地总结颗粒破碎模式可以分成三种类型。三种类型的破碎模式如图 5.4 所示。

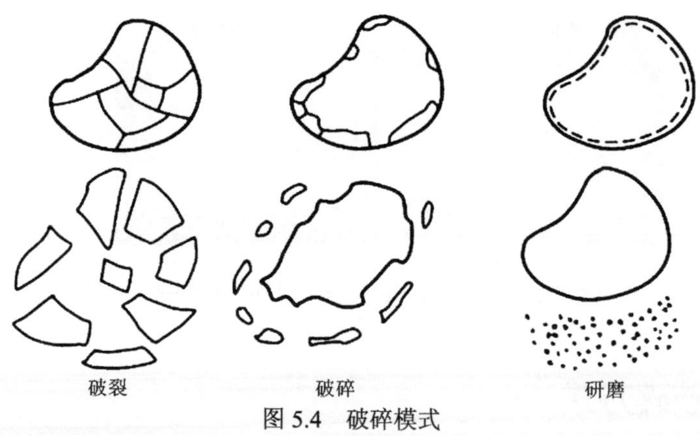

图 5.4 破碎模式

破裂：原颗粒破碎后形成粒径大致相等的数块小颗粒。

破碎：在原颗粒表面产生破碎，破碎后成为一块粒径稍小的颗粒和数块更小的颗粒。

研磨：原颗粒在研磨作用下，只产生微细的粉粒，原颗粒粒径几乎保持不变。

在不同颗粒尺寸下，这三种破碎模式会存在模式的相变。破碎模式相变的转变可用颗粒的破碎强度理论解释，即破碎强度随着粒径的增大而增大。例如：颗粒尺寸较大时，颗粒的强度低，颗粒的破碎主要以破裂模式为主；在颗粒尺寸很小时，颗粒的强度较大，颗粒的破碎就以研磨模式为主。

孔德志[129]对上述两种理论的破碎方式进行了比较。认为这两种理论都对所有散粒体材料的破碎方式进行了分类，并且这两种理论存在着类似之处。粉碎理论中的体积粉碎模型与破裂概念是类似的，存在这种破碎方式的主要材料有玻璃、陶瓷。表面粉碎模型类似于研磨的概念，这种在细粒尾矿研磨中最为常见。均一粉碎模型描述了人工合成特殊材料的破坏方式，如粉笔棒、药片等材料受到较大集中力时会突然破碎崩散成许多粉末状细小颗粒。而破碎概念实际是破裂和研磨的中间状态，这种破碎多以颗粒棱角的剪切破坏为主。

Daouadji 等[130]认为含有尖锐棱角的颗粒的破碎模式可列入破碎模式，因为颗粒棱角在颗粒滑移过程中是较易发生破裂的。尾矿颗粒的形态在电镜下，呈现出明显的棱角状，因此尾矿颗粒在剪切过程中的破碎存在破碎模型。另外，结合标记颗粒棱边的脱落特性，也可证明带有棱角状的尾矿存在破碎模式。此外，细颗粒的磨圆度大于粗颗粒的磨圆度就是由棱角破碎造成的。

破碎理论中提到，颗粒的破碎并不是由单一的破碎形式构成的，对于细小的尾矿颗粒而言，由于颗粒表面间的互相作用，颗粒间存在摩擦阻力，这种摩擦阻力进而使得尾矿颗粒的破碎还存在研磨模式（表面粉碎模型）。这种破碎模式的存在，可从标记颗粒表面严重的磨碎程度来证明。此外，很多学者也证明了尾矿在剪切过程中存在研磨模式。巫尚蔚等[29]认为尾矿的破碎过程符合表面粉碎模型，非微米级尾矿颗粒粒径分布与粉碎次数有关。

然而对于毫米级的细粒尾矿而言，破裂模式是难以发生的，因为尾矿在最后的球磨机磨矿过程中经历了大量的研磨过程，颗粒粒径已达到较小的尺寸，另外，三轴剪切试验过程中施加的破碎能远小于磨矿过程中所施加的破碎能。因此尾矿破裂模式在三轴剪切试验中是很难发生的。

5.2 颗粒破碎定量化分析

5.2.1 破碎颗粒粒径分布特征

颗粒破碎是个十分复杂的现象，与岩土体的颗粒级配、颗粒粒径、表面粗糙程度、形状、矿物成分相关，同时还与应力路径、应力状态、加载速率等有关。颗粒破碎会对岩土体的强度和变形产生较大的影响。尾矿在加载过程中，伴随着尾矿的颗粒破碎。尾矿的破碎直接导致颗粒级配的改变。因此，颗粒破碎程度的定量化研究可用试验前、后颗粒级配来表征。

试验后三种不同密度下的颗分曲线如图 5.5 所示。由图 5.5 可知，剪切过程中即使围压不大，尾矿颗粒也要发生破碎，破碎量随着围压的增大而增多。颗分曲线上每个部位破碎程度是不同的，表现为下部比上部破碎程度要小一些。破碎后的粒径范围主要集中在 0.01～0.1 mm。另外，原状试样颗分曲线与制样后颗分曲线也存在较大的差距，这种差距是由制密实样时引起的颗粒破碎造成的。

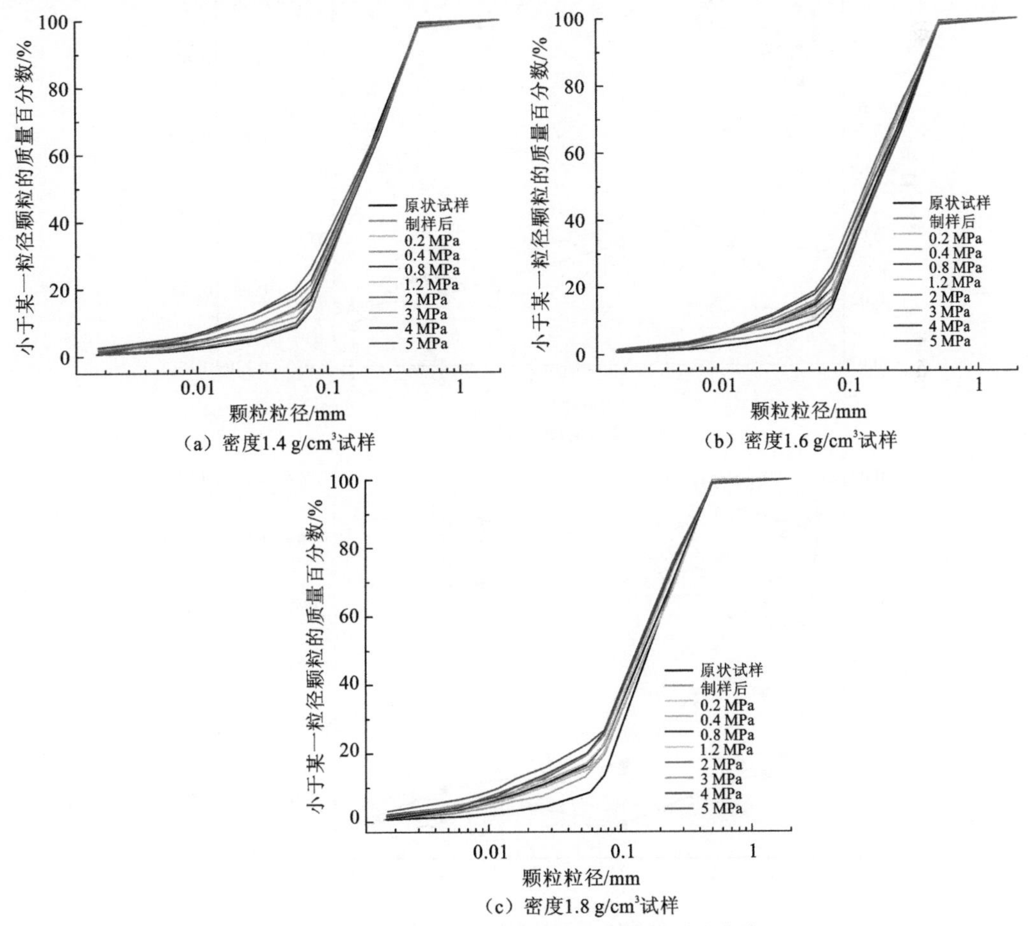

（a）密度1.4 g/cm³试样

（b）密度1.6 g/cm³试样

（c）密度1.8 g/cm³试样

图 5.5 三种不同密度下试样试验前后颗分曲线

尾矿破碎后特征粒径与围压的关系如图 5.6 所示。在 5 MPa 的围压内，d_{10} 从 0.062 mm 变化到 0.016 mm；d_{30} 从 0.107 mm 变化到 0.79 mm；d_{50} 从 0.165 mm 变化到 0.131 mm；d_{60} 从 0.205 mm 变化到 0.169 mm。各特征粒径随围压的增大而减小。常围压下，特征粒径变

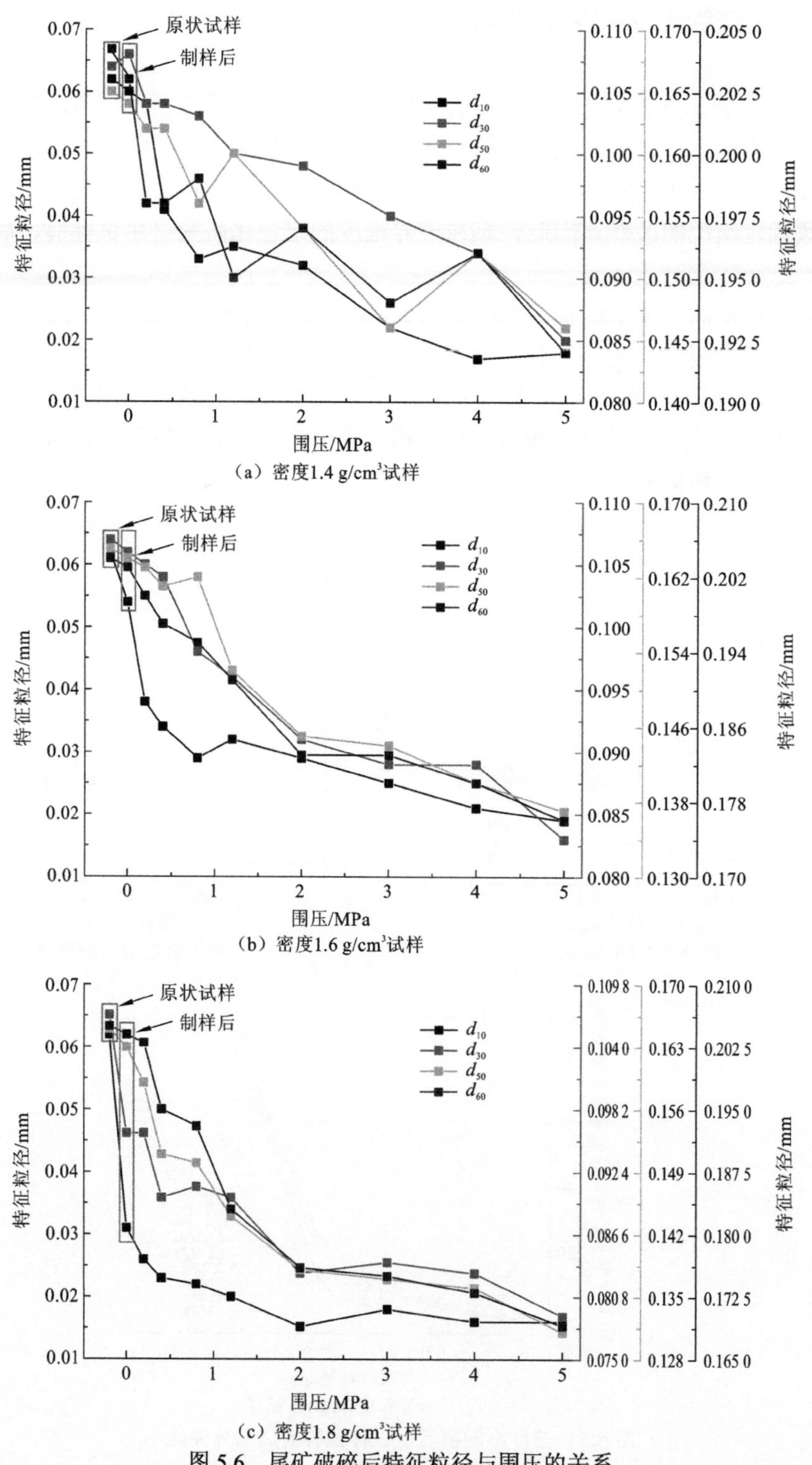

（a）密度1.4 g/cm³试样

（b）密度1.6 g/cm³试样

（c）密度1.8 g/cm³试样

图 5.6　尾矿破碎后特征粒径与围压的关系

化率较大；高围压下，特征粒径变化率较小。这说明了试样剪切后颗粒破碎的数量随着围压的增加而增加，数量增加的速率随着围压的增大而减小。表明尾矿颗粒破碎是一个颗粒不断细化的渐进过程，并且随围压增加颗粒细化的过程逐渐趋于平缓。

对比不同密度试样特征粒径可知，密实试样特征粒径的曲线较松散试样而言更为弯曲，并且特征粒径的下限值是随密度的增大而减小的。在常围压范围内，密度 1.8 g/cm^3 试样的特征粒径变化率明显是大于另外两组试样的，并且试样特征粒径的变化是随着密度的增加而增加的，其中 d_{10} 与 d_{30} 特征粒径变化率最为明显，这也说明了常压条件下试样是仍然要发生破碎的，并且破碎后的颗粒以细小的颗粒碎屑呈现。此外，对比不同密度试样制样前与制样后的特征粒径变化可知，密度较大试样的特征粒径变化较大，并且随着密度的增大而越加明显。在制备密实试样时，为使试样达到较大的密实程度需要较大的额外能量，因而颗粒的破碎程度也较大。

5.2.2 常用颗粒破碎指标优缺点

1. 颗粒破碎度量指标

在定量化研究颗粒破碎时，采用合理的颗粒破碎度量指标是非常必要的。当前对颗粒破碎的定量化研究方法主要有能量法指标、残存概率指标、单一特征粒径指标和多粒径破碎率指标等。

1）能量法指标

Miura 等[131]在三轴剪切试验的基础上，研究高压下硅砂颗粒破碎时，首次提出以试样颗粒表面积增量来表示破碎数量。发现试样破坏时颗粒表面积增量 ds 与塑性功增量 dw 之比 $(\mathrm{d}s/\mathrm{d}w)_\mathrm{f}$ 与相应的 $(\sigma_1/\sigma_3)_\mathrm{f}$ 、$(\mathrm{d}\varepsilon_\mathrm{v}/\mathrm{d}\varepsilon_1)_\mathrm{f}$ 存在线性关系，表明采用 $\mathrm{d}s/\mathrm{d}w$ 可很好地度量试验材料破坏程度。当采用这种方法度量颗粒形状不规则的破碎程度时，由于颗粒的表面积难以准确确定，该方法将引起较大的测试误差。

2）残存概率指标

McDowell 等[132]引入断裂力学理论进行了颗粒破碎的分析，并提出了以残存概率作为颗粒破碎评价指标：

$$p_\mathrm{s}(d)=\exp\left[-\left(\frac{d}{d_0}\right)^w\frac{(\bar{\sigma}/\sigma_0)^m}{(C-2)^\alpha}\right] \tag{5.1}$$

式中：$p_\mathrm{s}(d)$ 为粒径为 d 的颗粒残存概率；α 为颗粒表面形状因子；C 为颗粒级配数；$\bar{\sigma}$ 为微观应力；σ_0 为粒径 d_0 的颗粒残存概率为 37%时对应的特征应力；m 为 Weibull 模量；w 为颗粒维数，对三维颗粒 $w=3$ ，二维颗粒 $w=2$ 。

3）单一特征粒径指标

以试验前、后某单一特征粒径含量的变化量来衡量颗粒破碎的程度。该表征方法最为简单，计算量也小，但限制性较大。

Lee 等[46]在研究大量颗粒破碎是否会有效堵塞坝体反滤层时，提出可用试验前后颗粒

粒径 d_{15} 比值的变化 B_{15} 来反映颗粒的破碎程度：

$$B_{15} = \frac{d_{15\mathrm{i}}}{d_{15\mathrm{f}}} \tag{5.2}$$

式中：下标 i、f 分别代表试验前、试验后。

Lade 等[49]在研究土体渗透性时提出 B_{10} 指标方法来表示颗粒破碎的程度，采用了有效粒径 d_{10} 函数的形式：

$$B_{10} = \frac{d_{10\mathrm{i}}}{d_{10\mathrm{f}}} \tag{5.3}$$

4）多粒径破碎率指标

以试验前后部分或整个粒径颗分曲线的变化量来衡量颗粒破碎的程度。多粒径指标方法在度量颗粒破碎中最为常见，实用性较广。

Marsal[133]提出用试验前后试样粒组质量百分数差的正值之和来表示颗粒破碎的程度

$$B_{\mathrm{g}} = \sum \Delta W \tag{5.4}$$

式中：ΔW 为各粒组质量百分数差值。

Nakata 等[127]提出可用细颗粒的增量来表示破碎程度。假设试验前的最小粒径为 x，则将试验后小于 x 的细颗粒含量定义为破碎率 B_{f}：

$$B_{\mathrm{f}} = \frac{R}{100} \tag{5.5}$$

式中：R 为试验后小于最小粒径为 x 的颗粒含量。

Hardin[47]根据试验前后颗粒级配曲线面积的变化量来表示颗粒的破碎程度。图 5.7 为 Hardin 相对破碎率 B_{r} 的示意图。Hardin 提出的相对破碎率能较全面地反映颗粒的破碎程度，获得了普遍认同和广泛的运用。相对破碎率是根据试验前后颗粒级配曲线面积的变化量来表示颗粒的破碎程度。但是该指标人为假定了小于 0.074 mm 的土颗粒不会发生破碎，即以 0.074 mm 作为破碎的极限粒径。根据这个假定，Hardin 提出了相对破碎率 B_{r} 的概念，其含义为土体破碎量 B_{t} 与土体初始破碎势 B_{pi} 之比：

$$B_{\mathrm{r}} = \frac{B_{\mathrm{t}}}{B_{\mathrm{pi}}} \tag{5.6}$$

式中：破碎量 B_{t} 为加载前后级配曲线差围成的面积；初始破碎势 B_{pi} 为试验前的级配曲线与 0.074 mm 粒径线所围成的面积。

Einav[134]在考虑 Hardin 相对破碎率不足的基础上提出了相对破碎率的改进形式。Einav 改进的相对破碎率涉及三个特征级配。不同特征状态下的级配曲线示意图如图 5.8 所示。试验开始时的级配命名为初始级配 P_0，试验结束时的级配命名为当前级配 P_{t}，极限压力下破碎终止时的级配命名为终止级配 P_{u}。根据函数积分形式，各级配曲线的积分形式可表述为

$$F_0 = \int_{d_{\min}}^{d_{\max}} P_0 \mathrm{d}d \tag{5.7}$$

$$F_{\mathrm{t}} = \int_{d_{\min}}^{d_{\max}} P_{\mathrm{t}} \mathrm{d}d \tag{5.8}$$

$$F_{\mathrm{u}} = \int_{d_{\min}}^{d_{\max}} P_{\mathrm{u}} \mathrm{d}d \tag{5.9}$$

式中：$d_{\min}$、$d_{\max}$ 为级配曲线上的最小、最大粒径。

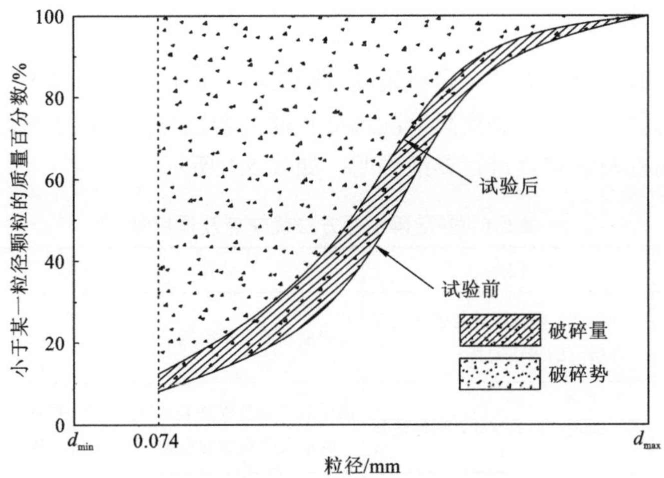

图 5.7 Hardin 相对破碎率 B_r 的定义

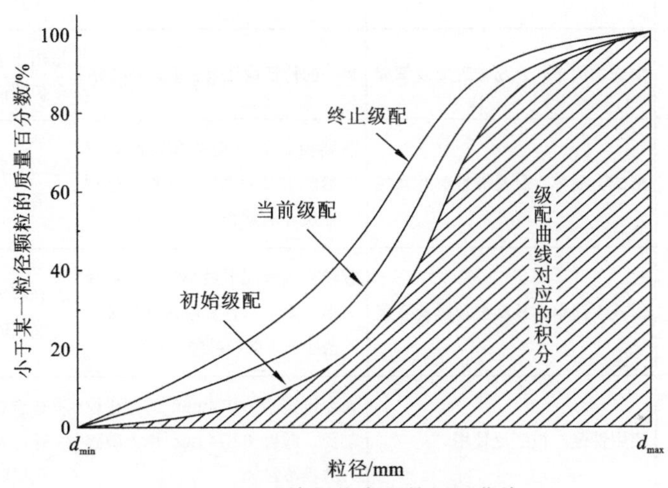

图 5.8 不同特征状态下的级配曲线

改进的相对破碎率可定义为

$$B_r' = (F_t - F_0) / (F_u - F_0) \tag{5.10}$$

改进的相对破碎率 B_r' 取值范围为 0～1。$B_r' = 0$ 表示颗粒材料无破碎发生，$B_r' = 1$ 表示颗粒材料完全发生破碎。终止级配 P_u 描述的是颗粒在压力趋近无穷大时颗粒破碎的级配函数，所以在试验条件下终止级配 P_u 准确形式是很难确定的，因此 F_u 的值不能由式（5.9）计算得到。为获得在无穷大时积分 F_u 的值，刘萌成等[135]采用式（5.11）所示的数学模型进行描述，当 σ_3 趋近无穷时，即可求得 F_u。

$$F = F_u - \lambda(\sigma_3)^{-\kappa} \tag{5.11}$$

式中：λ、κ 为级配积分演化的材料常数；σ_3 为试样的围压。

上述 4 种多粒径颗粒破碎指标中，前面 3 种破碎指标由于其本身假设的存在，都可归结为以试验前后部分粒径颗分曲线的变化量来衡量颗粒破碎程度，只有 Einav 改进的破碎率才是建立在完整颗分曲线上的破碎指标。

2. 破碎指标优缺点

上述 4 类颗粒破碎度量方法在定量表征颗粒破碎时，都存在自身的优势或不足。因此在颗粒破碎方法选择上，可根据实际情况选择不同的表征方法。以下将对上述 4 类方法及各具体方法的适用性及优缺点进行详细说明，如表 5.1 所示。

表 5.1　各破碎指标方法优缺点及适用性

破碎指标名称	优点	缺点	适用性
能量法指标	理论性强，颗粒破碎与破碎能存在唯一的线性关系	比表面积测量不准确	—
残存概率指标	基于断裂进行的推导，理论性强	测量的物理参数较多，而有些参数涉及微观物理意义	可在统一规律上预测颗粒破碎量
Lade 等[49]提出的 B_{10}	形式上简单，且易被理解及掌握	单一的特征粒径来表征颗粒破碎	适合描述颗粒破碎量与渗透关系
Lee 等[46]提出的 B_{15}	形式上简单，且易被理解及掌握	单一的特征粒径来表征颗粒破碎	适用于多种颗粒材料渗透保护的情况
Marsal[133]提出的 B_g	形式上简单，且易被理解及掌握	需要保证破碎后的颗粒级配仍然和初始级配有较多部分粒径尺寸的重合	适用于颗粒初始级配分布范围广、且破碎量不大的情况
Nakata 等[127]提出的 B_f	形式上简单，且易被理解及掌握	颗粒初始级配中最小的细粒粒径不应太小，且颗粒破碎后最大值应大于颗粒粒径界限值	适合剔除粒径组中细粒的情况且破碎量不大的情况
Hardin[47]提出的 B_r	实用性强，被广泛使用	人为设定了 0.074 mm 的截止粒径，即以 0.074 mm 作为破碎的极限粒径	不适合极限高压的情况及破碎后两不重合级配曲线面积相等的情况
Einav[134]提出的 B_r'	抓住了整体颗粒级配的变化，在评价比较材料的破碎程度时较为完善	终止级配确定需要较多的基础数据	适合破碎后两不重合级配曲线面积相等的情况

Miura 等[131]基于比表面积的测量方法，从能量角度出发度量颗粒破碎程度，该方法存在一定的理论依据，但是该方法将各颗粒粒组近似为球形，且当粒径小于 0.074 mm 时，计算误差较大，颗粒的比表面积采用 Blaine 方法则更为准确。Miura 等[136]、Chen 等[137]和 Hyodo 等[124]都对该方法做了进一步的理论说明。但是该方法在测量比表面积的手段上还是存在较大的不足，因此还未得到广泛应用。

McDowell 等[132]基于残存概率指标的颗粒破碎方法，是在单个颗粒破碎基础上推演得到的。该方法和基于比表面积测量方法都有理论依据，但是该方法需要测量的物理参数较多，而且有些参数涉及微观物理，进而导致测量工作量大。该方法在统一规律上可预测颗粒破碎的特征。

单一特征粒径指标的颗粒破碎方法形式上最为简单，且容易被理解，都是基于颗粒级配曲线上单一的特征粒径来表征颗粒破碎。选取的颗粒特征粒径是根据相应的条件选取的。例如：有效粒径 d_{10} 对土体材料的渗透性影响较大，因此 Lade 等[34]提出的 B_{10} 指标更适合描述颗粒破碎量与渗透关系；Lee 等[46]提出的破碎指标 B_{15} 是研究颗粒破碎对反滤层渗透的影响，因此 B_{15} 适用于多种颗粒材料渗透保护的情况。

多粒径指标的颗粒破碎方法完善了单一特征粒径指标的不足，使得多粒径指标方法能够更为全面反映颗分曲线在试验前后的变化。因此多粒径指标的准确性更高、实用性更强。多粒径指标和单一特征粒径指标一样，都是建立在试验前后颗粒级配变化基础上的度量方法。因此它们的理论依据不强，都是半经验型的表征方法。

Marsal[133]提出的 B_g 是相同各粒组含量之间正值之和。由于正值满足条件是在颗粒级配曲线上颗粒尺寸较大的区域，该指标方法的本质含义表述的是粗粒含量的减小。在计算相同各粒组含量之差时，需要保证破碎后的颗粒级配仍然和初始级配有较多部分粒径尺寸的重合，否则将造成计算粒组数目的减小。当破碎后颗粒最大粒径小于初始颗粒破碎最小粒径时，B_g 指标是完全不适用的。因此 Marsal[133]提出的 B_g 适用于颗粒初始级配分布范围广、且破碎量不大的情况。

Nakata[127]提出的 B_f 采用细颗粒的增量表示颗粒破碎程度。细颗粒粒径界限值为初始级配的最小值，因此当颗粒级配中最小的细粒粒径远小于颗粒破碎后的粒径时，将引起较大的统计误差。当颗粒破碎后最大值小于颗粒粒径界限值时，B_f 指标也将会是完全失效的。因此该方法适合剔除粒径组中细粒的情况、且破碎量不大的情况。

Hardin 等[47]提出的 B_r 指标是目前所有颗粒破碎指标中被采用最多的指标。该方法明显的缺陷是人为设定了 0.074 mm 的截止粒径，即以 0.074 mm 作为破碎的极限粒径。这造成了破碎后的终止级配为一条 0.074 mm 的竖线，这是不符合实际的。此外在研究极限高压下颗粒破碎情况时，极限高压下颗粒破碎达到终止状态，粒径小于 0.074 mm 的颗粒也将发生破碎。对于尾矿颗粒，刘海明等[39]将截止粒径调整为 d=0.001 5 mm，然而这并未使得 B_r 指标更为优化。因此该方法不适合极限高压的情况。

Einav[134]提出的 B'_r 指标是建立在 B_r 指标不足的基础上提出的。该指标克服了 Hardin 等[47]的相对破碎率需要人为设定限制粒径的缺点，并对终止级配的状态进行了重新的定义，B'_r 指标针对不同材料在破碎过程中均能从 0 变化到 1，并抓住了整体颗粒级配的变化。因此该方法在评价比较材料的破碎程度时较为完善。但是该方法的终止级配是需要通过拟合得到，拟合过程需要较多的数据，否则将引起较大的拟合误差。

前文分析了 B_r 和 B'_r 指标的优点与缺点，并且得出这两个指标是较为完善的，实用性较强。但是这两个指标仍存在一个明显的共同缺点，以下以 B'_r 指标为例，说明这两个指标存在的缺陷。图 5.9 为 B'_r 指标破碎后的颗粒级配。图 5.9 中给出了颗粒破碎后的两种情况，其中虚线表示试验破碎后颗粒级配 1 的分布，实线表示试验破碎后颗粒级配 2 的分布。A、A_1、A_2 分别表示的是各阴影部分的面积。由于 B'_r 指标是建立在试验前、后颗粒级配曲线面积变化量上的，试验破碎后颗粒级配 1 的面积变化量为

$$\Delta A_1 = A + A_1 \tag{5.12}$$

同理试验破碎后颗粒级配 2 的面积变化量为

$$\Delta A_2 = A + A_2 \tag{5.13}$$

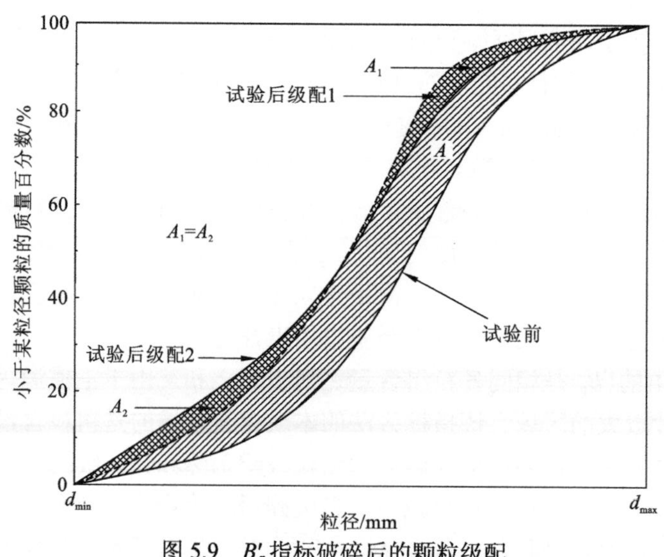

图 5.9　B_r' 指标破碎后的颗粒级配

特殊地，当 $\Delta A_1 = \Delta A_2$ 成立时，根据 B_r' 指标的定义，将会得到

$$B_{r1}' = B_{r2}' \tag{5.14}$$

然而实际上，试验破碎后颗粒级配 1 和试验破碎后颗粒级配 2 所处的状态是不一致的，可以很明显地看出颗粒级配曲线 2 中细粒更多，破碎量更大，需要的破碎能也是更多的。因此可知现阶段从颗粒级配出发研究颗粒破碎，虽然简单实用，但还是不能准确地度量颗粒破碎量。

综上可知，这 4 类破碎方法都各自具备优势。其中单一特征粒径指标计算方式最简单且最好理解，但缺乏准确性。多粒径指标在一定程度上改善了单一粒径的不足，但还是存在无法准确度量颗粒破碎的缺点。其中能量法指标的理论基础较为完善，颗粒破碎与破碎能是存在唯一的线性关系。虽然比表面积测量存在较多假设与不足，但随着测量手段及技术的发展，能量法指标将更为准确。

5.2.3　常用颗粒破碎指标对比

因单一粒径指标与多粒径指标的形式简单，易被掌握，在实际工程应用中得到了广泛的应用，而能量法和残存概率的颗粒破碎表征方法虽然理论性强，但实用性较差。因此基于颗粒级配曲线的变化，并结合各指标的适用性，选取部分破碎指标进行定量化对比分析，对各试验后颗粒破碎指标进行统计。颗粒破碎指标如表 5.2 所示。由于试样制备过程中颗粒也会发生一些破碎，这部分颗粒破碎是不属于排水试验中产生的破碎，所以在分析试验中颗粒破碎不考虑这部分破碎带来的影响，因而将表 5.2 中“制样后”一栏数值表示颗粒破碎初始状态。其中 B_{10}、B_{15} 指标的初始值均为 1；B_g、B_r 和 B_r' 指标的初始值为 0。

表 5.2 颗粒破碎指标

围压/MPa	B_{10}			B_{15}			B_g			B_r			B'_r		
	1.4 g/cm³	1.6 g/cm³	1.8 g/cm³	1.4 g/cm³	1.6 g/cm³	1.8 g/cm³	1.4 g/cm³	1.6 g/cm³	1.8 g/cm³	1.4 g/cm³	1.6 g/cm³	1.8 g/cm³	1.4 g/cm³	1.6 g/cm³	1.8 g/cm³
0（制样后）	1.00	1.00	1.00	1.00	1.00	1.00	0	0	0	0	0	0	0	0	0
0.2	1.03	1.42	1.19	1.07	1.07	1.09	3.1	3.0	1.3	0.00	0.01	0.02	0.01	0.01	0.05
0.4	1.46	1.59	1.35	1.10	1.15	1.22	3.2	2.1	3.5	0.01	0.04	0.07	0.03	0.07	0.15
0.8	1.82	1.86	1.41	1.20	1.25	1.33	3.2	5.0	2.9	0.01	0.04	0.07	0.05	0.09	0.15
1.2	1.71	1.69	1.55	1.22	1.32	1.46	5.8	4.8	5.1	0.03	0.06	0.09	0.08	0.12	0.19
2	1.88	1.86	2.04	1.31	1.39	1.88	7.5	7.0	6.0	0.03	0.07	0.12	0.08	0.14	0.27
3	2.73	2.16	1.72	1.67	1.53	2.00	8.0	7.8	6.1	0.04	0.10	0.14	0.12	0.20	0.28
4	3.53	2.57	1.94	2.03	1.88	2.31	9.3	8.8	6.7	0.04	0.10	0.14	0.13	0.22	0.30
5	3.33	2.84	1.94	2.20	2.03	2.50	11.7	11.4	7.5	0.06	0.13	0.14	0.19	0.28	0.33

为直观地比较颗粒破碎指标之间的关系，将表 5.2 中数据用图形形式展出。图 5.10 为各破碎指标与围压的关系图。由图 5.10 可知，所有颗粒破碎指标均随围压的增大而增大，且颗粒破碎指标的增长率随围压的增大而减小。可知尾矿的破碎不仅存在于高围压条件，而且常围压条件下也存在颗粒破碎。尾矿的颗粒破碎指标随围压的增大而增大，破碎变化量降低。此外当围压一定时，B_{10}、B_{15}、B_g 指标与密度之间的变化规律是异于 B_r、B'_r 指标与密度之间的变化规律的。密度越大，B_{10}、B_{15}、B_g 指标越小。对于 B_r、B'_r 指标而言，变化规律是相反的，即密度越大，颗粒破碎指标越大。造成这两组指标差异性的原因是求取颗粒破碎指标的初始颗粒选用的是制样后级配。制备的试样密度不同，制样过程产生的颗粒破碎量也是不同的，因而制样后的颗粒级配是不一样的。密度大的试样，制样时已经产生了大量的破碎，从而使得剪切过程中试样处于更难破碎的状态，破碎后的颗粒级配变化较为集中， B_{10}、B_{15}、B_g 指标较小。然而对于 B_r、B'_r 指标而言，采用的是相对面积的概念，密度大的试样制样后，初始破碎势较小，从而使得计算的颗粒破碎较大。

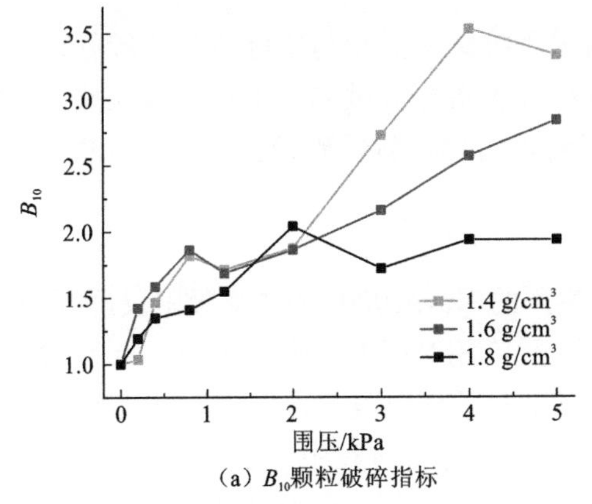

（a）B_{10}颗粒破碎指标

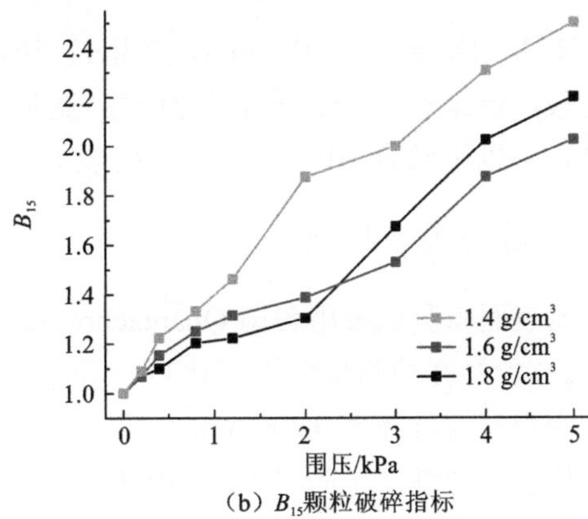

（b）B_{15}颗粒破碎指标

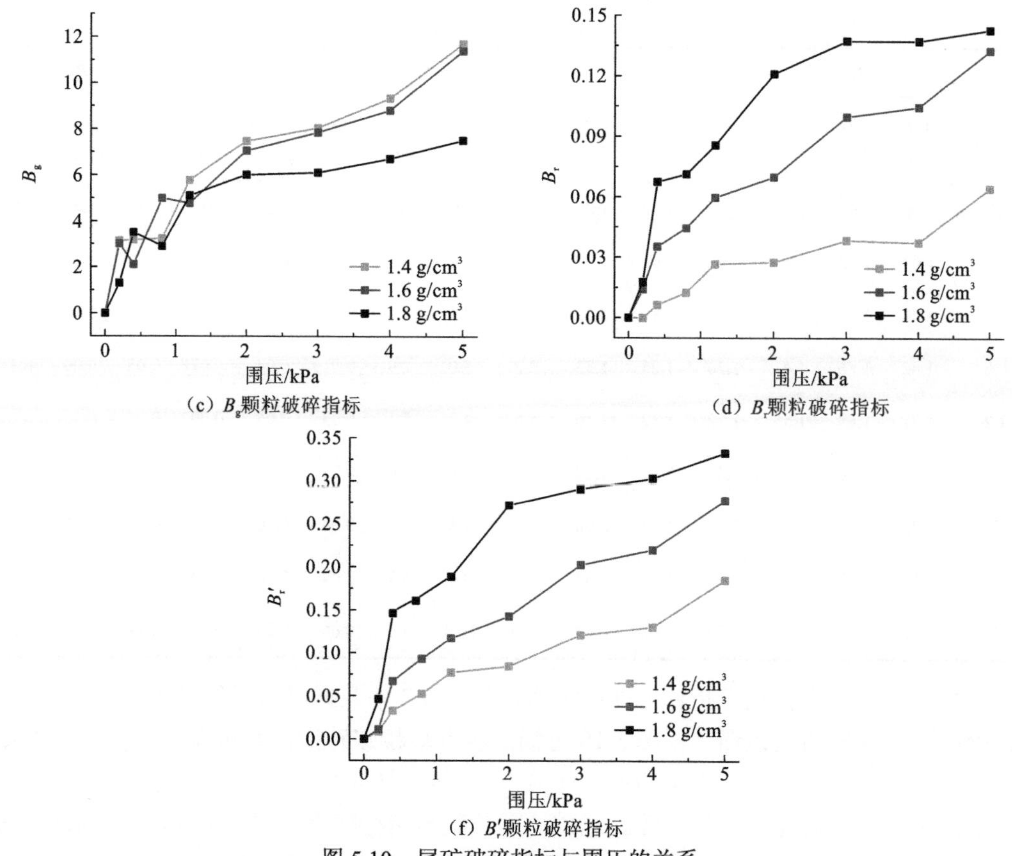

(c) B_g颗粒破碎指标

(d) B_r颗粒破碎指标

(f) B'_r颗粒破碎指标

图 5.10 尾矿破碎指标与围压的关系

颗粒破碎是由试样孔隙与应力-应变状态共同决定，剪切过程中试样颗粒破碎指标是随着密度的增大而增大的。所以这 5 个统计指标中 B_r、B'_r 指标是较为符合理论实际的。采用 B_r、B'_r 指标表征颗粒的破碎可更为准确。此外，结合 B'_r 变化情况可知，虽然在 5 kPa 围压范围内，尾矿颗粒产生了较大的破碎，但相对破碎率 B'_r 的最大值也才 0.34，这说明尾矿颗粒还能进一步破碎，潜在的残余相对破碎率为 0.66。

5.2.4 基于 BET 法比表面积颗粒破碎指标

BET（Brunauer，Emmett，Teller）法在测试颗粒比表面积与实际值吻合较好，因此被比较广泛地应用于比表面积测试。能量法颗粒破碎指标测试的关键在于颗粒比表面积的测试。以下结合 BET 法在测试比表面积的优势，对尾矿颗粒破碎指标进行分析。

1. 静态氮吸附仪

比表面积测试采用美国 Quantachrome 公司生产的 Nova1000e 静态氮吸附仪，如图 5.11 所示。该仪器孔径测量范围为 0.35～500 nm，吸附-脱附相对压力范围为 0.004～0.995 MPa，比表面积最低可测至 0.000 5 m^2/g。试验之前，为了消除试样中残留的束缚水和毛细管水分，所有样品需经过 3 h 的 300 ℃高温抽真空预处理。试验进行过程中，以纯度高于 99.999% 的高纯氮气为吸附质，在液氮 77.35 K 低温环境下测定不同相对压力时氮气吸附量。

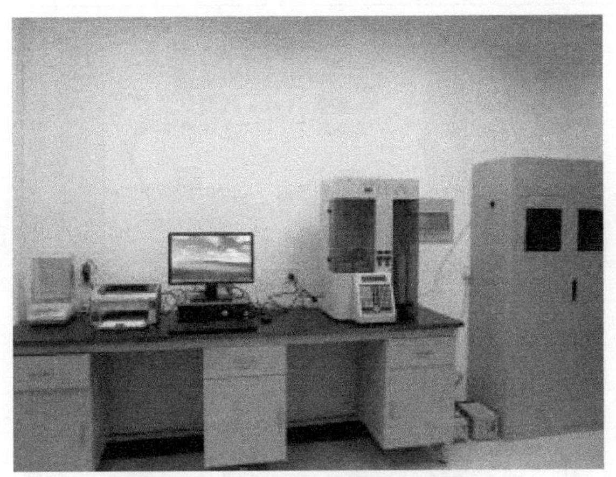

图 5.11 Nova1000e 静态氮吸附仪

2. 颗粒比表面积测试方案

静态氮吸附测试过程中所需要的颗粒量较少，一般为几克左右。如果从被测试试样随机选取几克尾矿，将引起较大的随机测量误差。另外，若采用多次测量的方法，如果剪切试验数量过多，会造成比表面积测试数量大大增多。而实际上比表面积检测其实是比较耗费时间的工作，这将花费大量的时间和成本，因此对试样进行直接检测是不合理的。可采用 Hyodo 的计算方法里的部分步骤[124]，即假定同一区段颗粒的比表面积是相等的。根据初始颗粒级配曲线分布特征，将其分成若干段，分别测定每段的质量比表面积。则剪切试验后每个颗粒级配曲线对应的比表面积可由各段的质量比表面积与各段颗粒质量分数乘积累积求得，这样将大大减少质量比表面积测量的次数。质量比表面积 S_{w} 计算公式为

$$S_{\mathrm{w}} = \sum S_{\mathrm{w}i} F \tag{5.15}$$

式中：$S_{\mathrm{w}i}$ 为某级配段颗粒质量比表面积；F 为相应级配段颗粒质量分数。

将尾矿颗粒级配分成 6 段，颗粒级配段分别为 0～0.075 mm、0.075～0.097 mm、0.097～0.25 mm、0.25～0.355 mm、0.355～0.5 mm、0.5～2 mm。各区段由 BET 法测试得到的比表面积结果如图 5.12 所示。为对比 BET 法测试获得的比表面积结果，采用 Hyodo 法[124]计算尾矿颗粒的比表面积。

Hyodo 在假设颗粒为球形时，提出了式（5.16）的颗粒质量比表面积计算式：

$$S_{\mathrm{w}i} = 6 / (d_{\mathrm{m}} G_{\mathrm{s}} \rho_{\mathrm{w}}) \tag{5.16}$$

式中：$d_{\mathrm{m}} = \sqrt{d_1 d_2}$，$d_1$、$d_2$ 分别为该级配段最小、最大的粒径；G_{s} 为相对密度；ρ_{w} 为纯水的密度。

式（5.16）实际上求得颗粒比表面积是颗粒的外表面积。并且式（5.16）对于粒径大于 0.074 mm 的颗粒不适用。同样，根据式（5.16）也可求得尾矿各级配段的比表面积。结果如图 5.12 所示。

由图 5.12 可知，由 BET 法测试得到的尾矿颗粒质量比表面积远大于 Hyodo 计算方法，在数值上相差两个数量级，产生这种差异的主要原因存在两个方面。①由 BET 法测试获得

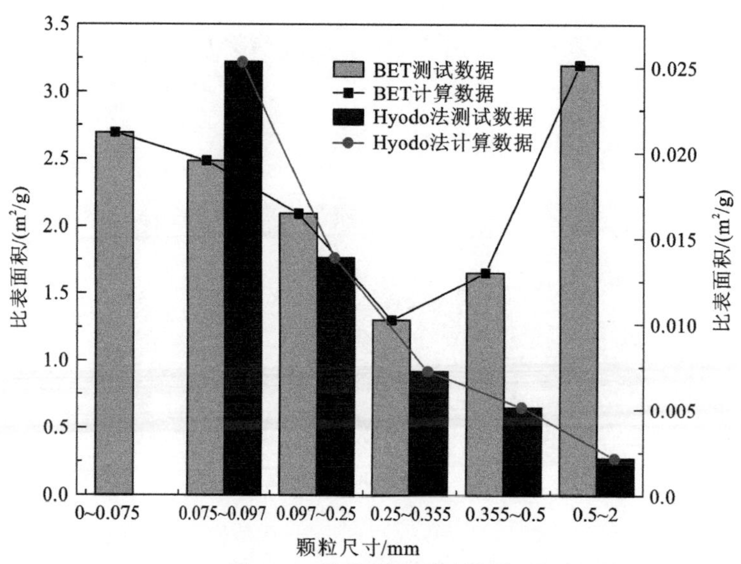

图 5.12　比表面积测试结果

的是单位质量尾矿所具有的总表面积，而由 Hyodo 法计算获取的是单位质量尾矿所具有的外表面积，这也是造成比表面积测试结果偏离较大的主要原因。一般而言只有理想的非孔性物料才具有外表面积，然而尾矿颗粒是多孔性材料。②实际中的尾矿是多棱角粒状颗粒，这和 Hyodo 法假设颗粒为球形是矛盾的，这将造成采用 Hyodo 法计算比表面积数值的偏小。此外，由 Hyodo 法计算得到的比表面积是随着颗粒粒径增大而减少的趋势。但是，由 BET 法获得的比表面积是随着颗粒粒径增大呈先减小后增大的趋势。在粒径较小时，尾矿比表面积随颗粒粒径增大而减小。这与一般规律相符合，但是后两组粗级配组出现了随颗粒粒径增大而增大的现象，这可能是因为粗颗粒的矿物成分为石英矿物，在磨矿时，这些粗颗粒承受着主要的外荷载，在外荷载作用下，石英粗尾砂颗粒因强度较大而较难发生破碎，所以易在颗粒内部产生大量的微孔隙，使得粗颗粒的比表面积大于细颗粒的比表面积。

颗粒内部微孔隙越多，颗粒越容易破碎，因此尾矿颗粒内部的微孔隙也是导致尾矿颗粒破碎的主要原因之一。此外，采用能量法度量颗粒破碎计算的表面积增量ΔS是有效表面积增量，如果不考虑原有内部的微孔隙，将会造成表面积增量ΔS的偏大。因此采用 BET 法计算颗粒比表面积将更为准确。

3. 基于 BET 法颗粒破碎分析

能量法度量颗粒破碎时，采用的是体积比表面积，体积比表面积 S 计算公式为

$$S = S_w \rho_d \tag{5.17}$$

式中：S 为体积比表面积；ρ_d 为试样初始干密度；S_w 为质量比表面积。

结合剪切后颗粒破碎级配曲线及式（5.17）即可计算求得三种不同密度试样在剪切后的体积比表面积，体积比表面积结果如表 5.3 所示。

表 5.3 三种不同密度体积比表面积值

围压/MPa	体积比表面积/（m^3/m^2）		
	1.4 g/cm^3	1.6 g/cm^3	1.8 g/cm^3
0（制样后）	2.85	3.27	3.72
0.2	2.87	3.29	3.75
0.4	2.88	3.30	3.76
0.8	2.89	3.32	3.78
1.2	2.89	3.33	3.81
2.0	2.89	3.37	3.85
3.0	2.90	3.38	3.85
4.0	2.91	3.38	3.85
5.0	2.93	3.40	3.88

图 5.13 为体积比表面积与围压的关系。图 5.13 中 0 MPa 围压代表的是制样后的比表面积。由图 5.13 可知：三种不同密度试样的体积比表面积均随围压的增大而增大，增长斜率随围压的增大而减小。三种不同密度试样体积比表面积也是不一样的。试样密度越大，试样的体积比表面积也越大。这是因为体积比表面积考虑的是试样整体比表面积。当制备的试样体积一定时，试样密度越大，试样总质量越多，因此体积比表面积也越大。采用能量法表征颗粒破碎时，体积比表面积增量与塑性功成正比关系，体积比表面积增量与围压的变化关系如图 5.14 所示。

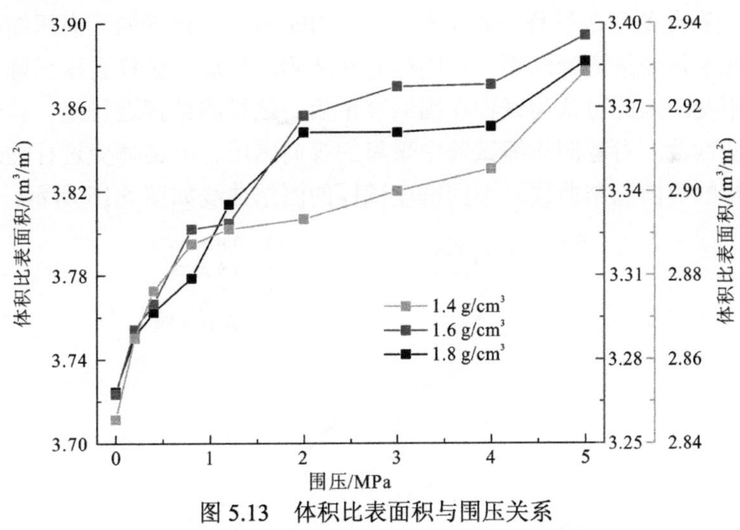

图 5.13 体积比表面积与围压关系

由图 5.14 可知，体积比表面积增量与围压的变化规律与颗粒破碎指标 B_r、B'_r 变化规律一致，均随围压的增大而增大，增长率减缓，并且体积比表面积增量随密度的增大而增大。试样的密度越大，剪切过程中吸收的能量越多，这与体积比表面积增量是相符合的，也证明了采用体积比表面积增量能够更准确地表征颗粒的破碎特征。另外颗粒破碎指标 B_r、B'_r 虽然不是从能量角度考虑颗粒破碎特征，但是这两个指标变化规律与体积比表面积变化规律一致，充分说明颗粒破碎指标 B_r、B'_r 具有较大的适应性。但是这两个指标由于自身理论支撑的不足，在反映颗粒破碎特征时还是较为欠缺依据。

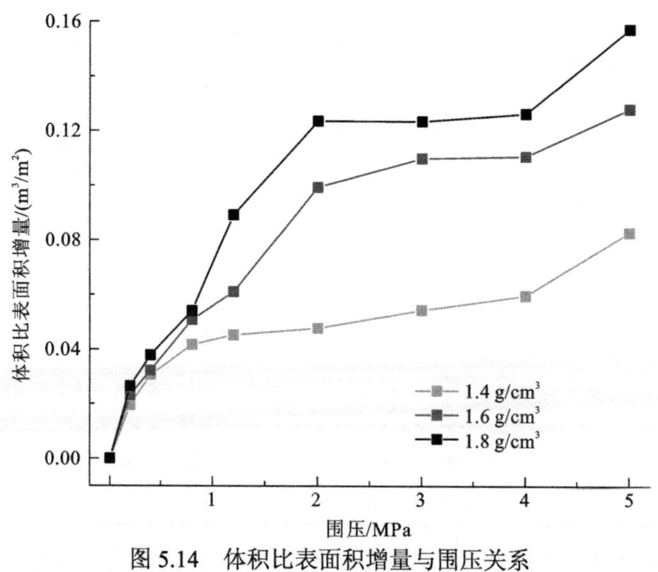

图 5.14　体积比表面积增量与围压关系

5.3　高围压下尾矿强度特性

5.3.1　应力-应变曲线

对 3 种不同密度的尾矿试样分别进行 0～5 MPa 围压条件下的等向压缩试验。试验中固结体变是由排水体变量测管测得。在固结时间达到 4 h 后，试样孔压已降至零且排水体变管读数基本不变。因此可认为试样在固结 4 h 后，试样固结接近稳定，体变管读数可作为试样固结体变读数。对等向压缩试验中采集的等向围压、固结体变进行整理，可得到不同密度尾砂试样的等向固结曲线。不同密度试样的固结曲线如图 5.15 所示。

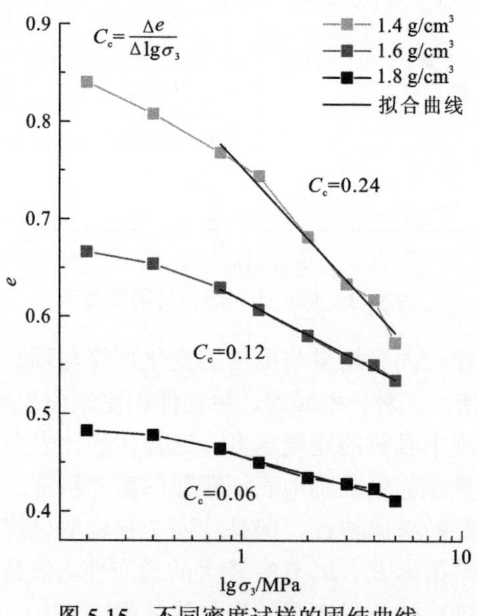

图 5.15　不同密度试样的固结曲线

由图 5.15 可知，3 种不同密度的试样孔隙比均随围压的增大而减小。3 组试样在 5 MPa 的压力范围内孔隙比并未接近某一固定值。只有密度为 1.4 g/cm^3、1.6 g/cm^3 试样的孔隙比逐渐接近 0.55。而密度为 1.8 g/cm^3 试样的孔隙比即使在高围压下仍然与其他两组试样存在较大的偏差。这可能是在制备高密度 1.8 g/cm^3 试样时尾矿颗粒产生了较大的破碎，破碎后的颗粒填充了试样的孔隙，使得试样较为密实，而其他两组试样即使在高围压下也未达到密实试样的初始密实状态。另外，如果固结压力进一步增大，仍然可以猜测 3 组试样的孔隙比将会接近同一值。

3 组试样在应力较小阶段 $e\text{-}\lg\sigma_3$ 呈曲线，在应力较大阶段 $e\text{-}\lg\sigma_3$ 呈直线。直线段斜率可用土的压缩指数 C_c 表示，计算公式为

$$C_c = -\frac{\Delta e}{\Delta \lg\sigma_3} \tag{5.18}$$

等向固结条件下压缩指数 C_c 随着初始密度增大而减小，密度为 1.8 g/cm^3 的试样压缩指数 C_c 是 0.06，密度为 1.6 g/cm^3 的试样压缩指数 C_c 是 0.12，密度为 1.4 g/cm^3 的试样压缩指数 C_c 是 0.24。

3 种不同密度下试样的尾矿应力-应变曲线如图 5.16 所示。横轴为轴向应变，纵轴为偏应力。由图 5.16 可知，对于密度为 1.4 g/cm^3 的试样，应力-应变曲线全部为应变硬化型。应力随应变的增加而增加，应变弹性阶段不明显，试样主要表现为应变塑性行为。

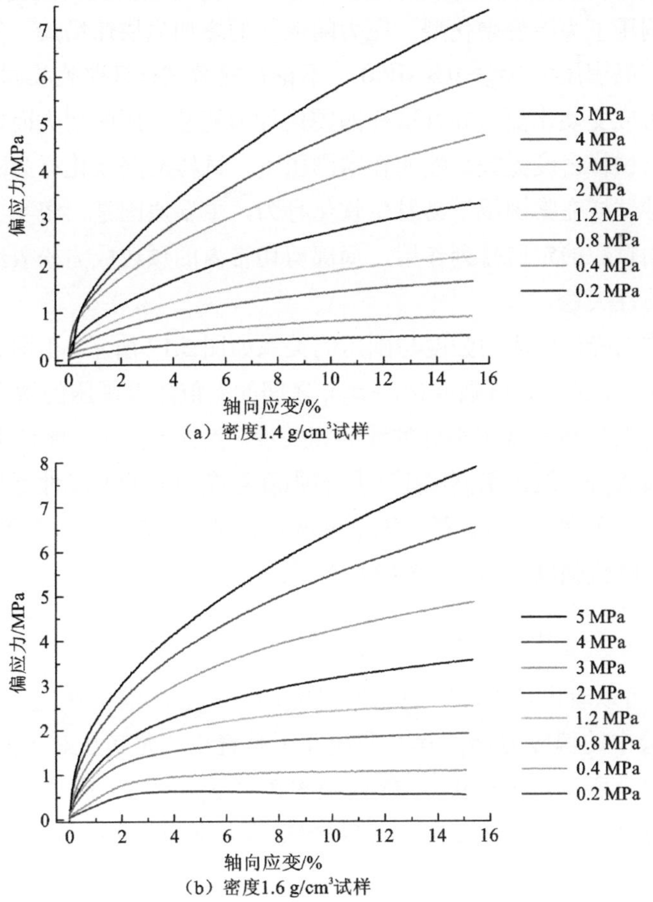

（a）密度1.4 g/cm^{3}试样

（b）密度1.6 g/cm^{3}试样

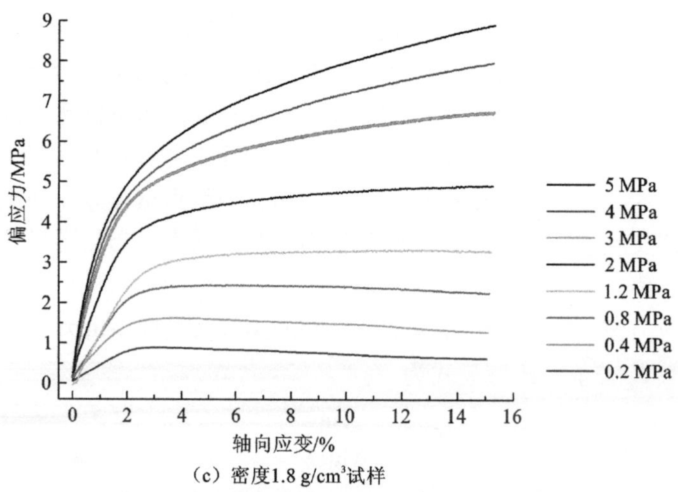

（c）密度1.8 g/cm^{3}试样

图 5.16　3 种不同密度下试样的尾矿应力-应变曲线

对于密度为 1.6 g/cm^3 的试样，只有在 0.2 MPa 围压下的应力-应变曲线为应变软化型，其他围压下为应变硬化型。在轴向应变为 0～2%时，试样主要表现为应变弹性行为，应力增加较快。在轴向应变大于 2%，试样主要表现为应变塑性行为，应力增加较慢。

对于密度为 1.8 g/cm^3 的试样，在 0.2 MPa、0.4 MPa、0.8 MPa 围压下的应力-应变曲线为应变软化型，应力先快速增加并迅速达到峰值，峰值对应的轴向应变为 3%，峰后出现应力下降。其他围压下为应变硬化型。应力随应变的增加先快速增加，然后缓慢增加。

总结可知，在高围压下 $(\sigma_3 > 0.8\,\text{MPa})$，不论是松散试样还是密实试样，试样的应力-应变曲线均表现为应变硬化型，并且试样的硬化行为随着围压的增大而增大，表现为高压下试样应变类型与试样密度无关。然而在常围压下，试样应变软化行为随着密度的增加而更容易发生。密砂试样在常围压下易发生软化行为，主要原因是，密实试样在常压剪切过程中，由于剪切面颗粒的定向排列作用，局部剪切带内的颗粒成为松散结构，而使试样的强度降低，发生脆性失稳。

不同密度试样的峰值偏应力强度与围压的关系如图 5.17 所示，由图 5.17 可知，试样密度越大峰值强度越高。试样峰值强度 $(\sigma_1-\sigma_3)_\text{f}$ 之间的差值随着围压的增大而增大。常压下，峰值强度 $(\sigma_1-\sigma_3)_\text{f}$ 与围压呈现出很好的线性相关性。然而高压下，峰值强度 $(\sigma_1-\sigma_3)_\text{f}$ 呈现出向下偏转的发展态势，这说明高围压下尾矿强度存在明显的非线性行为，即尾矿的强度参数内摩擦角不是一个常量。为解释高压下强度参数是变化的，引入常围压下莫尔-库仑强度准则，破坏时的峰值强度可用式（5.19）表示：

$$(\sigma_1-\sigma_3)_\text{f} = \frac{2}{1-\sin\varphi}(c\cos\varphi + \sigma_3\sin\varphi) \tag{5.19}$$

从式（5.19）可以看出，破坏时的峰值强度 $(\sigma_1-\sigma_3)_\text{f}$ 与围压 σ_3 之间的关系是线性的。但是对于高压试验中的偏应力 $(\sigma_1-\sigma_3)_\text{f}$ 曲线并不是直线，尤其是对于密度 1.8 g/cm^3 的试样峰值偏应力强度，所以式（5.19）中的内摩擦角 φ 不是常数。产生这种试验现象的原因是高压下尾矿产生了大量的颗粒破碎，使得尾矿颗粒重新排列，从而导致内摩擦角 φ 的降低。

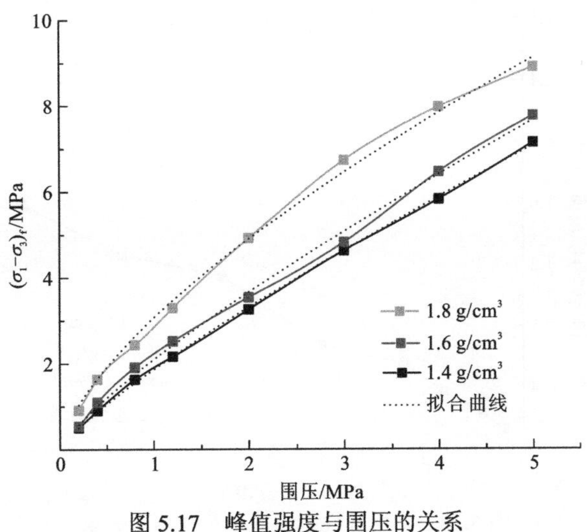

图 5.17　峰值强度与围压的关系

对于高围压下的峰值强度$(\sigma_1-\sigma_3)_f$与围压的关系，一般应考虑选用非线性的强度数学模型。殷家瑜等[138]建立了式（5.20）的表达式：

$$(\sigma_1-\sigma_3)_f = a\sigma_3^b \tag{5.20}$$

式中：a、b 为试验测试常数。

采用式（5.20）对三种不同密度的试样峰值强度进行拟合。拟合结果如表 5.4 所示。结合图 5.17 及拟合系数可知，拟合曲线与峰值强度吻合性良好。另外，从表 5.4 可以看出，常数 a 随着试样密度的增大而增大，反映的是试样强度线性增长特征。常数 b 随着试样密度的增大而减小，反映的是试样强度非线性增长特征。综合常数 a 与 b 的变化规律可知，试样的密度越大，试样的峰值强度的增长率越大，非线性行为越明显。

表 5.4　试样峰值强度拟合参数

密度/（g/cm³）	a	b	R^2
1.4	1.9	0.83	0.999
1.6	2.1	0.81	0.997
1.8	3.1	0.68	0.996

不同密度试样的初始弹性阶段模量与围压的关系如图 5.18 所示，试验中初始弹性阶段模量为应力-应变曲线的弹性阶段的斜率。由图 5.18 可知，试样的初始弹性阶段模量与峰值强度具有同样的变化规律，试样密度越大初始阶段模量越大。初始弹性阶段模量与围压的增长是非线性的。对于初始弹性阶段模量与围压的关系，可用式（5.21）表示：

$$E_e = c\sigma_3^d \tag{5.21}$$

式中：c、d 为试验测试常数。

采用式（5.21）对三种不同密度的试样初始弹性阶段模量进行拟合。拟合结果如表 5.5 所示。结合图 5.18 及拟合系数可知，拟合曲线与初始弹性阶段模量吻合性良好。另外，从表 5.5 可以看出，常数 c、d 与常数 a、b 也同样具有相同的变化规律。常数 c 随着试样密

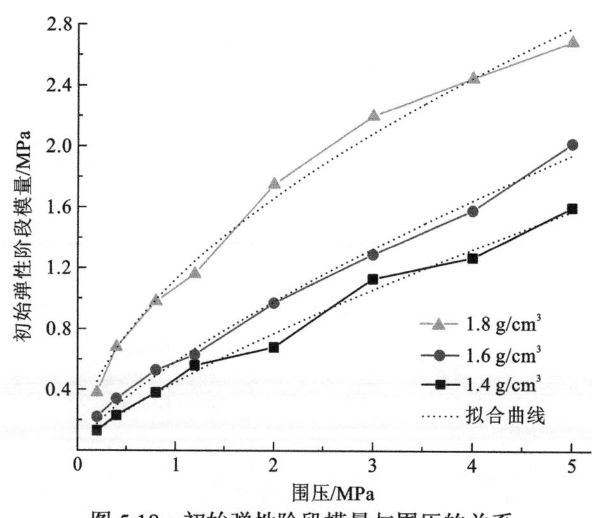

图 5.18　初始弹性阶段模量与围压的关系

度的增大而增大，反映的是试样初始弹性阶段模量呈线性增长特征。常数 d 随着试样密度的增大而减小，反映的是试样初始弹性阶段模量呈非线性增长特征。综合常数 c、d 的变化规律可知，试样的密度越大，试样的初始阶段模量的增长率越大，非线性特征越明显。

表 5.5　初始弹性阶段模量拟合参数

密度/（g/cm^3）	c	d	R^2
1.4	0.45	0.78	0.989
1.6	0.58	0.75	0.992
1.8	1.12	0.56	0.99

5.3.2　密度对最大应力比影响

在传统三轴试验中，通常将偏应力达到最大值 $(\sigma_1-\sigma_3)_f$ 时定义为破坏。但有时也将应力达到最大应力比 $(\sigma_1/\sigma_3)_{max}$ 时定义为破坏。对尾矿三轴压缩剪切试验获得的峰值应力比 $(\sigma_1/\sigma_3)_{max}$ 进行分析，可从应力比角度描述尾矿强度的变化特征。从试验中尾矿偏应力与轴向应变 ε_1 关系中可以看出，试样在围压大于 0.8 MPa 条件下的剪切过程中均呈现应变硬化特征，试验中明显强度峰值点并没有出现，因此对于试验中应变硬化的应力曲线，以应变量 $\varepsilon_1=15\%$ 作为峰值点。三种不同密度的尾矿的最大应力比如图 5.19 所示。

由图 5.19 可知：试样的密度越大，最大应力比也越大。三种不同密度的尾矿最大应力比受围压影响较为显著。三种不同密度的尾矿最大应力比随围压增大而减小，曲线衰减率随着围压的增大而减小。当试验围压为 5 MPa 时，三种不同密度的尾砂最大应力比基本都在 2.8 左右。在围压小于 0.8 MPa 条件下，三种不同密度的尾砂最大应力比随围压增大快速减小。在围压大于 0.8 MPa 条件下，三种不同密度的尾砂最大应力比随围压增大缓慢减小。将莫尔-库仑强度准则转换成式（5.22）的形式：

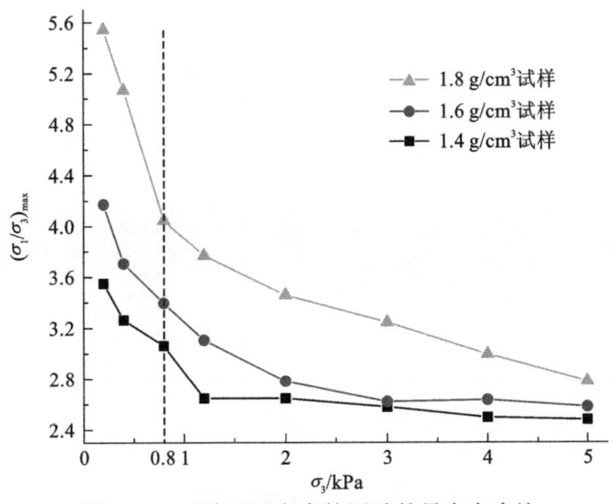

图 5.19　三种不同密度的尾矿的最大应力比

$$\left(\frac{\sigma_1}{\sigma_3}\right)_{max}=\frac{1+\sin\varphi}{1-\sin\varphi}+\frac{2c\cos\varphi}{1-\sin\varphi}\frac{1}{\sigma_3} \tag{5.22}$$

从式（5.22）可以看出，最大应力比与围压关系其实是一个双曲线的形式。由于常围压下尾矿的强度参数是常量，所以常围压下的最大应力比的减小是由于围压σ_3增大引起的。然而在高围压下，由于颗粒破碎的影响，最大应力比的减小是由围压σ_3增大及强度参数变化共同决定的。所以高围压下的尾矿最大应力比与围压的关系不具备双曲线特征。

5.3.3　密度对体积应变影响

不同密度试样的尾矿体积应变曲线如图 5.20 所示，从图 5.20 中可以看出，对于密度为 1.4 g/cm^3 的试样，不论是在高围压条件、还是常围压条件下，试样体积应变均随着轴向应变的增大而减少，所有的试样均呈剪缩破坏；围压越大，试样体积应变也越大。对于密度为 1.6 g/cm^3 的试样，在 0.2 MPa 围压下，试样的体积应变在轴向应变达到 2%后呈现出增加的现象，试样呈剪胀破坏；其他围压下，试样体积应变均随轴向应变的增大而减小，试样呈剪缩破坏；同一轴向应变下，试样体积应变也是随着围压的增大而增大。对于密度为 1.8 g/cm^3 的试样，当围压小于 0.8 MPa 时，试样的体积应变在轴向应变达到 1%后呈现出增加的现象，试样呈剪胀破坏；当围压高于 0.8 MPa 时，试样体积应变均随着轴向应变的增大而减小，试样呈剪缩破坏；同一轴向应变下，试样体积应变也是随着围压的增大而增大。

综上可知，在常围压下（围压小于 0.8 MPa），试样密度对试样体积应变具有较大的影响，试样的体变曲线由两种类型组成。一种是试样的体积应变随着轴向应变的增大一直减小。另一种是试样的体积应变在某一轴向应变处出现了增大的现象。对于这类体积应变曲线，可将它们分为三个阶段。①体积减小阶段：颗粒在轴向压力和围压下向孔隙滑移，颗粒孔隙被填充使得试样体积减小，直至体积达到最小值，即为扩容点。②体积增加阶段：系统颗粒在剪切力的作用下，产生剪胀效应，颗粒间孔隙增加，致使试样体积增加。③体积不变阶段：当轴向应变达到某一值后，试样体积不再增加，保持为某一定值，该状态称为临界状态。在高围压下（围压大于 0.8 MPa），试样的体积应变影响较小，都是随着轴向

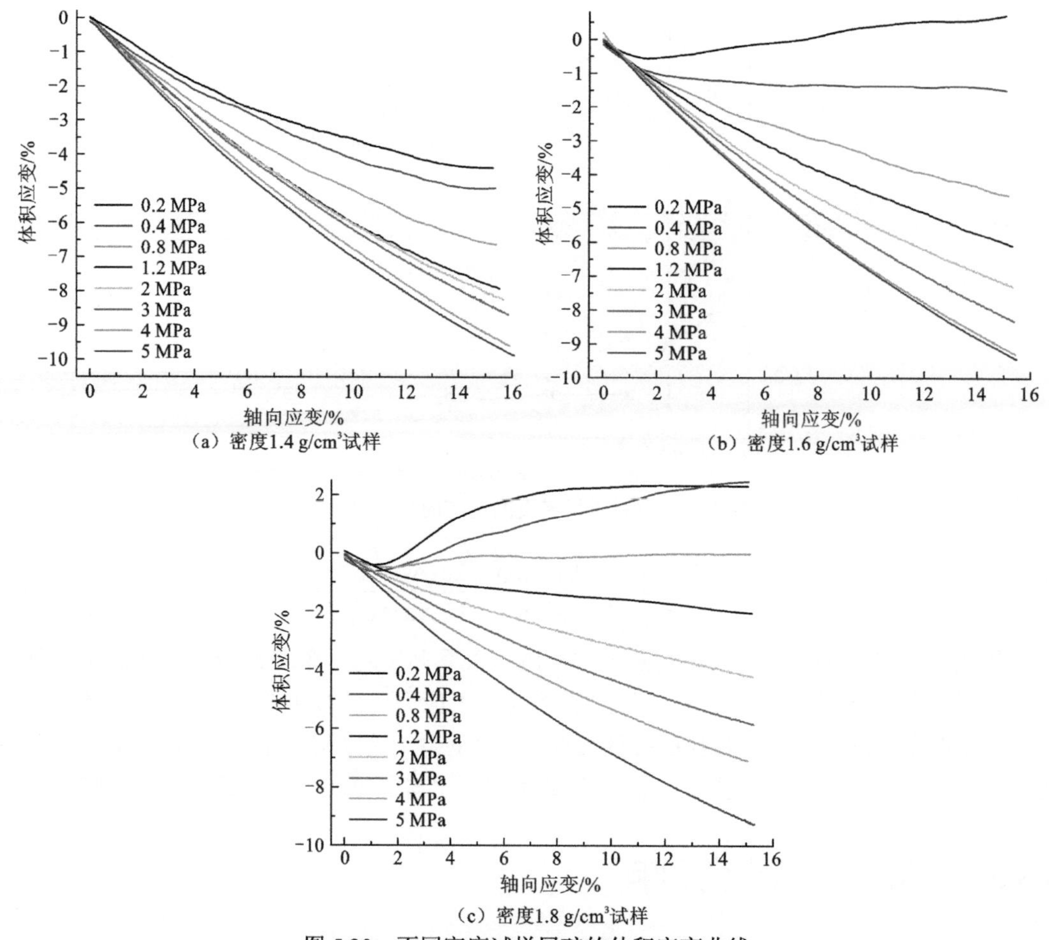

（a）密度1.4 g/cm³试样

（b）密度1.6 g/cm³试样

（c）密度1.8 g/cm³试样

图 5.20　不同密度试样尾矿的体积应变曲线

应变的增加而减小。另外结合试样的应力-应变曲线可知，应变软化的应力-应变曲线对应着剪胀扩容的体积应变曲线，应变硬化的应力-应变曲线对应着剪缩的体积应变曲线。这两种关系是一一对应的。也就是说，如果试样的应力-应变曲线出现应变软化，也必然伴有试样体积的增大。如果试样的应力-应变曲线未出现应变软化，试样体积就必然是一致随轴向应变增加而减小。

呈现出这种现象的原因可用颗粒在剪切过程中运动机制解释。对于常围压下密实试样而言，颗粒的运动形式主要以滚动与滑移为主，使得尾矿颗粒在剪切过程产生颗粒重新排列。由于密实试样颗粒间的孔隙不能被进一步压缩，局部剪切带中的颗粒孔隙增大，致使试样的体积增大；颗粒孔隙的增大也导致了颗粒之间接触不密实和接触数量的减小，进而造成了试样强度的降低。对于常围压下松散试样而言，由于尾矿颗粒的初始孔隙较大，试样在剪切过程中颗粒的孔隙持续被颗粒填充，从而使得试样的体积一直减小。颗粒间的接触变密，导致应力-应变曲线呈硬化型。对于高围压下试样而言，颗粒的滚动与滑动被限制，颗粒的破碎量增加，细小的颗粒碎屑持续填充于颗粒孔隙，试样越来越密实，使试样体积减小，应力-应变曲线呈硬化型。

高围压下尾矿的体积应变曲线随轴向应变一直减小，终了应变时试样压缩量也未达到最大值。高围压下最大体积应变与围压的变化如图 5.21 所示。对最大体积应变与围压的关

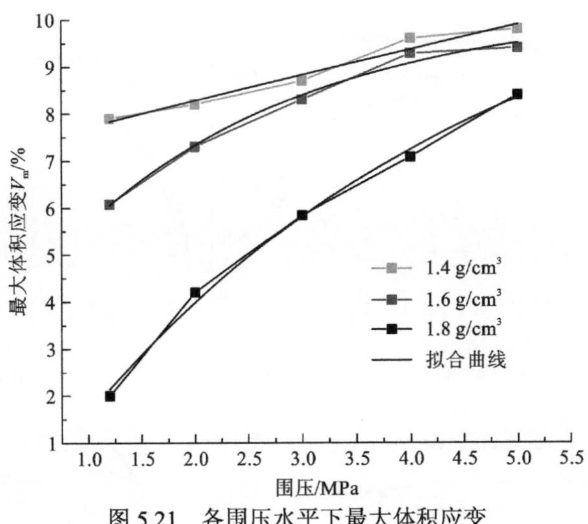

图 5.21　各围压水平下最大体积应变

系进行拟合，各曲线的拟合系数均大于 0.9。各曲线的拟合函数为

$$\begin{cases} V_{\mathrm{m}} = -5.08\exp(-\sigma_3/6.54)+12.23 & (1.4\ \mathrm{g/cm^3}\text{试样}) \\ V_{\mathrm{m}} = -7.22\exp(-\sigma_3/2.23)+10.27 & (1.6\ \mathrm{g/cm^3}\text{试样}) \\ V_{\mathrm{m}} = -13.12\exp(-\sigma_3/3.39)+11.29 & (1.8\ \mathrm{g/cm^3}\text{试样}) \end{cases} \tag{5.23}$$

由图 5.21 可知，不同密度试样的最大体积应变量与围压呈指数关系增加，增加速率随围压的增加而减小。试样密度越大，曲线增大的速率越大。在围压为 5 MPa 时，最大体积压缩量基本靠近同一个值。此外结合式（5.23）也可得出，在围压趋近于无穷大时，不同密度试样的最大压缩体积应变将会趋近同一值。表现出在常围压下试样体积应变与试样密度有较大的影响，高围压下试样体积应变与试样密度无关的特性。

5.4　高围压下夹层对尾矿强度特性影响

5.4.1　高围压下应力-应变特性

高围压下含夹层试样应力-应变曲线如图 5.22 所示。由图 5.22 可知，含夹层试样的应力-应变曲线基本是在纯粗粒、纯细粒试样之间，不同倾角状态应力-应变关系表现出明显的差异性。夹层倾角较大试样的应力-应变关系为典型的应变软化型，应力-应变曲线与细粒样接近，夹层倾角较小的试样表现为应变硬化型，应力-应变曲线与粗粒试样接近，尤其是峰后段曲线。

在不同围压相同夹层倾角条件下，试样加载过程的应力-应变曲线形态基本一致，都经历了弹性阶段、塑性阶段，随着围压的增大，破坏时对应的偏应力逐渐增大。在围压相同、夹层倾角不同条件下，夹层倾角对应力-应变曲线存在着明显的影响，尤其是对于倾角为 60° 的试样，出现了明显的应变软化特征，以下分别对不同倾角试样应力-应变曲线特征进行说明。

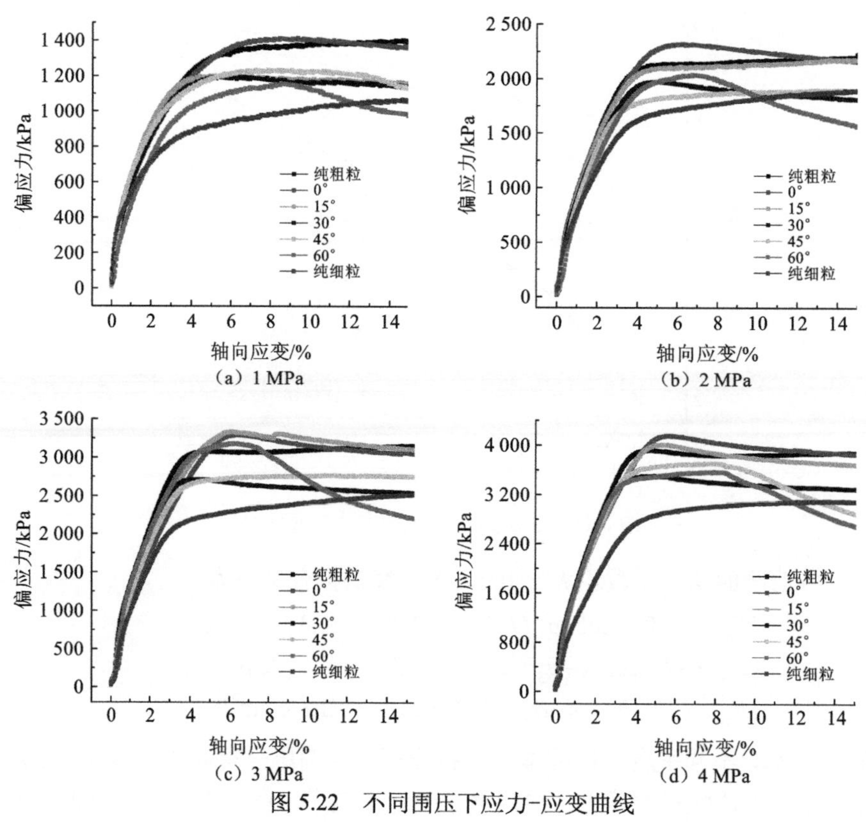

（a）1 MPa　（b）2 MPa　（c）3 MPa　（d）4 MPa

图 5.22　不同围压下应力-应变曲线

对于夹层倾角为 0°、15°、30°的试样而言，偏应力随轴向变形快速增加，且很快达到峰值状态，偏应力到达峰值后呈现出明显的平稳状态，表现出接近理想的流塑性行为。试样的应力-应变行为与非夹层试样应力-应变行为一致。另外可以看到，在较大的围压下，当应力达到峰值点后还是表现出些许的应力下降行为。这可能是因为试样在高围压固结后，试样被极度压密，试样的力学行为开始接近岩样的脆性特征。

对于夹层倾角为 45°的试样而言，围压为 1 MPa、2 MPa 及 3 MPa 的试样偏应力达到峰值状态后维持在一个稳定状态，偏应力不再增加。然后对于围压为 4 MPa 的试样，偏应力到达峰值后，在轴向应变为 8%时出现了应变软化现象，这表明高围压条件下 45°夹层倾角试样是处于应变硬化与应变软化的临界处。

对于夹层倾角为 60°的试样而言，剪切过程中偏应力随轴向变形快速增加，并快速达到峰值，对应的轴向变形ε<5%，随轴向变形的增加，偏应力呈现一小段平稳状态。当轴向应变大于 8%后，偏应力开始快速降低，但并不降至 0，峰后表现为剪缩性状。

根据上述分析可知，含夹层试样的应力-应变行为随着夹层倾角的增加逐渐由应变硬化向应变软化转变。当夹层倾角为 60°时，试样表现为应变软化行为。这意味着当软弱夹层倾角较大，易在夹层带发生剪切滑移破坏。

5.4.2　高围压下夹层倾角对峰值强度影响

不同细粒夹层角度试样在高围压条件下强度的变化规律如图 5.23 所示。由图 5.23 可知，在不排水剪切条件下，不含夹层纯粗粒试样剪切强度明显大于纯细粒尾矿，含夹层试样强度范围变化基本在纯粗样与纯细样之间，含夹层试样的峰值强度随围压的增大而增大，随夹层倾角的增大而减小。在不同围压条件下，峰值强度随夹层倾角的变化并不是平行的，而是围压越大，强度降低率$\eta(\eta=-k)$越大。图 5.24 所示为峰值强度降低率η与围压的关系。由图 5.24 可知，峰值强度降低率随围压的增加呈指数快速增加。

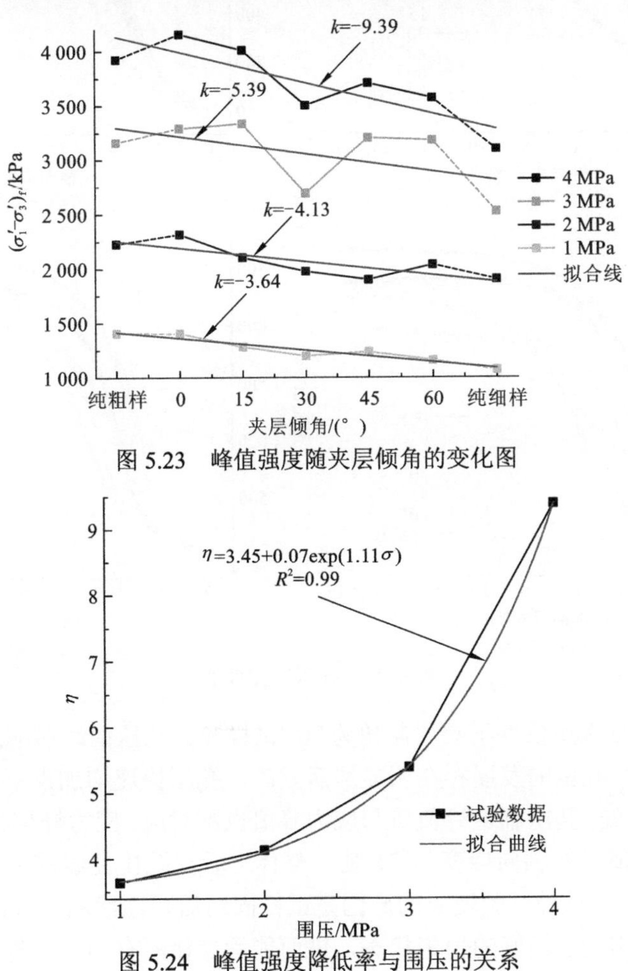

图 5.23　峰值强度随夹层倾角的变化图

图 5.24　峰值强度降低率与围压的关系

5.4.3　高围压下孔压曲线变化规律

高围压不排水试验中孔压变化曲线如图 5.25 所示。由图 5.25 可知，所有围压条件下的孔压曲线均呈 S 形增长。在高围压条件下剪切过程中没有负孔压的出现，说明试验中的试样都是发生体积剪缩。试样胀缩性取决于试样密度和试验围压。在高围压下试样产生剪缩性的原因是，试样的初始状态或先期状态相对施加的伺服高围压而言，始终是处于正常固结状态。在加载初期阶段，试样孔压基本不增长，在轴向应变达到 2%后，孔压快速增加，当轴向应变达到 6%时，孔压达到峰值状态，其后基本保持不变。这和常围压下孔压初始就产生较大变化是不一样的，似乎说明高围压下孔压的发展存在滞后的效应。

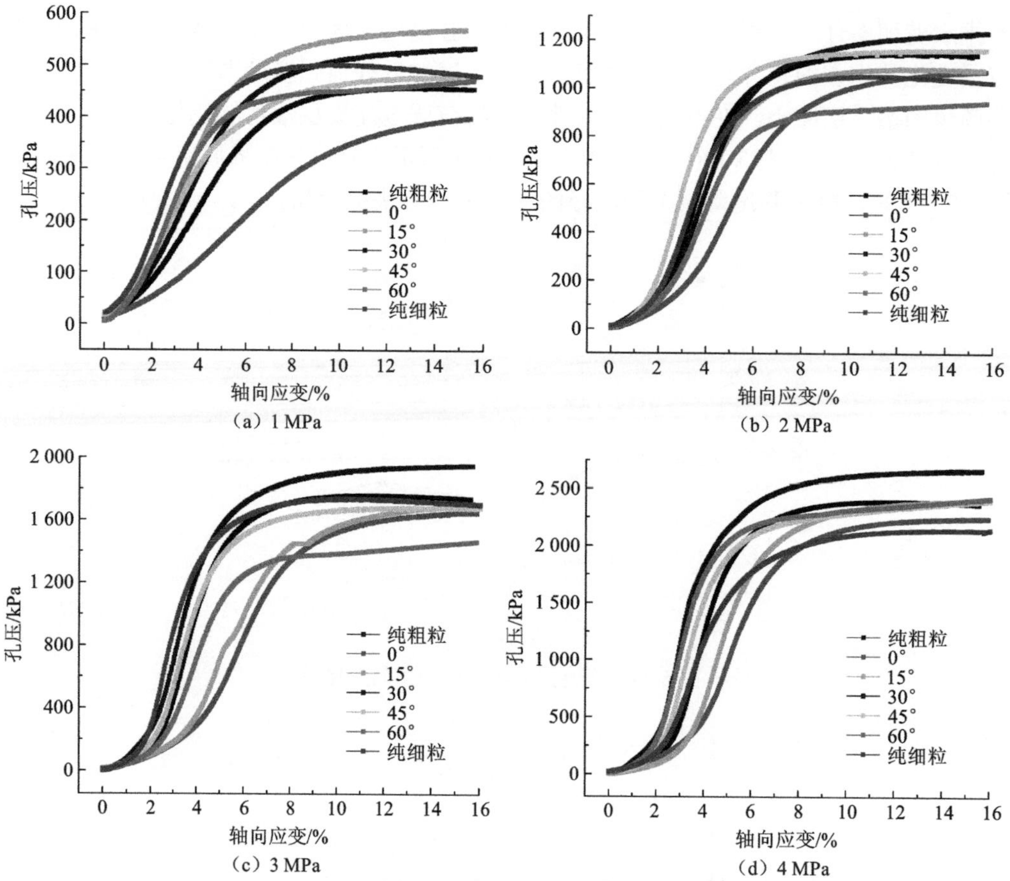

（a）1 MPa

（b）2 MPa

（c）3 MPa

（d）4 MPa

图 5.25　孔压变化曲线

图 5.26 为 4 MPa 围压条件下夹层倾角为 30° 试样应力孔压曲线对应图。由图 5.26 可知，高围压试验条件下，孔压的发展存在明显滞后效应。孔压快速增加点不在加载起始点，而是在轴向应变 2.2%处，孔压临近峰值点与应力峰值也不对应，应力峰值在轴向应变为 4.4%处，而孔压临近峰值点在轴向应变为 7%处。整体上看，孔压曲线滞后于应力曲线的轴向应变为 2%～3%。产生这种试验现象的原因是试样固结后弹性性能变大，在初始加载阶段，颗粒系统的整体结构处于较好的稳定状态，进而能承受住所有的加载外力，当加载到一定

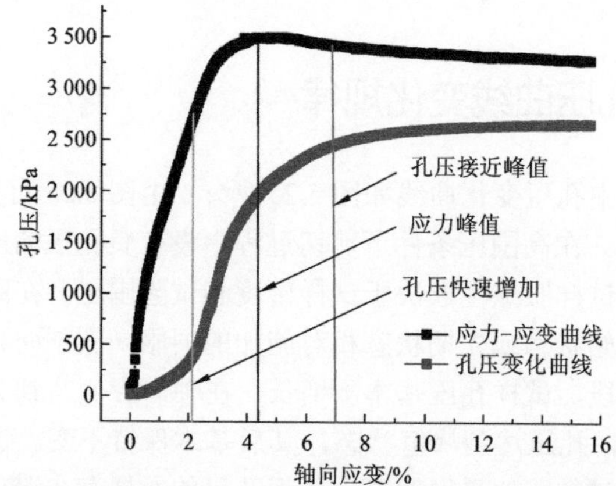

图 5.26　4 MPa 围压条件下夹层倾角为 30° 试样应力孔压变化曲线对应图

程度时，这种稳定结构被破坏，就将引起孔压的快速增大。图 5.27 所示为各围压条件下孔压快速增加起始点对应的轴向应变。由图 5.27 可知，孔压快速增加起始点对应的轴向应变整体上随围压的增大而增大。说明孔压滞后效应是随着围压的增大而逐渐明显的。固结围压越大，试样固结后的颗粒结构越稳定。

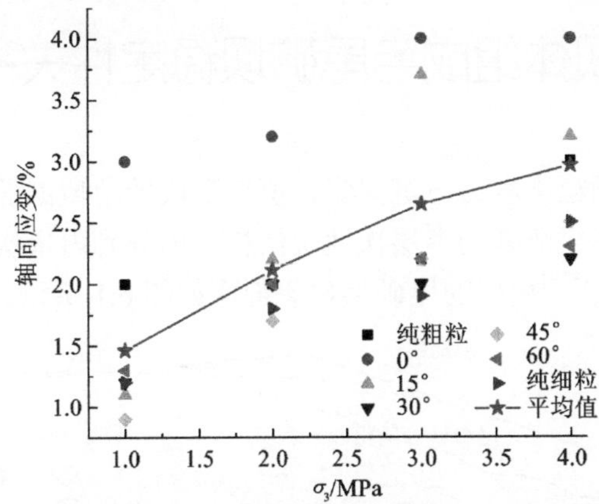

图 5.27　各围压条件下孔压快速增加起始点对应的轴向应变

图 5.28 所示为各围压条件下孔压的峰值与夹层倾角的关系，图中 k 为拟合曲线的斜率。由图 5.28 可知，夹层倾角对孔压峰值影响不大，各围压条件下的孔压峰值基本相等。此外，纯粗、细粒试样的孔压也相差不大，这意味着高围压限制了其他因素对孔压发展的影响。试样围压对孔压峰值存在着显著的影响，孔压峰值随着围压的增大而增大，图 5.29 所示为各条件下平均孔压峰值与围压的关系。由图 5.29 可知，平均孔压峰值与围压之间存在明显的线性关系，这进一步说明孔压的发展主要是受伺服围压控制。

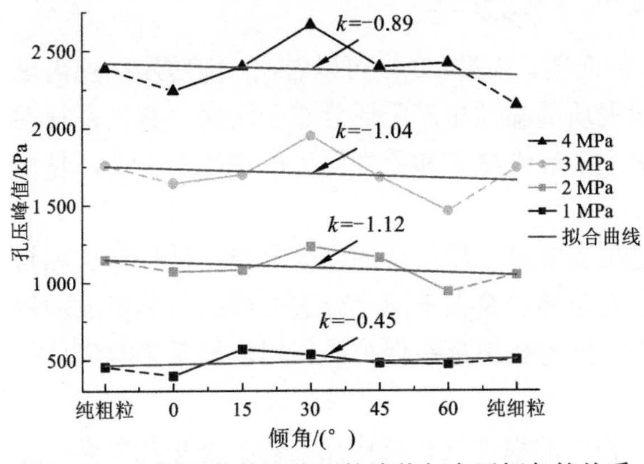

图 5.28　各围压条件下孔压的峰值与夹层倾角的关系

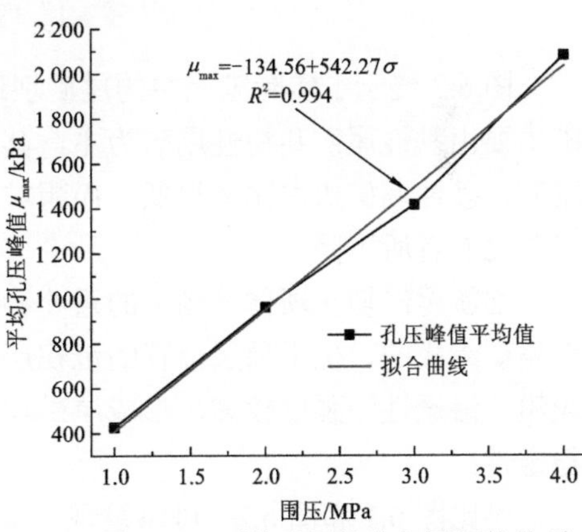

图 5.29　平均孔压峰值与围压的关系

第 6 章　粒径对坝体稳定性影响

6.1　坝体组成与尾矿坝稳定性关系特性

因为细粒尾矿浆的颗粒不容易下沉聚集，所以形成的地质剖面分层不清晰，浸润线较高，而粗粒尾矿浆可以形成清晰的多层次地层结构，由外到内依次为尾粗砂、尾中砂、尾细砂、尾粉砂等。魏作安[139]构建的尾矿坝理想剖面如图 6.1 所示。

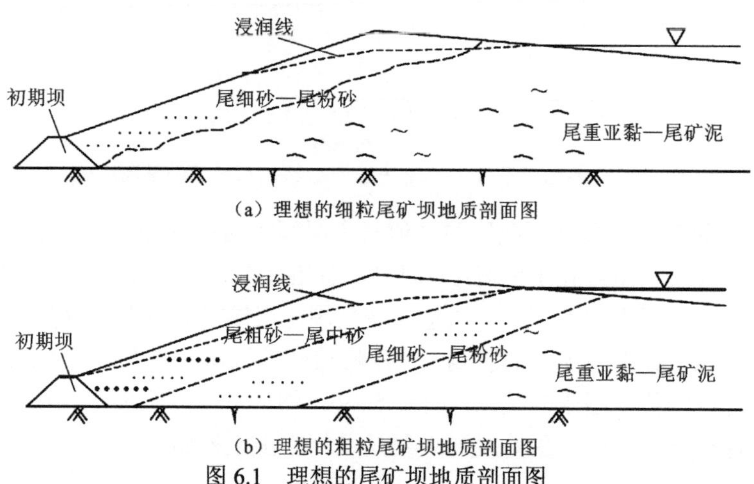

（a）理想的细粒尾矿坝地质剖面图

（b）理想的粗粒尾矿坝地质剖面图

图 6.1　理想的尾矿坝地质剖面图

图 6.2 展示了实际工程中的尾矿坝地质剖面图。从图 6.2 中可以看出，细粒尾矿坝内尾矿主要由黏性尾矿和粉性尾矿为主，其中淤泥质的黏性尾矿广泛分布于沟底，其次是粉性尾矿，砂性尾矿所占比例很低。而粗粒尾矿坝中砂性尾矿和粉性尾矿所占比例上升，黏性尾矿比例有所下降。

细粒尾矿坝在坝体结构上的重要特征是坝壳较薄。尾矿坝的坝壳是指由砂性尾矿和粉性尾矿组成的、位于顶层位置的沉积层。坝壳是尾矿浆在干滩上分选造成的，其组成颗粒较粗，渗透性、强度较高，形成尾矿坝外壳，能起到包裹和保护的作用，严重影响坝体的稳定性。

对比图 6.1 和图 6.2，可以发现，实际工程中的坝体沉积结构比理想状态更加复杂。这体现在实际尾矿坝含有大量夹层和“透镜体”结构，且各个沉积层的倾角变化杂乱无章，而魏作安[139]构建的理想剖面图没有体现“透镜体”结构，并假定沉积层的倾角恒定且等于坝体坡度。这两点是与实际情况有所出入的。

尾矿沉积特性是影响尾矿坝沉积结构的主要原因。由于细粒尾矿缺少粗粒部分，细粒尾矿基本悬浮于水中，沉降很慢且沉积距离很长。当细颗粒尾矿较多时，粗颗粒在运移过程中容易被细颗粒裹挟，降低其沉降速度，增大沉积距离，所以，细粒尾矿坝的滩面分选效果差，分层不如粗粒尾矿坝那样明显。

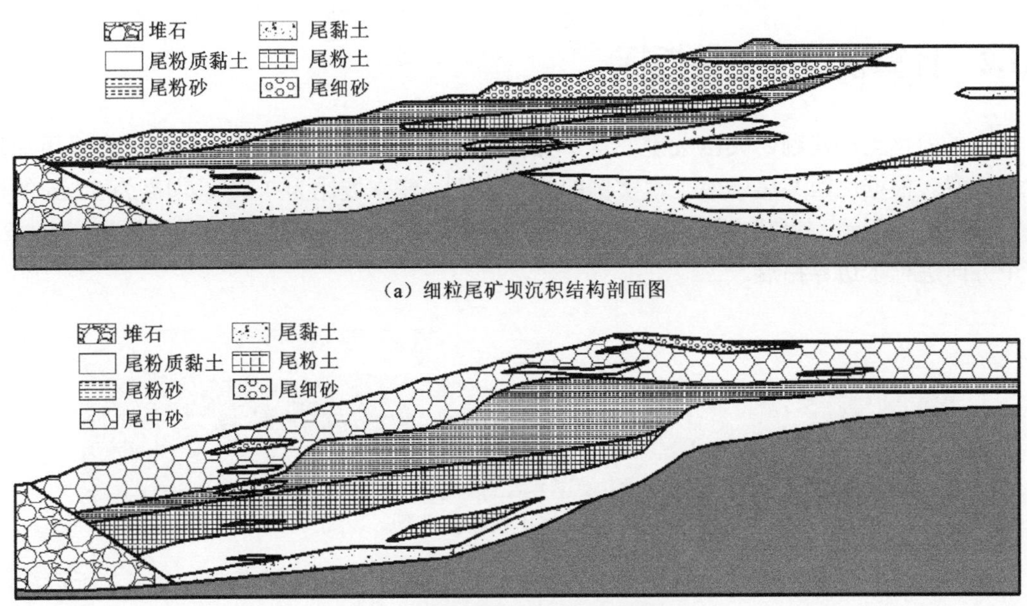

（a）细粒尾矿坝沉积结构剖面图

（b）粗粒尾矿坝沉积结构剖面图

图 6.2　实际工程中尾矿坝地质剖面图

根据以上分析，细粒尾矿坝和粗粒尾矿坝在坝体沉积结构上的区别体现在坝体的组成和结构上，细粒尾矿坝的主要特征是组成颗粒细、坝壳薄、浸润线高。

6.1.1　计算原理

稳定性分析采用有效应力法进行计算。Bishop 法适用于圆弧滑动面的稳定性计算（图 6.3），且满足所有条块力的平衡条件，其计算公式为

$$F_{\mathrm{s}}=\frac{\sum \frac{1}{m_{\mathrm{mi}}}\{c_i b_i+[W_i-\mu_i b_i+(X_i-X_{i+1})]\tan\varphi_i\}}{\sum W_i\sin\alpha_i+\sum Q_i\frac{E_i}{R}} \tag{6.1}$$

$$m_{\mathrm{mi}}=\cos\alpha_i+\frac{\tan\varphi_i\cdot\sin\alpha_i}{F_{\mathrm{s}}} \tag{6.2}$$

式中：E_i 为法向力；X_i 为切向条块力；W_i 为条块的自重；Q_i 为水平方向的作用力；φ 为内摩擦角。

式（6.2）中条块力 X_i 是未知的，通过迭代可求出满足每一条块力平衡条件的安全系数 F_{s}。假设 $X_i=0$ 作为计算的初始条件，简化了计算的复杂度，得到简化 Bishop 法。研究表明，简化 Bishop 法与精确计算方法的计算成果很接近。

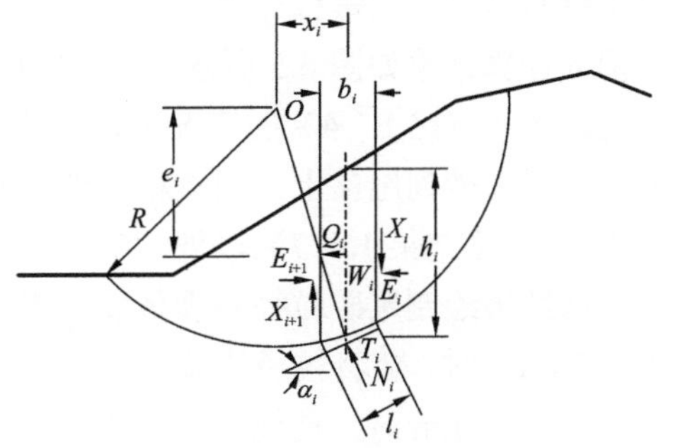

图 6.3　Bishop 法圆弧滑动面稳定性计算示意图

6.1.2 计算模型及土性指标

为了简化工程问题，突出关键要素，并使分析结果具有普遍意义，计算过程采用理想数值模型。根据江西某尾矿库工程实例的基本特征，建立坡比为 1∶4、坝高为 77 m 的模型，如图 6.4 所示。为减少边界效应对计算结果的影响，对尾矿坝数值模型的左、右、下三个方向进行了边界拓展。

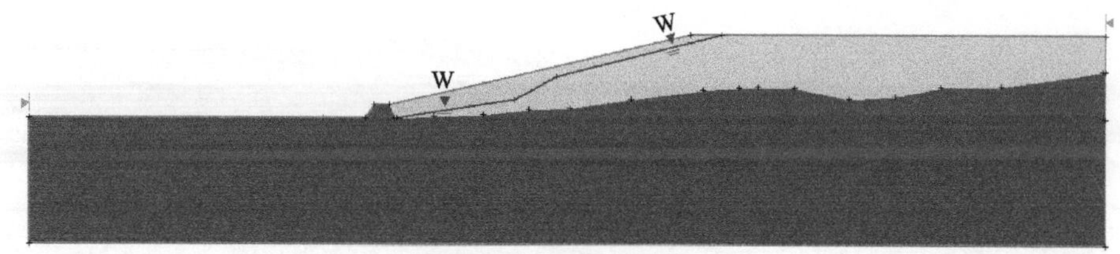

图 6.4 尾矿坝数值模型

根据固结不排水三轴试验结果及工程经验，采用的土性指标推荐值如表 6.1 所示。

表 6.1 尾矿坝稳定性分析的土性指标推荐值

土类名称	γ / (kN/m^3)	c'/kPa	φ/ (°)
尾中砂	18.0	7.8	31
尾细砂	18.5	10.4	30
尾粉砂	19.0	12.0	28
尾粉土	20.0	15.0	27
尾粉质黏土	19.5	24.7	22
尾黏土	18.0	36.0	17
基岩	27.0	500.0	45

6.1.3 坝体组成对尾矿坝破坏特征影响

假设坝体为均一材料的尾矿坝，对尾中砂、尾细砂、尾粉砂、尾粉土、尾粉质黏土、尾黏土材料的尾矿坝进行计算。

部分计算结果如图 6.5 所示。从图中可以看出，均质尾矿坝失稳以整体破坏形式出现，在坡度较缓（坡比 1∶4）的情况下，坝体破坏形式相似，破坏面接近基岩。由于材料强度下降，从尾中砂到尾黏土，坝体稳定性不断下降。从结果看，除尾黏土尾矿坝的安全系数小于 1.5（计算结果 1.407）以外，其他材质的尾矿坝安全系数均在 1.5 以上。

根据结果绘制尾矿粒径与坝体安全系数的关系，如图 6.6 所示。图中可以看出，当粒径大于 74 μm 时，随着粒径的减小，安全系数略有下降，但下降幅度较小，曲线相对平缓。当粒径小于 74 μm 时，曲线出现转折，坝体安全系数急剧下降，从 1.939 迅速跌至 1.407。这说明黏性尾矿（尤其是尾黏土）对坝体强度有很明显的弱化作用，是造成坝体失稳的重要原因。

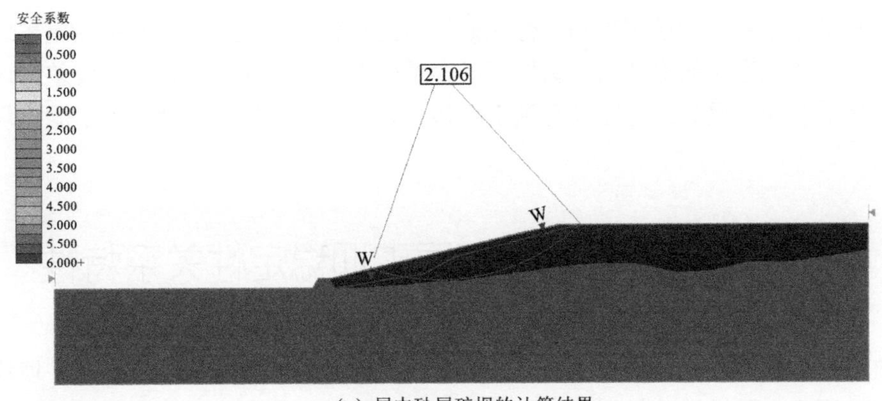

（a）尾中砂尾矿坝的计算结果

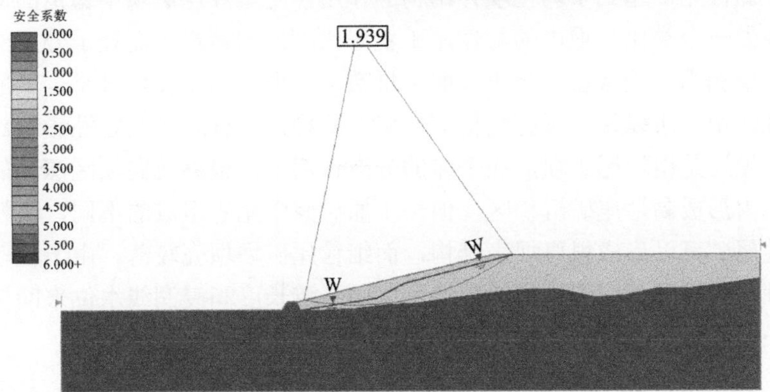

（b）尾粉土尾矿坝的计算结果

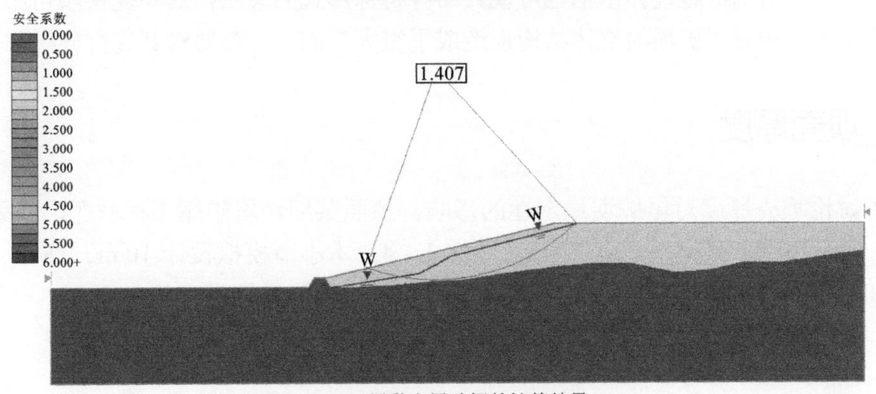

（c）尾黏土尾矿坝的计算结果

图 6.5　坝体组成对尾矿坝稳定性的影响

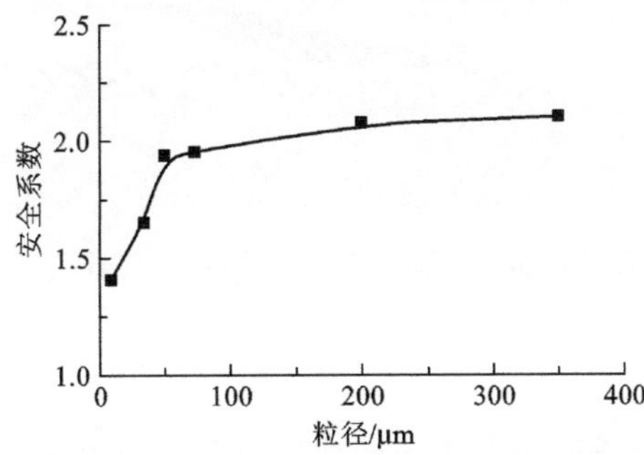

图 6.6　尾矿粒径与坝体安全系数的关系

从模拟的结果看，砂性尾矿和粉性尾矿堆筑的坝体稳定性较高，而黏性尾矿筑坝的稳定性较差。大量工程实践也证明，黏性尾矿含量较多的尾矿库往往稳定性较差。这说明库区的砂性尾矿和粉性尾矿的存在是有利于坝体稳定的，而黏性尾矿则起到了弱化坝体结构的作用。

6.2 坝体沉积结构与尾矿坝稳定性关系特性

排放尾矿的粒径对坝体沉积结构有重要影响，而坝体沉积结构是决定尾矿坝稳定性的关键性结构因素。黏性尾矿起到了弱化坝体结构的作用，是造成尾矿坝不稳定的原因。如果把尾矿坝和水库做一个类比，坝内的黏性尾矿就好比库内的蓄水，而处于外层的砂性尾矿和粉性尾矿沉积层相当于挡水坝，至于坡面上堆筑的子坝，由于体量过小，一般不对坝体稳定性起决定性作用。所以说，坝壳结构对尾矿坝的稳定运行起到决定性影响。

无论细粒尾矿坝还是粗粒尾矿坝，在干滩的分选作用下，最终流向坝区深部的都是细粒尾矿，并在坝区内形成黏性尾矿沉积区。但由于原矿浆中尾矿组成的不同，粗粒尾矿坝的砂性尾矿、粉性尾矿可以形成很厚坝壳结构，而细粒尾矿坝坝壳较薄。由于粗粒尾矿和细粒尾矿的渗透性差异明显，坝壳结构的厚度可以用干滩长度和浸润线水位来间接反映，工程中常把干滩长度和浸润线水位作为评价尾矿稳定性的指标。

与理想剖面不同，实际尾矿坝的沉积结构中，沉积层的倾角是复杂多变的，这导致尾矿坝存在许多夹层结构，透镜体结构也可视为一种特殊形式的夹层。这些复杂倾角的沉积层、夹层、透镜体结构对尾矿坝的整体结构也造成了很大影响，有必要对其进行分析和讨论。

6.2.1 坝壳厚度

为了讨论坝壳厚度对尾矿坝稳定性的影响，参照某细粒尾矿库工程剖面，经处理后建立图 6.7 所示模型。该模型高度 77 m，坡比 1∶4。本小节模拟设计 10 m、15 m、20 m、25 m、30 m 5 种坝壳厚度，分析坝壳厚度变化给尾矿坝稳定性带来的影响。

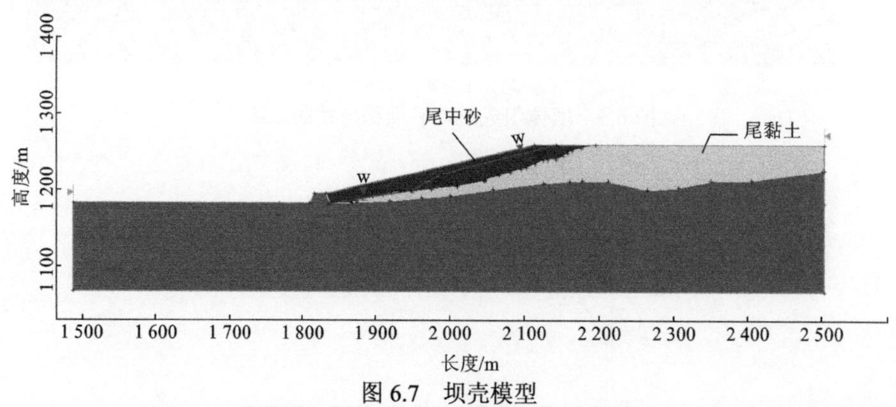

图 6.7 坝壳模型

图 6.8 为不同坝壳厚度尾矿坝的稳定性计算结果。从图 6.8 中可以看出，从滑面位置上看，圆形滑面区域大，呈现整体性失稳，滑动面位置主要受地形影响，坝壳厚度影响不

大。随着坝壳厚度的增加，尾矿坝的安全系数不断上升，从 1.407 一直提高到 2.106。这说明增加坝壳厚度的确可以有效提高坝体整体稳定性。此外，由结果可知，当坝壳厚度为 20 m 时，安全系数为 1.570，此时坝体较为稳定，即保证坝壳起到保护作用的最低厚度为 20 m。

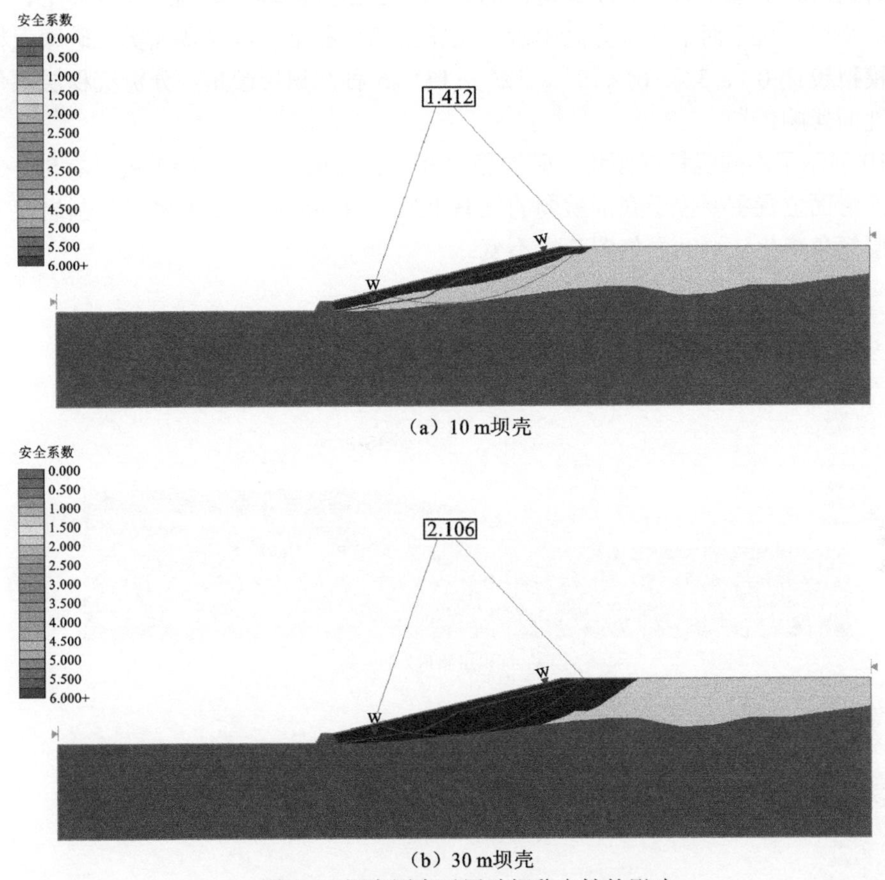

（a）10 m坝壳

（b）30 m坝壳

图 6.8　坝壳厚度对尾矿坝稳定性的影响

图 6.9 体现了坝壳厚度与安全系数的关系。从图 6.9 中可以看出，安全系数随坝壳厚度的增加而增加，且曲线的斜率不断上升。当坝壳厚度从 0 m 提高到 10 m 时，安全系数增加 0.047。当坝壳厚度从 40 m 提高到 50 m 时，安全系数增加 0.418。这表明增加坝壳厚度是一种十分有效的提高尾矿坝稳定性的方法，坝壳越厚，每米厚度带来的安全收益越高。

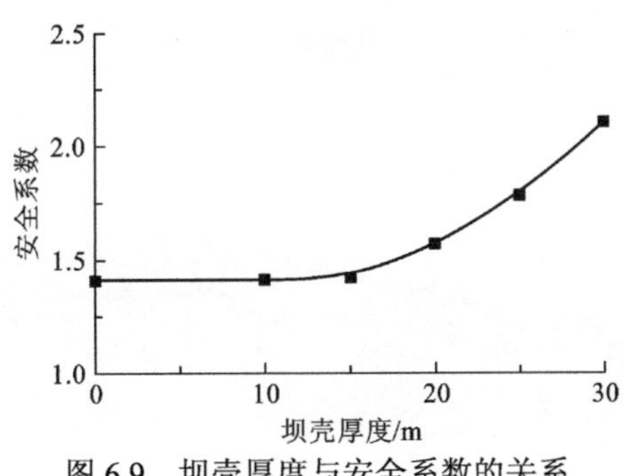

图 6.9　坝壳厚度与安全系数的关系

6.2.2 沉积层倾角

为了讨论沉积层倾角对尾矿坝稳定性的影响，在已有模型的基础上，设计上、中、下三层尾矿沉积层，自上而下依次为尾中砂、尾粉土和尾黏土，以体现现实尾矿库上粗下细的特点。模拟设计 0°、3°、6°、9°、12°、15° 6 种沉积层倾角，分析沉积层倾角对尾矿坝稳定性的影响。

图 6.10 展示了不同沉积层倾角尾矿的稳定性计算结果。从计算结果可以看出，受基岩地形限制，滑面位置主要位于底部软弱的尾黏土层，滑动面底部贴近尾矿与基岩交界面。随着沉积层倾角变化，滑动面位置基本不变。

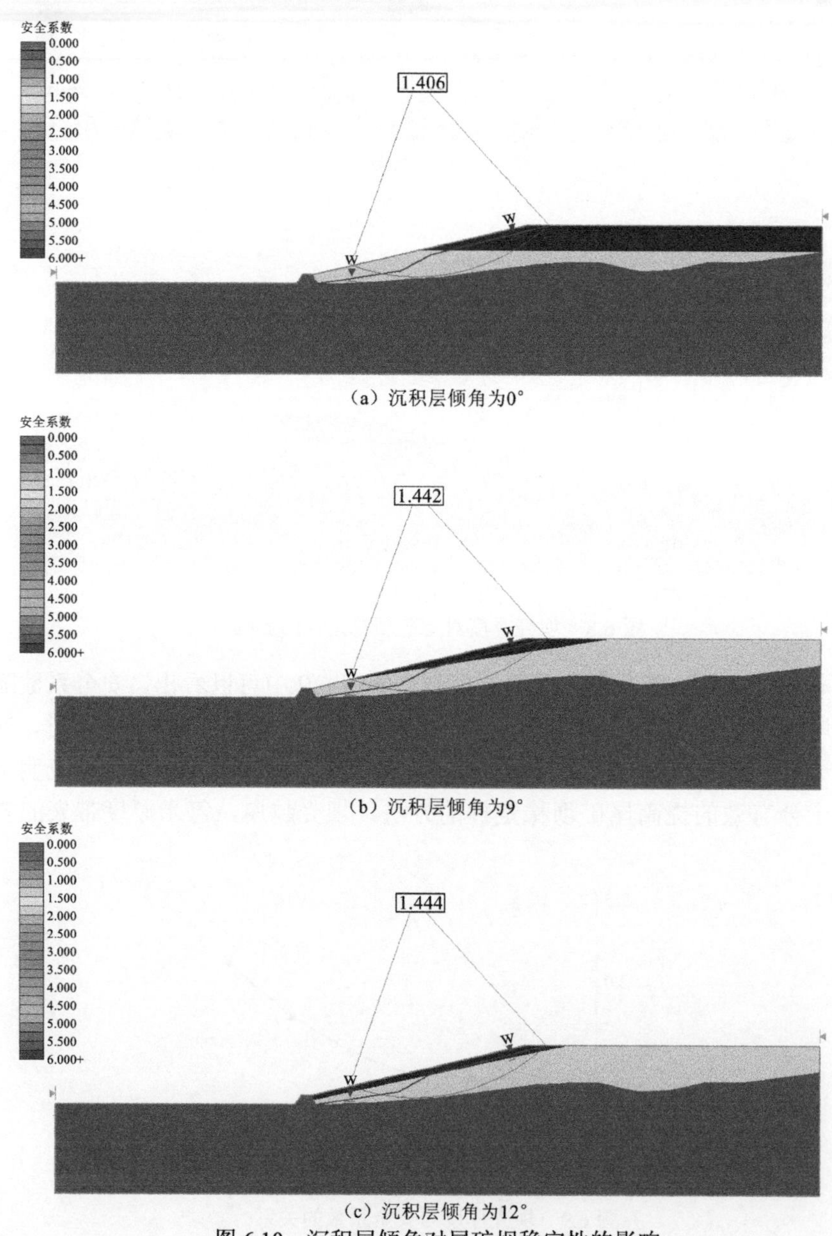

(a) 沉积层倾角为0°

(b) 沉积层倾角为9°

(c) 沉积层倾角为12°

图 6.10 沉积层倾角对尾矿坝稳定性的影响

图 6.11 表现了沉积层倾角与安全系数的关系。随着倾角增加，安全系数先下降后上升，倾角为 9° 时安全系数最小。但曲线波动幅度较小，说明沉积层倾角对坝体整体稳定性有一定影响，但相比坝壳的影响，沉积层倾角的影响作用是有限的。

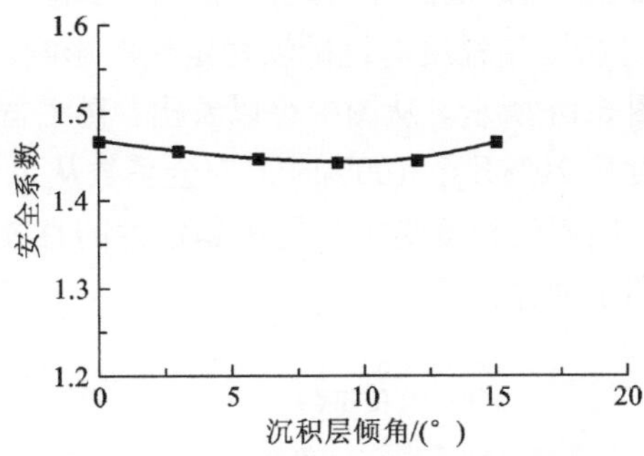

图 6.11　沉积层倾角与安全系数的关系

综上所述，尾矿坝的坝壳厚度是影响坝体稳定性的关键结构性因素，坝壳厚度越大，坝体稳定性越好。沉积层倾角对尾矿坝稳定性的影响较小，安全系数随倾角增加呈现先下降后上升的趋势，并存在一个最小安全系数倾角。

6.3　坝体固结程度对尾矿坝稳定性影响

细粒尾矿的完全固结时间比粗粒尾矿长得多，加上尾矿坝常年进行堆筑加高作业，使得坝中的尾矿经常处于欠固结状态，故在细粒尾矿筑坝问题中须考虑固结程度的影响。

6.3.1　固结度-强度关系假设

黏性尾矿的固结度与黏聚力的关系近似于线性，固结度与内摩擦角的关系近似于水平直线。为了方便分析，对固结度-强度关系做出简化假设，得

$$c = \kappa U \tag{6.3}$$

$$\varphi = \phi \tag{6.4}$$

式中：c 为黏聚力；U 为固结度；φ 为内摩擦角；κ、ϕ 为试验系数。

根据式（6.3）、式（6.4），表 6.1 中的尾黏土在不同固结度下的强度指标如图 6.12 所示。

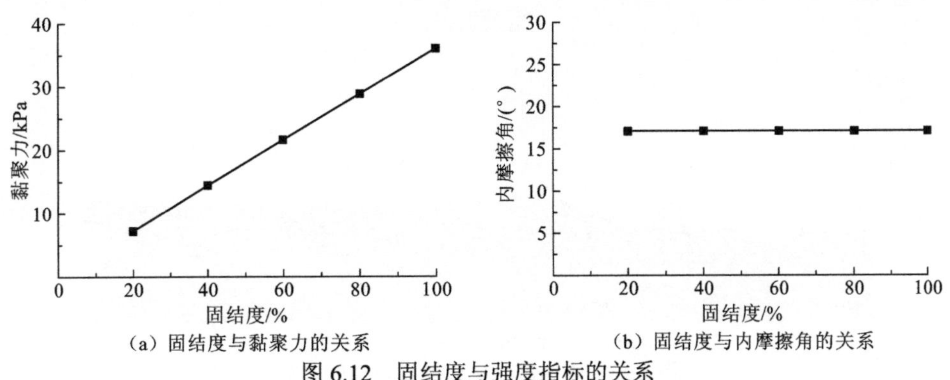

（a）固结度与黏聚力的关系　　（b）固结度与内摩擦角的关系

图 6.12　固结度与强度指标的关系

6.3.2 固结度与坝体稳定性关系

在尾黏土坝模型的基础上，考虑固结度对尾矿强度的影响，模拟设计 20%、40%、60%、80%、100% 5 种固结度，分析固结程度对尾矿坝稳定性的影响。

计算结果如图 6.13、图 6.14 所示。从图中可以看出，随着固结度的增加，坝体的安全系数呈线性增长。当固结度从 20%升至 100%时，安全系数从 1.105 升至 1.407，增长幅度为 27.3%。这说明提高尾矿的固结程度是加强尾矿稳定性的有效措施，在尾矿固结未完成的情况下进行加高堆坝不利于坝体稳定。

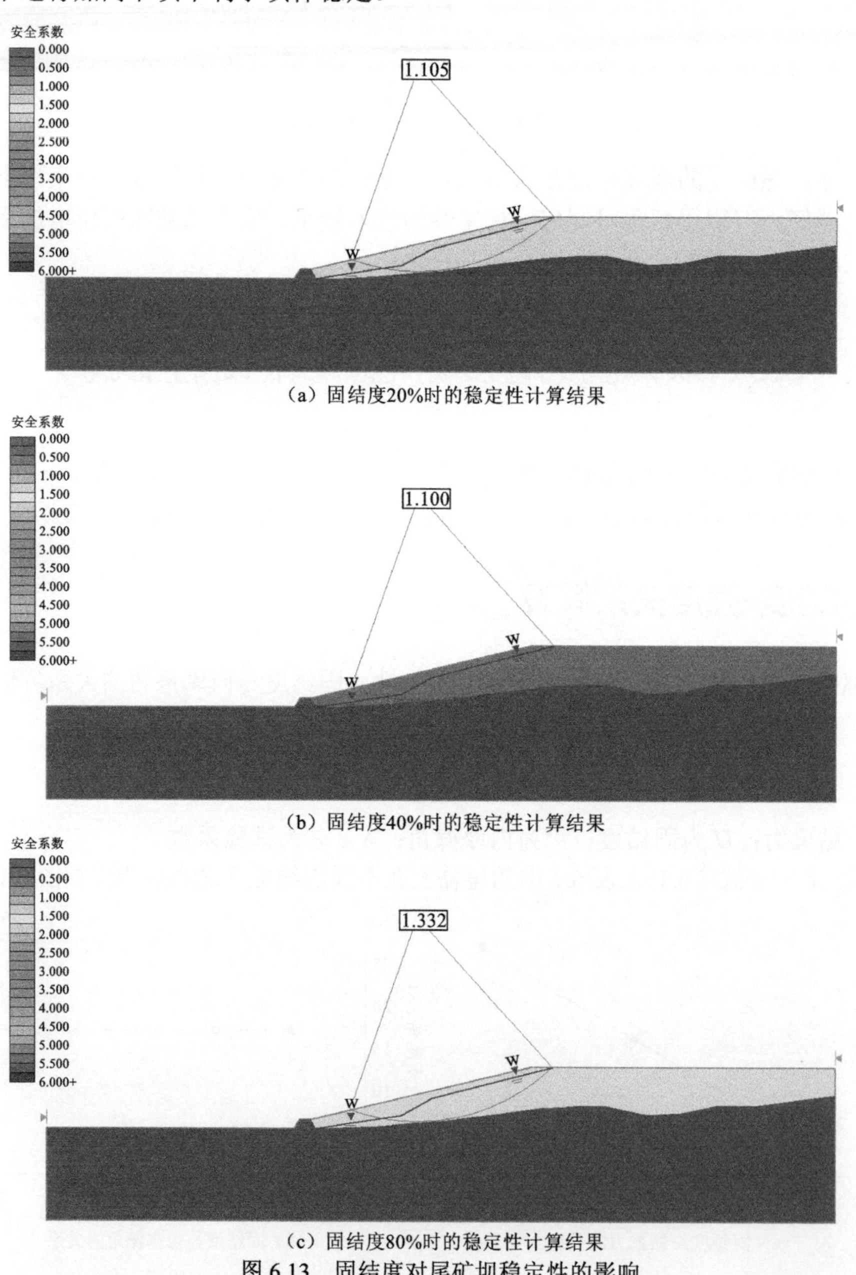

（a）固结度20%时的稳定性计算结果

（b）固结度40%时的稳定性计算结果

（c）固结度80%时的稳定性计算结果

图 6.13 固结度对尾矿坝稳定性的影响

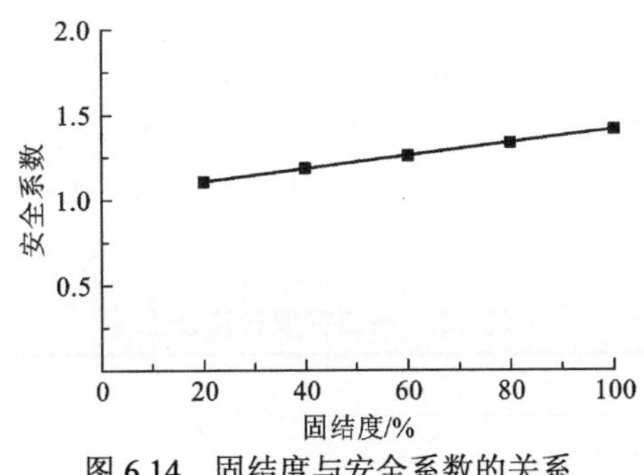

图 6.14　固结度与安全系数的关系

6.4　尾矿坝溃坝对环境影响的分析方法

尾矿坝的地理位置、河流流域特征、地形条件、地貌条件、防洪标准的洪水总量、洪水过程线、尾矿坝库容、溃坝的水力坡降等特征是分析计算尾矿坝溃坝影响范围、人员伤亡及财产损失的依据。

数值模拟法、模型试验法和经验公式法是目前研究尾矿坝溃坝后泥石流演进的主要计算方法。然而，利用这些传统的计算方法时存在一些问题，比如通常都是依靠假设来确定尾矿坝的溃坝范围、利用溃口经验公式来确定尾矿坝溃口的大小、假设尾矿坝的溃坝过程是一次全溃等，这些理想化的假设及计算方式都会影响计算结果，因此需要进一步研究较有效的计算方法。

6.4.1　溃坝过程泄砂量评估

泄砂总量的计算应考虑尾矿砂的物理力学特性及尾矿坝的库容，并且利用边坡的稳定性分析方法来计算。由于尾矿坝溃坝一般随着暴雨发生，在坝区尾矿饱和的情况下，为保障安全，应考虑最不利的滑动面位置，在尾矿坝闭库后（坝高 77 m）发生溃坝。尾矿坝溃坝类似山体滑坡，溃坝时的泄砂量实际上即为滑坡体的体积。表 6.2 是部分尾矿坝溃坝事故统计表，可以由表 6.2 得到泄砂量的参考值。

表 6.2　尾矿坝溃坝事故泄砂量统计表

尾矿坝名	年份	筑坝方式	总库容/（$\times10^6\,m^3$）	溃坝时的泄砂量/（$\times10^6\,m^3$）
El Cobre Old Dam（智利）	1965	上游法	4.25	1.90
Mochikoshi No.1（日本）	1978	上游法	0.48	0.08
Phelps-Dodge（美国）	1980	上游法	2.50	2.00
Sgurigrad（保加利亚）	1966	上游法	1.52	0.22
未知（美国）	1973	上游法	0.70	0.28

土坝溃坝溃口宽度计算公式如表 6.3[140]所示。根据近 50 个库容在 5.3～55 000 万 m^3 的水库溃坝资料，统计得出溃口宽度的计算公式为

$$b = k(W^{\frac{1}{2}}B^{\frac{1}{2}}H)^{\frac{1}{2}} \tag{6.5}$$

式中：b 为溃坝口的平均宽度；W 为溃坝时的泄砂量；B 为溃坝时的坝前水面宽度；H 为溃坝时水头；k 为坝体土质有关的系数，黏土类坝为 0.65，壤土类坝约为 1.3。局部溃坝示意图如图 6.15 所示。

表 6.3　溃口宽度计算公式

公式出处	计算公式
水利部黄河水利委员	$b = k(W^{\frac{1}{2}}B^{\frac{1}{2}}H)^{\frac{1}{2}}$
铁道科学研究院	$b = kW^{\frac{1}{4}}B^{\frac{1}{7}}H^{\frac{1}{2}}$
谢任之	$b = kWH/(3E)$

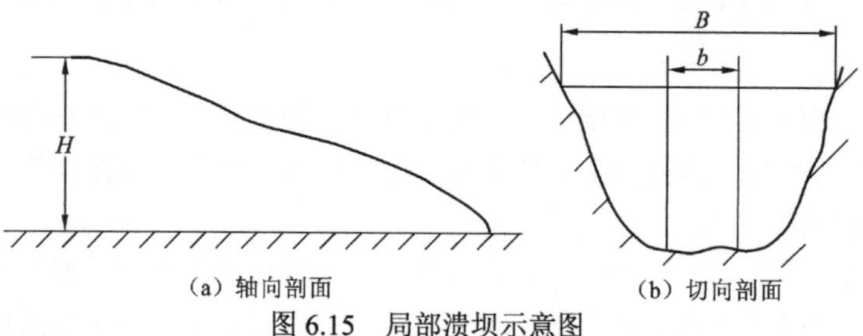

（a）轴向剖面　　（b）切向剖面

图 6.15　局部溃坝示意图

针对尾矿坝溃坝的情况，由于溃坝时坝内水位较高，且尾矿砂呈液态，为了保证结果的可靠性，采用圣维南方程计算最大泄砂量：

$$Q_m = \frac{8}{27}\left(\frac{B}{b}\right)^{0.4} b\sqrt{g}H^{\frac{3}{2}} \tag{6.6}$$

式中：Q_m 为最大泄砂量；b 为溃口宽度；B 为尾矿坝水面宽度；g 为重力加速度；H 为溃口处上游水深。

6.4.2　溃坝影响范围预测

尾矿坝是金属和非金属矿山安全生产的要害部位，也是该领域的主要危害之一。一旦事故发生，将给当地居民的生命和财产安全及生态环境造成极大的损害。尾矿坝溃坝风险分析的重点在于建立科学合理的计算方法，并且有效地评估尾矿坝溃坝的范围对评估尾矿坝溃坝风险和减少尾矿坝溃坝造成的损失具有重要的意义。

溃坝泥石流的厚度是灾害评估与防治的最重要的参数之一，其可以通过外业调查的方式得到，也可以由溃坝泥石流的容重、地形坡度及相应泥石流体的屈服应力计算得到。然而，目前还没有方法能够计算得到普适的淤积厚度和屈服应力。式（6.7）为最大淤积厚度的计算公式，采用最大淤积厚度对溃坝评估和防治更安全。

$$h = \frac{\tau_B}{\gamma g \sin\theta} \tag{6.7}$$

式中：h 为尾矿砂最大淤积厚度；τ_B 为尾矿砂流体的屈服应力；γ 为尾矿砂流体容重；θ 为堆积区坡度。

尾矿砂流体具有一定的黏性阻力，在受剪切力时，流体趋于运动状态，当作用剪切力小于某一临界黏性阻力时，流体不会发生运动；反之，则会发生运动。这一临界黏性阻力称为尾矿砂流体的屈服应力，一般可由流变仪测得。

由于缺乏现场观测的条件，无法获取溃坝尾矿砂流体的水土比例、淤积坡度等参数，所以可以采用经验法来确定。

假设最大堆积厚度为 h，泄砂总量为 W_s，求得溃坝砂流危害面积 A 为

$$A = W_s / h \tag{6.8}$$

通常尾矿坝周边地质环境复杂，并不是每处都能达到最大堆积厚度，因此式（6.8）得到的危害面积偏小。为了得到更真实的影响范围，通常将尾矿坝溃坝事故的调查数据与计算数据进行对比，将二者差值作为危险范围的增幅。

6.4.3　溃坝对下游地区地形与环境影响

尾矿坝溃坝威胁着当地居民生命安全和财产安全，并导致地表植被遭受大面积破坏，水体和土壤受到污染，尾矿坝溃坝带来的地形和环境影响主要有以下几方面。

（1）大量尾矿渣产生并堆放在尾矿坝中，一旦溃坝，废水与松散尾矿渣顺涌而下，对地表植被造成严重破坏。

（2）尾矿渣粒径小，排放后随灌溉水流进入农田土壤，细尾矿会影响土壤正常的呼吸，使土壤有机质含量降低，破坏土壤结构，降低土壤肥力。

（3）遭受重金属污染的土壤，不但会影响农作物的生长，影响产量，而且会降低农作物产品的品质。

（4）在重金属污染的土壤上种植出来的农作物一旦被人食用，将会对人体的健康造成严重的危害。

（5）如果泄漏尾矿进入地下水或地表水体，将会导致水体重金属超标，随着水体流动，周边的环境进一步被危害。

6.4.4　溃坝预防措施

从现有溃坝的情况来看，尾矿坝溃坝的原因是多方面的，尾矿坝溃坝的方式和机理也十分复杂。实际上，尾矿坝溃坝往往是多种因素共同作用导致的，根本原因在于受外界环境的影响，应力场和渗流场发生变化，从而破坏了尾矿坝的稳定性。因此，要想预防溃坝事故的发生，就应当从管理和技术的角度把这些不稳定的因素控制起来。

从管理的角度，应该建立专门的管理小组，制订合理的规章制度，对尾矿坝定期检查、观察和监测，及时发现和消除各种不安全因素，确保尾矿坝正常、安全运行。制订事故应急救援预案，定期演练并记录，及时修订和完善应急救援预案。

从技术的角度，尾矿坝的设计必须充分考虑降雨量、降雨频率、汇水面积、异常气候等因素，保证足够的安全超高、沉积干滩长度和下游坝面坡度，合理设置排洪设施排洪能力。及时加固和修复出现倾斜、沉陷断裂和裂缝的排洪设施，及时检查、疏通堵塞的排洪设施，必要时可新建排洪设施，并采用反滤层与压坡处理坝面沼泽化、管涌、流土等渗流破坏。

第 7 章 高应力对坝体稳定性影响

7.1 高应力下尾矿强度准则

7.1.1 强度包线

大量的试验表明，常用的直线型莫尔-库仑强度准则在高应力水平条件下已不适用。为描述高应力条件下的强度特征，许多非线性的强度准则被提出。但是这些准则或多或少都存在一些缺点。对于抛物线型莫尔-库仑强度准则而言，因其表达式中剪应力指数为不变参数，所以该准则描绘出来的曲线弯曲程度有限，导致局部区域试验数据不能很好地与之吻合；对于双曲线型莫尔-库仑强度准则而言，双曲线具有渐近线的特性，所以在高应力条件下，将造成剪应力与正应力呈近似水平线性变化的关系，与试验数据具有较大的偏差。为此，Charles 等[141]提出了一种幂函数型强度包线，克服了修正抛物线型和双曲线型莫尔-库仑强度准则部分存在的缺陷。因此本章采用幂函数型强度包线来描述尾矿在高围压（高应力）下的强度特征。幂函数型强度包线表达式为

$$\tau = m\sigma^{n} + l \tag{7.1}$$

式中：m、n、l 为材料常数。

利用式（7.1），采用迭代法对三种不同密度试样数据进行拟合分析。三种不同密度尾矿材料在高压三轴排水试验下的幂函数型强度包线如图 7.1 所示。三种不同密度试样拟合相关系数均大于 0.95 以上，拟合公式分别为

$$\begin{cases} \tau = 0.5879\sigma^{0.8793} & (1.4\ \mathrm{g/cm^3}\text{试样}) \\ \tau = 0.6548\sigma^{0.8439} & (1.6\ \mathrm{g/cm^3}\text{试样}) \\ \tau = 0.8132\sigma^{0.8088} & (1.8\ \mathrm{g/cm^3}\text{试样}) \end{cases} \tag{7.2}$$

结合式（7.2）及图 7.1 可知，尾矿材料在高应力条件下的强度特性可用幂函数型莫尔-库仑强度准则较好地进行描述。试样密度越大，强度包线的线性增长率越小，强度包线的非线性程度也较大。但从式（7.2）计算的内摩擦角（表 7.1）可以看出，常围压下内摩擦角与实际还是相差较大的，由于密实试样的强度非线性行为明显大于松散试样，所以密实试样内摩擦角偏差值较大。另外可以看到，围压越低，内摩擦角偏差值也较大。这与文献[108]所获得的结论是一致的。产生这种偏差的原因是式（7.2）在常围压情况下的非线性行为较大，因此建议常围压下的内摩擦角仍用传统直线型莫尔-库仑强度准则获取，高围压下的内摩擦角采用幂函数型莫尔-库仑强度准则获取[142]，计算公式为

$$\varphi = \begin{cases} \arctan\left(\dfrac{\tau - c}{\sigma}\right), & \sigma_3 \leqslant 0.8\ \mathrm{MPa} \\ \arctan(mn\sigma^{n-1}), & \sigma_3 > 0.8\ \mathrm{MPa} \end{cases} \tag{7.3}$$

式中：m、n 为拟合参数。

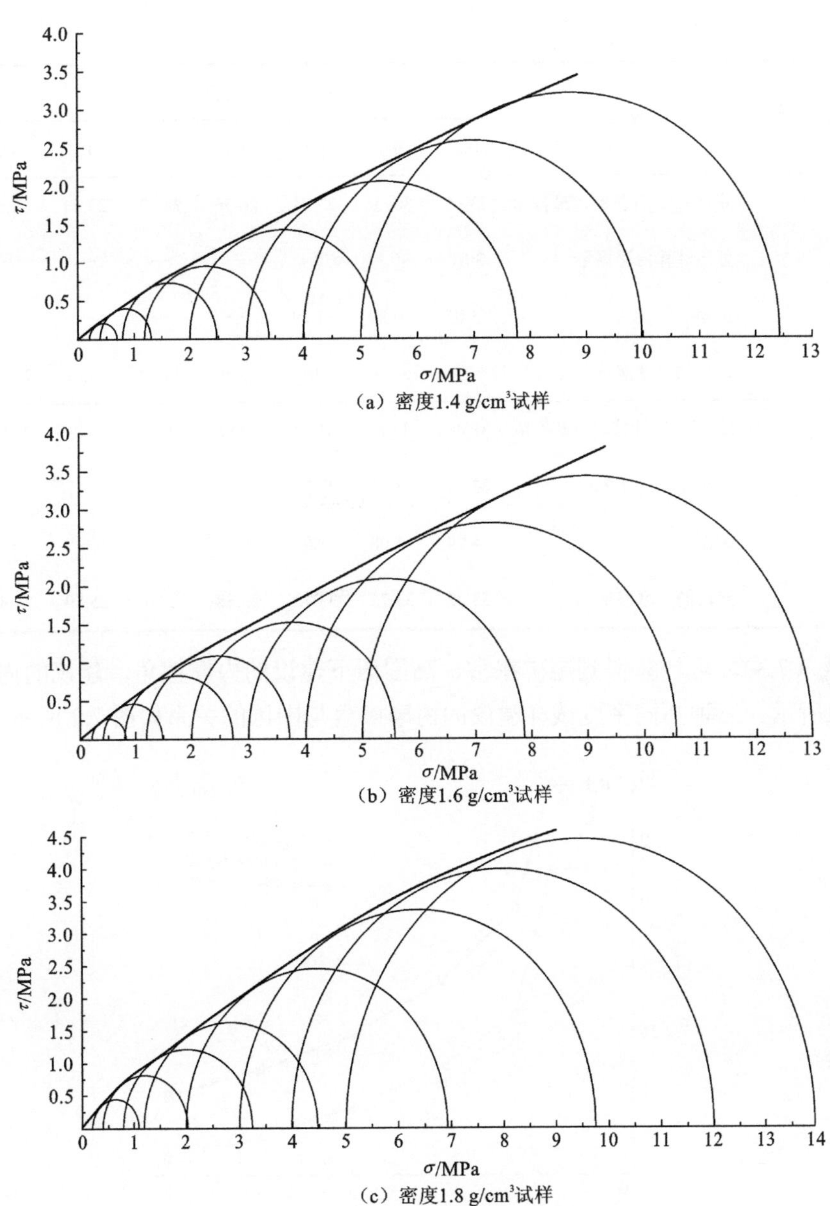

（a）密度1.4 g/cm³试样

（b）密度1.6 g/cm³试样

（c）密度1.8 g/cm³试样

图 7.1　尾矿幂函数型强度包线

表 7.1　不同密度试样尾矿内摩擦角　　（单位：°）

试样密度/（g/cm³）	内摩擦角	围压/Mpa							
		0.2	0.4	0.8	1.2	2.0	3.0	4.0	5.0
1.4	式（7.3）计算的内摩擦角	30.64	28.63	26.70	25.69	24.39	23.36	22.67	22.13
	低压计算内摩擦角	29.19	29.19	29.19	—	—	—	—	—
	偏差	1.45	−1.27	−2.49	—	—	—	—	—
	建议的内摩擦角	29.19	29.19	29.19	25.69	24.39	23.36	22.67	22.13

续表

试样密度/（g/cm³）	内摩擦角	围压/Mpa							
		0.2	0.4	0.8	1.2	2.0	3.0	4.0	5.0
1.6	式（7.3）计算的内摩擦角	33.15	30.49	27.91	26.56	24.92	23.63	22.69	21.98
	低压计算内摩擦角	30.1	30.1	30.1	—	—	—	—	—
	偏差	3.05	0.39	−2.19	—	—	—	—	—
	建议的内摩擦角	30.1	30.1	30.1	26.56	24.92	23.63	22.69	21.98
1.8	式（7.3）计算的内摩擦角	38.46	34.8	31.74	29.88	27.6	25.89	24.82	24.03
	低压计算内摩擦角	33.72	33.72	33.72	—	—	—	—	—
	偏差	4.74	1.08	−1.98	—	—	—	—	—
	建议的内摩擦角	33.72	33.72	33.72	29.88	27.6	25.89	24.82	24.03

结合式（7.3），可计算得到尾矿在常、高围压下建议的内摩擦角，建议的内摩擦角数值如表 7.1 所示。三种不同密度试样建议的内摩擦角与围压的关系如图 7.2 所示。

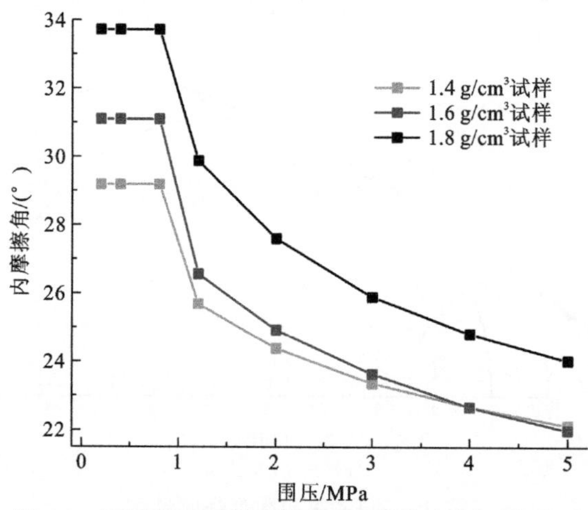

图 7.2　不同密度试样建议的内摩擦角与围压的关系

由图 7.2 可知，高围压下的内摩擦角明显低于常围压下的内摩擦角，三组不同密度试样的内摩擦角都出现了较大的降幅。松散试样（1.4 g/cm³）内摩擦角降幅为 7.06°，中等密实试样（1.6 g/cm³）内摩擦角降幅为 8.12°，密实试样（1.8 g/cm³）的内摩擦角降幅为 9.69°。在围压达到 4 MPa 后，密度为 1.4 g/cm³ 和 1.6 g/cm³ 试样的内摩擦角重合。密度为 1.8 g/cm³ 试样的内摩擦角也逐渐向另外两组试样靠近。高围压下尾矿内摩擦角大幅度地降低，极易引起高堆尾矿坝的失稳。因此在对高堆尾矿坝稳定性进行分析时，仍采用常围压下的强度参数是不合理的。

7.1.2 本构关系

岩土材料的本构关系是反映岩土材料力学特性的数学表达式,其表示形式一般为应力-应变-强度-时间的关系[143]。对于土体而言，常围压下本构关系的研究已相当成熟，主要存在常用的剑桥模型、莱特-邓肯模型及清华模型。但是对高围压下的土体本构关系的研究还比较少，常围压下的本构关系能否推广至高围压是值得进一步探讨的。因此，本小节对高围压下的本构关系进行研究，以推导能适用于高围压下尾矿的应力-应变本构关系。

1963 年，Kondner[144]根据大量土的三轴应力-应变关系曲线，提出可以用双曲线拟合一般土的三轴试验 $(\sigma_1-\sigma_3)$-ε 曲线，即

$$\sigma_1-\sigma_3=\frac{\varepsilon}{e+f\varepsilon} \tag{7.4}$$

式中：e、f 为试验常数。

式（7.4）是在大量常围压试验基础上建立的，仅能反映正常固结土的应变硬化行为。式（7.4）中参数 e、f 可分别由下式确定：

$$e=g(\sigma_3)^{-n} \tag{7.5}$$

$$f=\frac{R_{\mathrm{f}}(1-\sin\varphi)}{2c\cos\varphi+2\sigma_3\sin\varphi} \tag{7.6}$$

式中：g、n 为拟合参数；R_{f} 为参数。

在常围压条件下（1.2～5.0 MPa），因围压的束缚作用，密实的尾矿试样也仅存在应变硬化行为，不存在应变软化。因此，可将式（7.4）的适用范围推广至高围压条件。参数 e 代表试验过程中初始模量的倒数，式（7.5）仍适用于高围压条件。参数 R_{f} 代表试验过程中极限偏应力 $(\sigma_1-\sigma_3)_{\mathrm{ult}}$ 的倒数。在高围压下，试样峰值强度存在非线性，因此式（7.6）不适用于高围压条件。对于高围压条件，殷家瑜等[138]给出了式（7.7）的关系式：

$$f=k(\sigma_3)^{-m} \tag{7.7}$$

将式（7.5）、式（7.7）代入式（7.4），可得高围压条件下应力-应变关系：

$$\frac{\varepsilon}{\sigma_1-\sigma_3}=g(\sigma_3)^{-n}+k(\sigma_3)^{-m}\varepsilon \tag{7.8}$$

式中：g、k、m、n 均为拟合参数。

利用式（7.8）对三组不同密度试样的高围压下的应力-应变数据进行拟合，可求得不同密度条件下式（7.8）中的参数，如表 7.2 所示。

表 7.2 高围压条件下尾矿本构模型拟合参数

试样密度/（g/cm³）	g	n	k	m
1.4	1.92	0.52	0.44	0.98
1.6	0.90	0.31	0.45	0.93
1.8	0.35	0.42	0.30	0.68

拟合曲线与试验数据对比图如图 7.3 所示。由图 7.3 可知，高围压下三组不同密度试样的应力-应变曲线与拟合曲线吻合良好，因此式（7.8）可以很好地描述高围压下应力-应变关系。

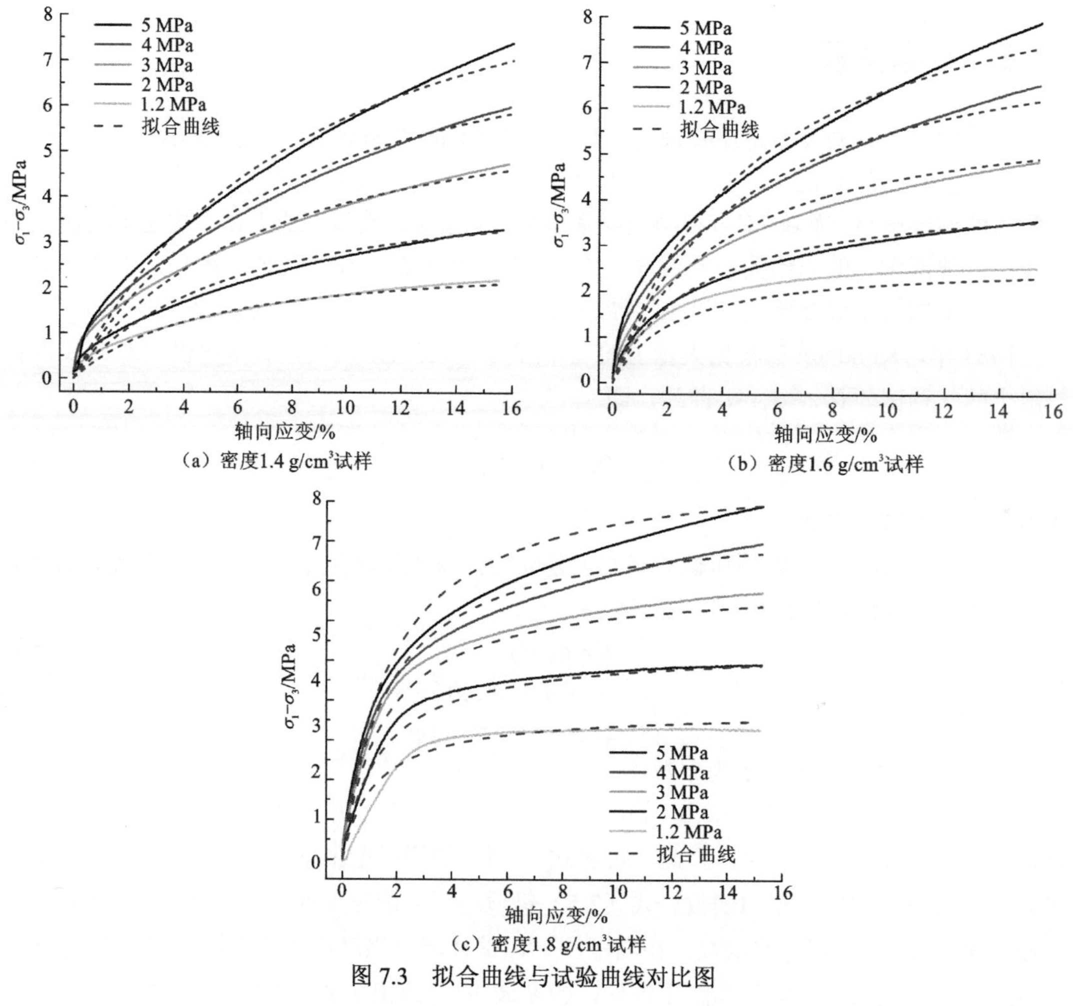

(a) 密度1.4 g/cm³试样

(b) 密度1.6 g/cm³试样

(c) 密度1.8 g/cm³试样

图 7.3　拟合曲线与试验曲线对比图

7.2　高应力下细粒夹层尾矿强度准则

7.2.1　应力路径

高围压下含夹层尾矿试样应力路径如图 7.4 所示。由图 7.4 可知：试样的应力路径发展规律基本相似，均是先线性快速增加，随后向左侧偏转，呈“7”字形发展。只有围压小于 3 MPa 的纯细粒的应力路径呈现为“S”形增长规律。除 0° 试样及围压大于 3 MPa 的 15° 试样，其余所有的试样的应力路径均在纯粗粒、纯细粒试样之间，且所有夹层试样的应力路径都在纯细粒试样的一侧，表现出夹层的存在会弱化试样的力学性能，但并没有完全掌控试样力学性能的特征。60° 夹层试样应力路径具有明显的峰后拐点，在拐点后应力路径呈直线型下滑，各围压下的直线段曲线基本平行，曲线的斜率接近 1，处于孔压基本不增加的状态。并且可以看到，这种失稳会跨过纯细粒试样的应力路径，使得试样的强度将低于纯细粒试样，这是因为 60° 夹层试样是沿着夹层滑移失稳破坏，这种滑移破坏形式与纯细粒试样整体鼓胀破坏的机理不同。滑移破坏一旦启动，滑移面将产生互相错动，而使有效接触面的面积减少，试样的整体稳定性将会持续恶化。这说明 60° 的软弱带对工程的稳定性具有极大的影响。

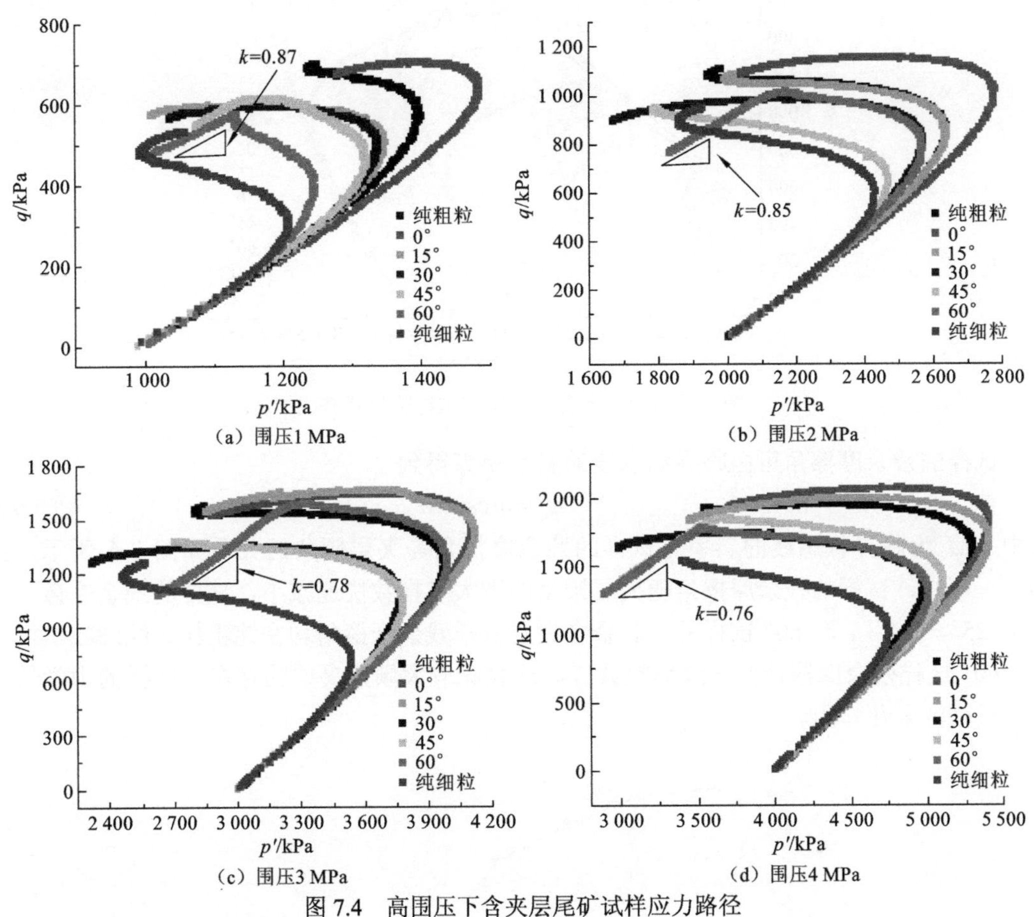

图 7.4　高围压下含夹层尾矿试样应力路径

7.2.2　临界状态线

临界状态是指土体在体积不变、有效应力不变、剪应力不变时发生持续变形的状态。临界状态理论中包含一条重要的线——临界状态线。临界状态线是各围压试样的残余强度的 p'-q 连线[145]。对于试验中未达到偏应力稳定的曲线，选取试验终止时的强度作为残余强度。图 7.5 所示为高围压下含夹层尾矿试样临界状态线。由图 7.5 可知，含夹层试样的临界状态线的斜率随着夹层倾角的增大而减小。0°、15° 及 30° 试样临界状态线靠近纯粗粒试样，而 45° 及 60° 试样临界状态线靠近纯细粒试样。除去 60° 试样的临界状态线，其他含夹层试样的临界状态都在纯粗、细粒试样之间。60° 试样的临界状态线在纯细粒样之下。此外，60° 试样的峰值强度是大于纯细粒试样的，一旦试样出现沿夹层滑移破坏，试样的残余强度将会小于纯细粒试样。结合试验的应力-应变曲线可以发现，各围压条件下 60° 试样的残余强度仍然有向下发展的趋势，说明沿夹层滑移破坏模式对试样力学特征影响极大。因此小倾角试样的力学特性受粗粒样控制，大倾角试样力学特征受夹层控制。

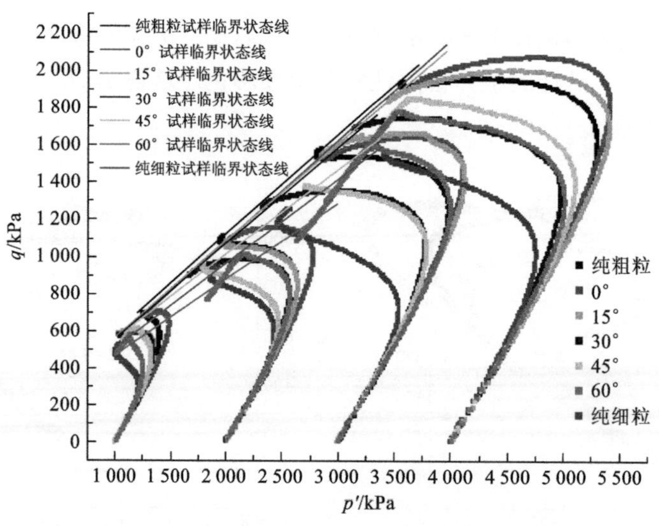

图 7.5 高围压下含夹层尾矿试样临界状态线

试样的残余摩擦角可由临界状态线的斜率换算得到

$$\varphi_c = \arcsin M_c \tag{7.9}$$

式中：M_c为临界状态线的斜率。试样的残余摩擦角与夹层倾角的关系如图 7.6 所示，由图 7.6 可知，试样的残余摩擦角随夹层倾角的增大呈指数快速减小，试样的残余摩擦角分布于 25°～34°。除 60°试样外，其余含夹层试样残余摩擦角均在纯粗粒、纯细粒试样之间，60°试样残余摩擦角低于纯细粒试样。这意味着大倾角夹层的存在对试样的力学特性具有较强的弱化作用。

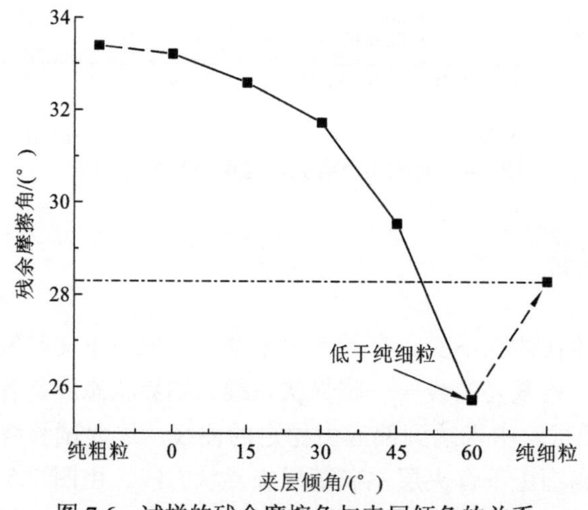

图 7.6 试样的残余摩擦角与夹层倾角的关系

7.3 高应力下尾矿渗透模型

7.3.1 常用渗透模型

哈臣（Hazen）提出了渗透系数经验公式：

$$k_v = cd_{10}^2 \tag{7.10}$$

对于砂性土，影响渗透系数的因素主要有颗粒的大小、形状和级配。一般认为特征粒径与渗透系数存在一定关系，一般取 d_{10}，这也表明砂性土中的细颗粒对土样的渗透性有较大影响。

影响土渗透性的另一个重要因素是密度，渗透系数与土孔隙比之间存在一定关系。柯森和卡门针对砂性土，通过土中的渗流流速与孔隙通道中平均流速的关系，并考虑孔隙通道的影响，最终推导出柯森-卡门（Kozeny-Carman）公式[146]：

$$k_v = \frac{\gamma}{C_s S_s^2 T^2}\frac{e^3}{1+e}i \tag{7.11}$$

式中：C_s 为土中孔隙通道的形状系数；S_s 为土的单位固体体积的表面积；T 为考虑通道曲折的曲折系数。

在柯森-卡门公式的基础上，通过大量沙砾土的试验，Amer 等[147]提出经验公式(7.12)，式中 C_1 为常数，引入了土的不均匀系数 C_u。2004 年，Chapuis[148]给出了更加细致的经验公式（7.13）。

$$k_v = C_1 d_{10}^{2.32} C_u \frac{e^3}{1+e} \tag{7.12}$$

$$k_v = 2.462\,2\left(d_{10}^2 \frac{e^3}{1+e}\right)^{0.7825} \tag{7.13}$$

这些公式普遍存在 $k_v \propto \frac{e^3}{1+e}$ 的关系，此外也有一些砂性土的经验公式以 $k_v \propto \frac{e^2}{1+e}$ 及 $k_v \propto e^2$ 的形式表示，其拟合效果也比较好。

黏性土的渗透系数经典模型也很多，黏性土及有塑性的粉土不适用砂性土公式，误差可能来源于颗粒及孔隙尺寸的不规则和存在结合水使其孔隙水的黏滞性更高等因素。黏性土一般在砂性土渗透系数公式基础上做出修正，Mesri 等[149]在 $k_v \propto \frac{e^3}{1+e}$ 的基础上提出渗透模型：

$$k_v = Be^A \tag{7.14}$$

式中：A、B 为对应的黏土渗透特性参数。该模型也可以表示为

$$\lg k_v = A\lg e + \lg B \tag{7.15}$$

1982 年，Samarasinghe 等[150]在砂土渗透系数的关系 $k_v \propto \frac{e^3}{1+e}$、$k_v \propto \frac{e^2}{1+e}$ 和 $k_v \propto \frac{e^5}{1+e}$ 的基础上提出了渗透模型：

$$k_v = \frac{C_s e^n}{1+e} \tag{7.16}$$

式中：C_s 为反映土体性质的参考渗透系数；n 为土体参数。该模型也可以表示为

$$\lg[k_v(1+e)] = \lg C_s + n\lg e \tag{7.17}$$

7.3.2 常用渗透模型拟合分析

1. 砂性土公式拟合

图 7.7 给出了适用于不同函数的公式拟合情况，斜率 C 及决定系数 R^2 见表 7.3。在不固定斜率 C 的情况下，发现砂性尾矿 D20 和黏性尾矿 D_35 与这三种公式有很高的拟合性，粉性尾矿 D02 次之，粉质黏性尾矿 D_75 最差。可以看出随着粒径的减小，砂性土常用渗透模型适用性越来越低。然而，当粒径减小到 35 μm 时砂性土模型反而更加适用，这可能是由于颗粒粒径极小时尾矿的黏土颗粒及孔隙尺寸的不规则性降低，且极强的黏性使得颗粒表面水膜坚固，形成类固体颗粒结构。通过对比不同函数对应的决定系数可以发现 $k_{\mathrm{v}} \propto \dfrac{e^3}{1+e}$ 的关系比较适合尾矿材料，粉质黏性尾矿 D_75 并不适用于砂性土渗透系数模型。

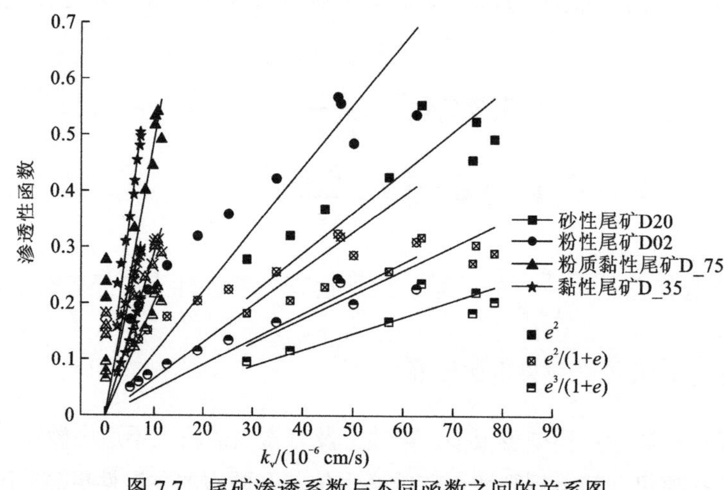

图 7.7 尾矿渗透系数与不同函数之间的关系图

表 7.3 尾矿渗透系数砂性公式拟合

孔隙比参数	D20		D02		D_75		D_35	
	C	R^2	C	R^2	C	R^2	C	R^2
e^2	0.007	0.555	0.011	0.489	0.049	−0.218	0.071	0.927
$e^2/(1+e)$	0.004	0.180	0.007	0.005	0.029	−1.149	0.043	0.742
$e^3/(1+e)$	0.003	0.746	0.005	0.801	0.020	0.440	0.028	0.983

2. 渗透系数拟合

图 7.8 为式（7.15）与式（7.17）的拟合曲线，拟合参数与决定系数见表 7.4。

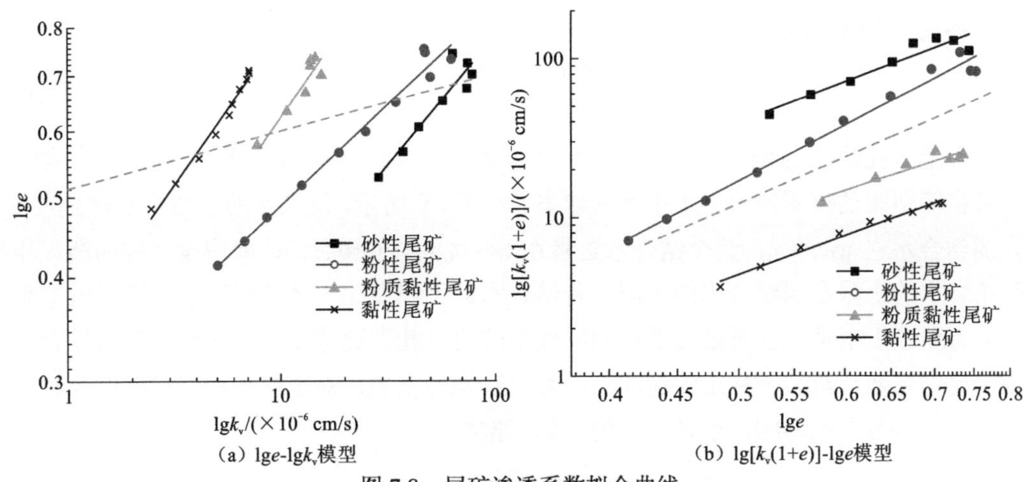

（a）lge-lgk_v模型　（b）lg[k_v(1+e)]-lge模型

图 7.8　尾矿渗透系数拟合曲线

表 7.4　尾矿渗透系数黏性公式拟合参数

试样	lge-lgk_v 模型			lg[k_v(1+e)]-lge 模型		
	A	B	R^2	n	C_s	R^2
D20	3.195	10.400	0.859	3.196	362.18	0.889
D02	4.119	9.828	0.979	4.404	357.86	0.983
D_75	2.718	4.149	0.841	2.753	72.75	0.881
D_35	2.760	3.629	0.978	3.079	36.61	0.984

lg$e$-lgk_v 模型：该模型参数 A 的变化范围为 2.718～4.119，参数 B 的变化范围为 3.629～10.40，决定系数 R^2 均在 0.841 以上，拟合效果较好，模型可取。

lg[k_v(1+e)]-lg$e$ 模型：该模型参数 n 的变化范围为 2.753～4.404，参数 C_s 的变化范围为 36.61～362.18，决定系数 R^2 均在 0.881 以上，拟合效果较 lg$e$-lgk_v 模型好，模型可取。

将 4 组试样的试验数据集中于坐标中，应用线性拟合方法进行综合分析，相关系数 R^2 为 0.237，效果不佳。因此，不同地区的沉积分选或者不同分级程度的同一种尾矿不可视为同一种渗流介质，也说明随着粒径的减小，试样的渗透性质不同。由上述两种不同的渗透模型均可看出德兴 4 号坝尾矿更适用 lg[k_v(1+e)]-lg$e$ 模型，不同粒径的 C_s 区别较大，D20 和 D02 相近（362.18 和 357.86），D_75 为 72.75，D_35 为 36.61。

7.3.3　考虑有效孔隙比修正渗透模型

黏性土中的无效孔隙几乎占到了总孔隙的 85%以上[151]。黏性土表面结合水没有流动性，黏滞性大，不能产生和传递孔隙水压力，也不能产生渗流。因此，将水膜占据的这部分孔隙与土颗粒的体积比定义为无效孔隙比，用 e_0 表示。有效孔隙比 e_u 为总孔隙比 e 与 e_0 的差值：

$$e_u = e - e_0 \tag{7.18}$$

用有效孔隙比代替渗透系数经验公式中的孔隙比，即可统一不同粒径的渗透系数经验公式，将式（7.18）代入式（7.16）：

$$k_{\mathrm{v}}=\frac{C_{\mathrm{s}}(e-e_0)^n}{1+e-e_0} \tag{7.19}$$

给出无效孔隙比 e_0 的求解方法，式（7.19）才具有实际的应用价值。崔德山等[152]指出：含水率在液塑限的位置决定了土中水的状态。如图 7.9 所示，黏性土的强结合水含量在 0～w_{P}，弱结合水在 w_{P}～w_{L}，整个结合水含量在 0～$\alpha_0 w_\lambda$（$0<\alpha_0<1$），即假设试样的塑限相当于强结合水的上限和弱结合水的下限，若结合水的上限要比土体的液限小，等于液限乘以 α_0。α_0为黏性土中结合水质量占土体刚好处于液限时孔隙比总质量的比例，称为结合水占液限的比例系数，对某一特定的黏性土，α_0 可近似为常数。对于德兴铜矿尾矿取原状试样拟合求α_0，本节取$\alpha_0=0.9$，于是可以进行如下推导。

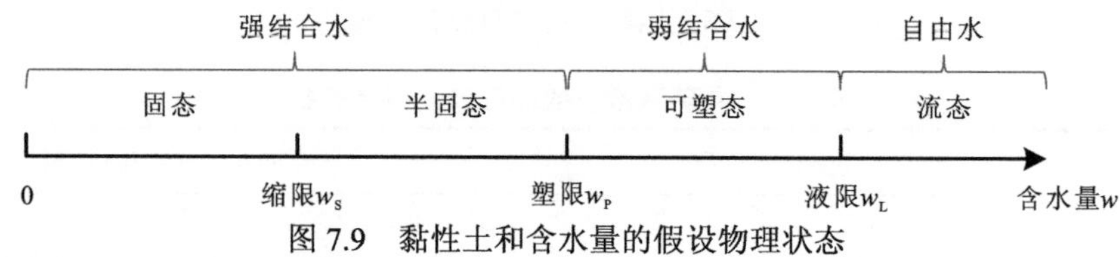

图 7.9　黏性土和含水量的假设物理状态

无效孔隙比对应的结合水含量为

$$w_{\mathrm{a}}=\frac{m_{\mathrm{aw}}}{m_{\mathrm{s}}}=\alpha_0 w_{\mathrm{L}} \tag{7.20}$$

式中：m_{aw} 为结合水质量；m_{s} 为土颗粒质量。可得

$$m_{\mathrm{aw}}=m_{\mathrm{s}}w_{\mathrm{a}}=\alpha_0\rho_{\mathrm{s}}V_{\mathrm{s}}w_{\mathrm{L}} \tag{7.21}$$

式中：ρ_{s} 为土颗粒密度；V_{s} 为土颗粒总体积。

无效孔隙比为

$$e_0=\frac{V_{\mathrm{aw}}}{V_{\mathrm{s}}}=\frac{m_{\mathrm{aw}}/\rho_{\mathrm{w}}}{V_{\mathrm{s}}}=\frac{\alpha_0\rho_{\mathrm{s}}V_{\mathrm{s}}w_{\mathrm{L}}}{V_{\mathrm{s}}\rho_{\mathrm{w}}}=\alpha_0\frac{\rho_{\mathrm{s}}}{\rho_{\mathrm{w}}}w_{\mathrm{L}}=\alpha_0 G_{\mathrm{s}}w_{\mathrm{L}} \tag{7.22}$$

式中：V_{aw} 为结合水总体积；ρ_{w} 为水的密度；G_{s} 为相对密度。

有效孔隙比为

$$e_{\mathrm{u}}=e-e_0=e-\alpha_0 G_{\mathrm{s}}w_{\mathrm{L}} \tag{7.23}$$

代入式（7.19），得

$$k_{\mathrm{v}}=\frac{C_{\mathrm{s}}(e-\alpha_0 G_{\mathrm{s}}w_{\mathrm{L}})^n}{1+e-\alpha_0 G_{\mathrm{s}}w_{\mathrm{L}}} \tag{7.24}$$

式中：C_{s}、n 为材料参数。

拟合结果如图 7.10 所示，砂性尾矿和粉性尾矿由于无液限值，取 $w_{\mathrm{L}}=0$。经过拟合尾矿参数 n 取 3.2，C_{s} 取 245。从图 7.10 中可以看出：考虑无效孔隙率黏性尾矿和非黏性尾矿的渗透系数公式得到统一，拟合效果较好，实际点和计算点的误差不超过一个数量级。非黏性尾矿不存在液限，所以无效孔隙修正的公式无法分别给出砂性尾矿和黏性尾矿的曲线。

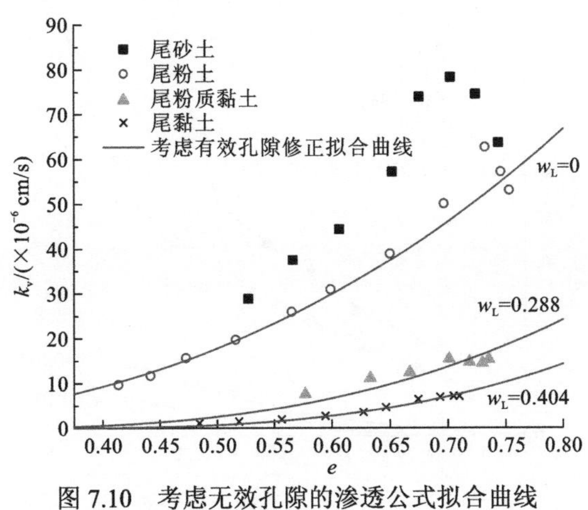

图 7.10　考虑无效孔隙的渗透公式拟合曲线

7.3.4　考虑破碎指标修正渗透模型

由 Hardin[47]提出的颗粒破碎指数是基于整个颗粒粒径分布的变化提出的，Hardin 将最低粒径阈值限制在 0.074 mm，不同的学者给出了不同的阈值。在极高的应力下，当颗粒尺寸小于 0.074 mm 时仍会发生颗粒破碎，Einav[134]提出了一种粒度累积曲线来表述尾矿颗粒在高应力下的破碎率方法。试验前的级配定义为 P_0，试验后的级配定义为 P_c，极限压力后的级配定义为 P_u，破碎指数公式见式（5.7）～式（5.10）。

极限压力的级配 P_u 不易在试验中得出，可以通过 F_u 反算求得。破碎指数 B_r' 在 0～1 分布，B_r'=0 表示试样颗粒无破碎，B_r'=1 表示颗粒全部破碎。通过计算得到 D20、D02、D_75 和 D_35 在 5 MPa 固结压力下的破碎指数 B_r' 分别为 0.44、0.048、0.043 和 0.011。可以看出高固结压力（高应力）下颗粒破碎对粗颗粒尾矿的影响较大，在考虑粒径对渗透性质的影响时破碎率 B_r' 是不可忽略的因素。

在渗透系数经验公式中一般认为存在一个特征粒径 d_{10}，存在 $k_v \propto d_{10}^2$。颗粒破碎的本质是能量的转化，颗粒破碎率与颗粒的面积相关，即 $B_r' \propto d_{10}^2$。

由于细颗粒试样受破碎影响较小，粗颗粒试样破碎影响较大，结合式（7.24），可将考虑破碎指数的渗透系数表述为

$$k_v = \frac{C_s(e-\alpha_0 G_s w_L)^n}{1+e-\alpha_0 G_s w_L}(1+B_r') \tag{7.25}$$

修正后的拟合曲线如图 7.11 所示。尾矿参数 n 取 3.2，C_s 取 245。从图中可以看出破碎率的修正对 D20 渗透性预测得很好，成功将砂性土没有液限指标的缺点进行了改善，4 种尾矿在同一个渗透系数公式下得到了很好的拟合效果。

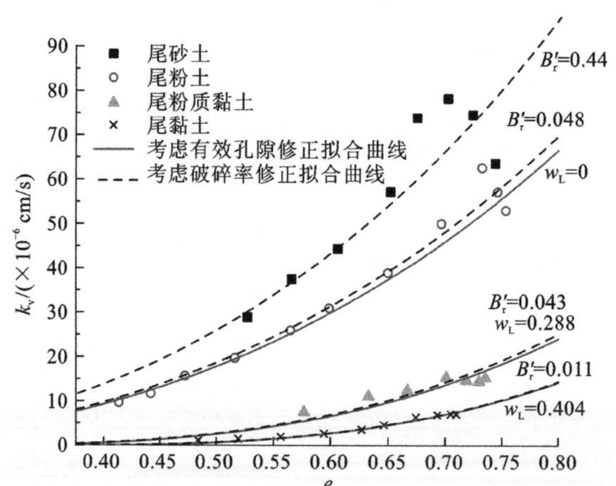

图 7.11　考虑无效孔隙和相对破碎率的渗透公式拟合曲线

7.4　常应力与高应力下压缩固结特性比较

7.4.1　尾矿颗粒几何参数

造成土体性状离散性的微观原因是颗粒几何形态的差异，本小节主要分析德兴铜矿尾矿颗粒在组成成分和几何形状上的特点。根据 XRD 试验结果，德兴铜矿尾矿主要由石英、伊利石、绿泥石、钠长石及其他矿物（包含少量方解石、白云石、金属矿物等）组成，图 7.12 展示了不同颗粒尺寸尾矿的矿物成分所占的质量分数。图中 ω_q、ω_i、ω_c、ω_a 和 ω_o 分别代表石英、伊利石、绿泥石、钠长石及其他矿物所占质量分数。从图 7.12 中可以看出，粒径较大的尾矿所含石英（非黏土矿物）质量分数较高，粒径较小的尾矿所含伊利石（黏土矿物）质量分数较高。从矿物成分的角度来看，随着尾矿细粒化程度的提高，黏土矿物含量提高，尾矿黏性增强。尾矿中非黏土矿物要远高于自然土，说明在机械力磨碎矿石的作用下产生较多的细微非黏性颗粒。

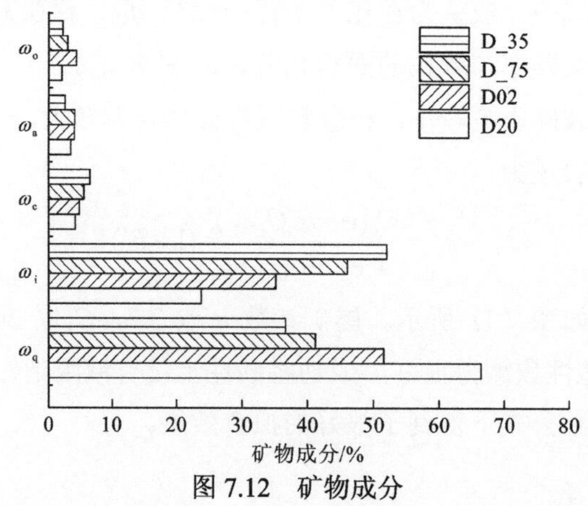

图 7.12　矿物成分

单从定性上了解尾矿颗粒形态是不够的，很多学者提出了许多参数来表征颗粒的形状。颗粒轮廓分形维数可表征微形态图像上的颗粒轮廓的分形特征，反映轮廓线的曲折复杂程度。分形维数作为描述粒度的参数被广泛应用在岩土工程领域中[153]。

$$\ln P = (f_d / 2)\ln A + C \tag{7.26}$$

式中：P为颗粒周长；A为颗粒表面积；C为常数；f_d为分形维数。以上参数都可通过Image-Pro Plus软件统计得到。分形维数f_d一般介于1～2。当f_d=1时，表示颗粒外形比较规则，存在自相似现象；当f_d=2时，表示颗粒外形不规则。

表征颗粒形状最好的参数之一是圆形度，Kuo等[154]给出了圆形度的定义。

$$S_k = \sqrt[3]{\frac{d_{min} d_{med}}{d_{max}^2}} \tag{7.27}$$

式中：d_{max}、d_{med}、d_{min}分别为最大粒径、中等粒径和最小粒径；S_k为圆形度，介于0～1。当S_k=1时，表示颗粒是圆形；当S_k接近于0时，表示颗粒狭长。圆形度仅能代表整个颗粒的形状特征，不能代表颗粒表面的起伏。Cox[155]提出粗糙度描述颗粒表面起伏：

$$r_c = \frac{4\pi A}{P^2} \tag{7.28}$$

式中：r_c为粗糙度，介于0～1。当r_c=1时，颗粒表面光滑；当r_c越接近0，颗粒表面起伏越明显。

图7.13展示了尾矿颗粒三个形状指标，图7.13(a)中尾矿颗粒的分形维数分布在1.00～1.25，随着粒径的增加分形维数稍微减少，尾矿颗粒的分形维数接近1，说明尾矿颗粒的

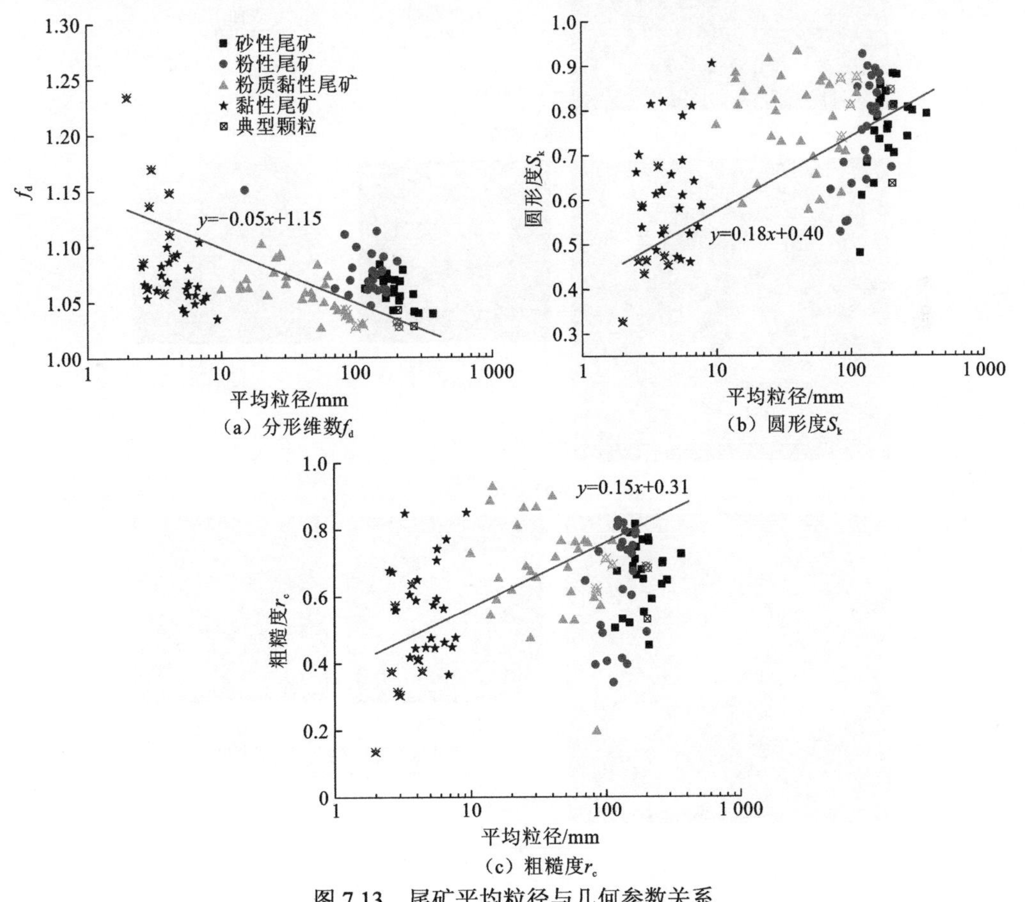

图7.13　尾矿平均粒径与几何参数关系

自相似性能并不高，表面曲折程度也不高。尾矿属于人工砂，磨矿器械的规律行为使不同粒径尾矿颗粒分形维数基本相等。黏性尾矿 D_35 由于颗粒尺寸极细可能使得软件处理误差放大。图 7.13（b）中尾矿颗粒的圆形度分布在 0.33～0.92，随着粒径的增加圆形度增加。从典型颗粒的数据分析，黏性尾矿 D_35 的圆形度平均值为 0.491，粉质黏性尾矿 D_75 的圆形度平均值为 0.824，粉性尾矿 D02 的圆形度平均值为 0.827，砂性尾矿 D20 的圆形度平均值为 0.721。尾矿颗粒的整体轮廓更接近圆形，黏性尾矿会偏向于扁平状。图 7.13（c）中尾矿颗粒的粗糙度分布在 0.20～0.86，随着粒径的增加粗糙度增加。从典型颗粒的数据分析，黏性尾矿 D_35 的粗糙度平均值为 0.393，粉质黏性尾矿 D_75 的圆形度平均值为 0.658，粉性尾矿 D02 的圆形度平均值为 0.686，砂性尾矿 D20 的圆形度平均值为 0.614。黏性尾矿颗粒的粗糙度明显小于其他尾矿，说明黏性尾矿表面较光滑。放大倍数更大的图片更清晰，更能准确测量相关参数，几个典型颗粒被挑选出来进行更大的倍数放大，如图 7.14 所示。随着尾矿颗粒尺寸的减小，颗粒越趋向片状、板状，颗粒表面越光滑。

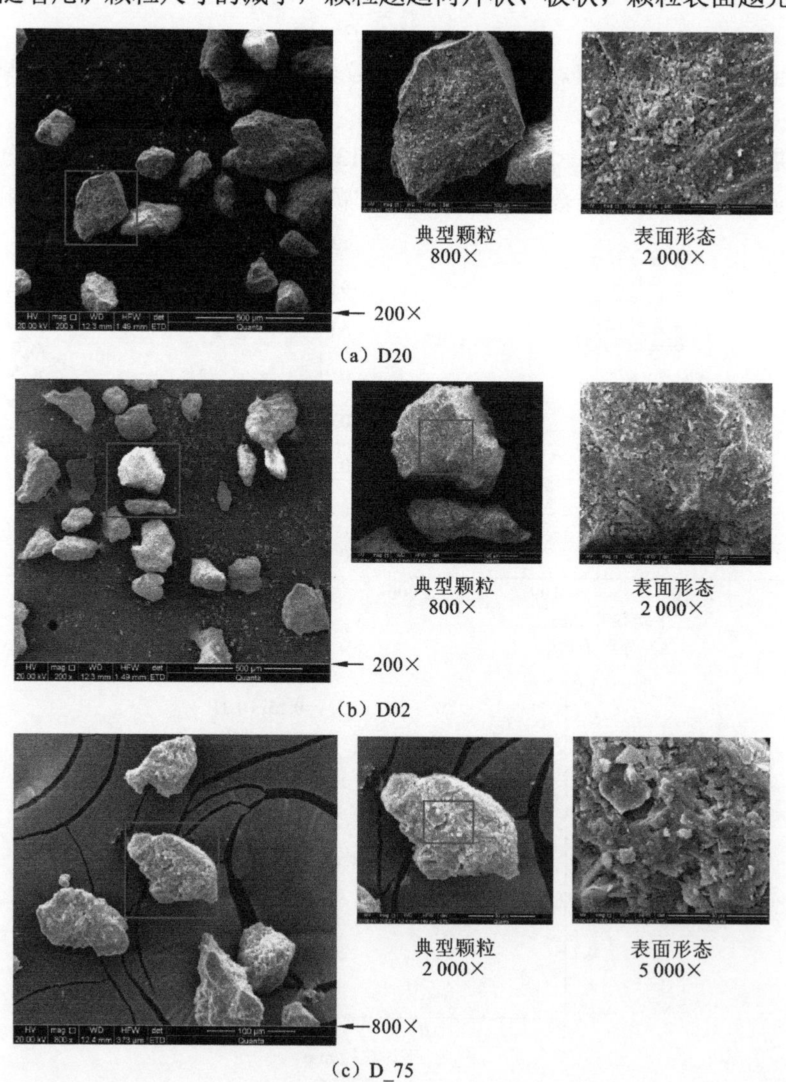

（d）D_35

图 7.14　尾矿颗粒表面形态

随着粒径减小，颗粒变得扁平。DLVO 理论认为胶体溶液在一定条件下能否形成稳定状态取决于胶体粒子之间相互作用的位能，总位能等于范德瓦耳斯力吸引位能和由双电层引起的静电排斥位能之和。双电层斥力在颗粒方向不同角度下相差很大，而范德瓦耳斯力不受颗粒方向的影响。Anandarajah[156]在研究中表明，黏土颗粒从平行到转到很小角度（3°）双电层斥力大幅度减小，但是高压下颗粒仍会接触。

试验前各试样为重塑样，可视为各向同性。为了了解高应力下尾矿颗粒方向性，通过扫描电镜对固结压力 5 MPa 固结试验后的试样进行分析，利用 Image-Pro Plus 软件对大量自动捕捉的孔隙结构进行统计分析（孔隙较颗粒更易于捕捉）。图 7.15 统计了孔隙长轴方向排布结果。

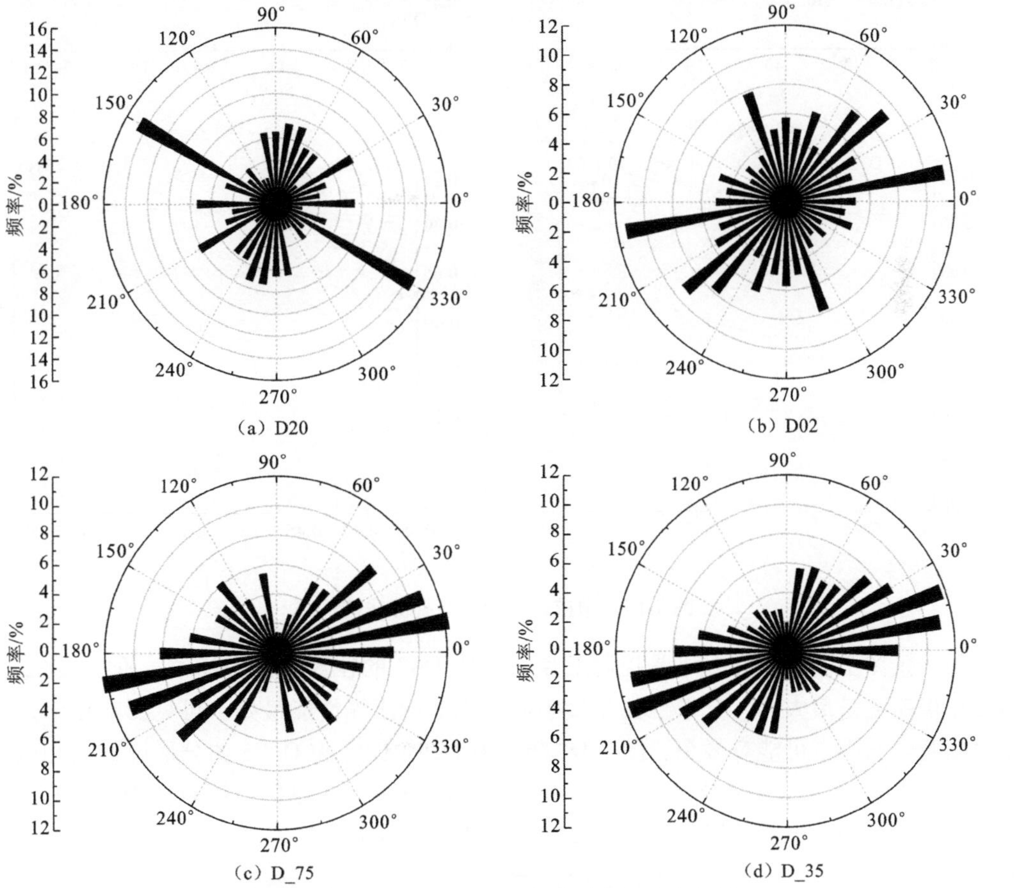

（a）D20　　（b）D02

（c）D_75　　（d）D_35

图 7.15　5 MPa 固结压力下的孔隙主轴方向统计

从图 7.15 中可以看出，随着粒径减小，压缩后的试样的各向同性越显著。这将导致双电层斥力显著增加，在高应力阶段，细颗粒尾矿各向同性增加导致双电层斥力显著增加为孔隙比 e 区别于低压阶段的主要因素。

7.4.2 孔隙比

根据上述结论的分析，4 种不同粒径的尾矿试样在颗粒几何形态和固结性质上存在很大差异，为了进行不同尾矿高应力压缩过程中颗粒几何形态与压缩性能的关系研究，图 7.16 分别给出了在同一固结压力下孔隙比与细粒含量、分形维数 f_d、圆形度 S_k 和粗糙度 r_c 的关系。

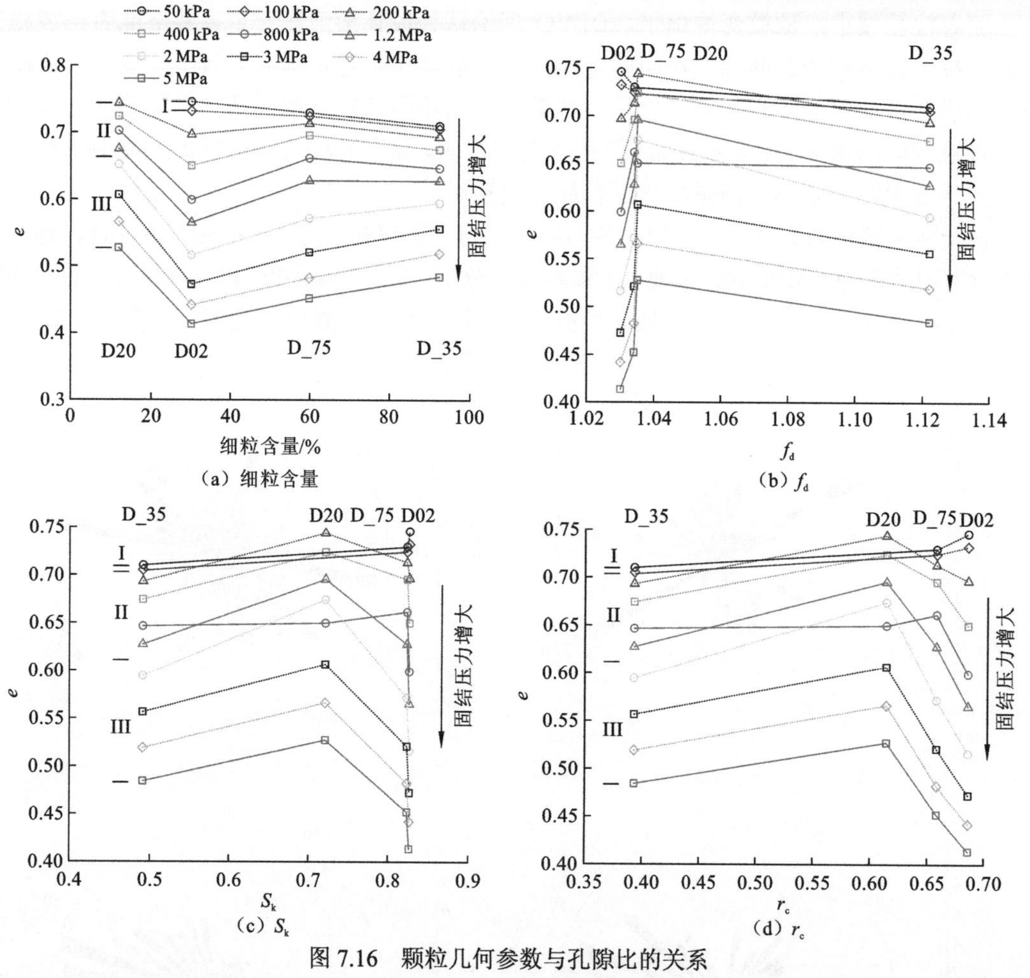

图 7.16 颗粒几何参数与孔隙比的关系

每一张图上的横坐标并不是控制变量。虽然 D02 的粒径不如 D20 大，但是 D02 的圆形度和粗糙度是最大的，分形维数是最小的，D02 的压缩性能最好。可见影响压缩过程中孔隙比变化的因素可能有多个。图 7.16（b）中 D20、D02 和 D_75 的分形维数 f_d 相近但孔隙比 e 却相差较大，可见分形维数 f_d 并不是影响试样压缩性的主要因素。图 7.16（c）中 D02 和 D_75 的圆形度相近，孔隙比却相差较大，可能是尾矿材料具有最大圆形度，也有可能是尾矿圆形度较大时即颗粒较圆时，此时圆形度并不是影响试样压缩性的主要因素。

对尾矿的压缩性能影响程度：细粒含量（<35 μm）>粗糙度>圆形度>分形维数。

细粒含量、圆形度、粗糙度对孔隙比的影响较为规律，且大致可以分为三个阶段。

阶段I：当固结压力 p_c<200 kPa 时，压缩性最好的是黏性尾矿 D_35，此阶段孔隙比与细粒含量呈现明显的线性规律。孔隙比与圆形度和粗糙度呈正相关，这与其他阶段刚好相反。在此阶段，细粒含量越高、圆形度越低、粗糙度越低，孔隙比越低，试样压缩性能越好。显然，此阶段是试样的结构性骨架孔隙在压缩。强黏性颗粒和扁平状颗粒容易形成絮体，引起骨架孔隙，光滑的颗粒使结构性孔隙容易压缩。

阶段II：当 200 kPa<p_c<1.2 MPa 时，随着固结压力的增大 D02 的孔隙比快速降低，D_75 的孔隙比较快降低，D20 和 D02 均匀速降低。此阶段，D02 和 D_75 的圆形度均最大，D02 的粗糙度最大。此阶段规律主要影响因素是粗糙度。显然，该阶段试样的变形以颗粒间的滑移为主。颗粒粗糙度越高即颗粒越光滑，试样压缩性越好。

阶段III：当 2 MPa<p_c<5 MPa 时，随着固结压力的增大，所有曲线都呈现几乎平行的规律。可见高应力下尾矿的压缩性能几乎相似。显然，高应力下尾矿的压缩性能影响因素是多元的。高应力下，细粒含量越低、圆形度越低、粗糙度越高的尾矿容易发生颗粒破碎增加压缩性能，这分别不同程度地增强了 D20、D02 和 D_35 的压缩性。黏性颗粒由于弱结合水的发育会延缓压缩性[157]，这会增加高应力下 D_35 和 D_75 的压缩性。但当颗粒间距小于 2 nm 时颗粒的扩散双层理论规律不适用，这会在某个压力阶段减小黏性尾矿的压缩性。

7.4.3 压缩指数与次固结系数

由于固结系数的双线性特征，定义固结压力小于 1.2 MPa 时为低固结压力，固结压力大于 2 MPa 时为高固结压力，分段的压缩指数 C_c 和次固结系数 C_a 与颗粒几何参数关系如图 7.17 所示。C_c 和 C_a 在高、低固结压力下大致对称。低固结压力阶段压缩性能好的尾矿试样，在高固结压力阶段试样内孔隙被充分利用使得压缩性能变差；低固结压力阶段压缩性能差的尾矿试样，在高固结压力阶段因为颗粒受力变大使得颗粒破碎，压缩性能反而更好。次固结同样有这样的规律。这也可以解释图 7.17 中高固结压力阶段孔隙比曲线几乎平行的原因。从图 7.17（b）、（c）中可以看出，当圆形度和粗糙度足够大时，高固结压力对 C_c 和 C_a 影响很小，即颗粒趋近圆形且表面光滑的时候，高固结压力压缩对压缩性能及蠕变性能的影响很小，这也意味着离散元软件中用圆球颗粒进行高固结压力压缩的数值试验是不合理的。

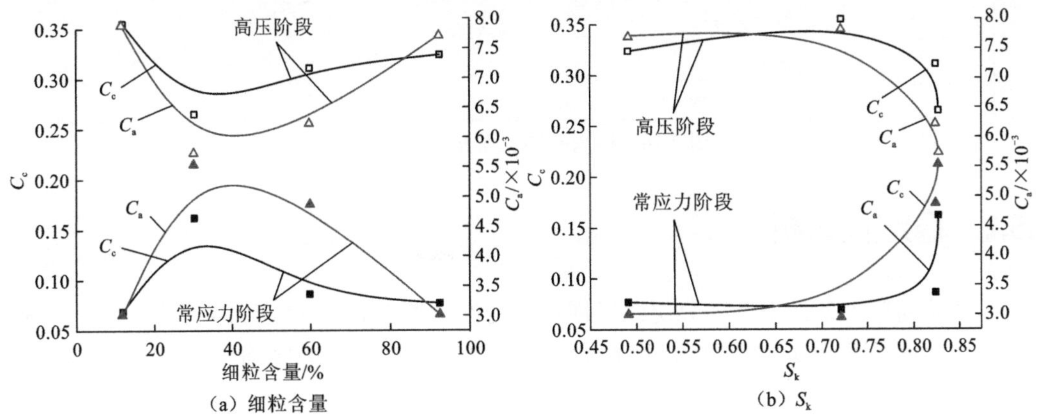

（a）细粒含量　　（b）S_k

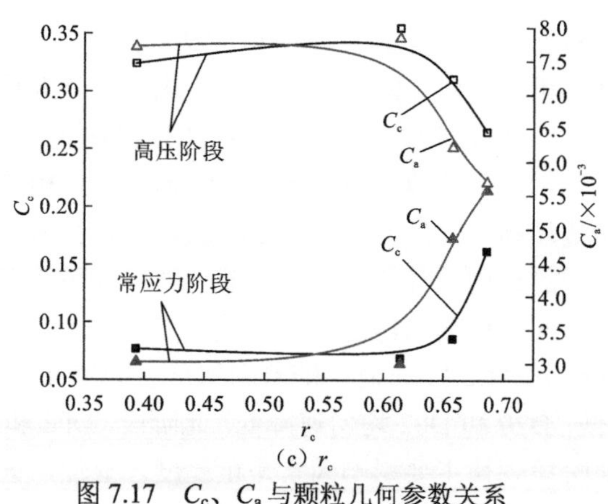

（c）r_c

图 7.17　C_c、C_a 与颗粒几何参数关系

7.5　高尾矿坝稳定性分析

7.5.1　案例背景

对于高应力条件下尾矿坝的强度特性，随着坝体高度的提升强度参数折减越严重。因此，若不考虑高应力条件下尾矿坝强度的折减，并把常应力条件下尾矿强度参数应用于高尾矿坝稳定性分析的设计是比较危险的。

以江西省德兴市某尾矿坝为例，构建理想剖面模型。根据 7.2 节构建的高应力条件下的非线性强度准则，分别进行不考虑高应力强度折减和每间隔一定深度考虑高应力强度折减的坝体稳定性分析。显然，每个高应力分层深度越小，计算结果越符合现实，却增加了计算的工作量。本节探索合理的高应力分层深度建议，为实际工程中考虑高应力条件下强度折减的稳定性分析提供参考。分别考虑无分层（不考虑高应力强度折减），以及分层 100 m、50 m、30 m、25 m、20 m 6 种工况进行坝体稳定性分析。该理想剖面模型如图 7.18 所示，该坝采用中线法筑坝工艺，最大坝高 208 m，坝外坡比 1∶3。初期坝为堆石坝，坝顶标高 110 m，坝基地面标高 72 m，属于一等坝。

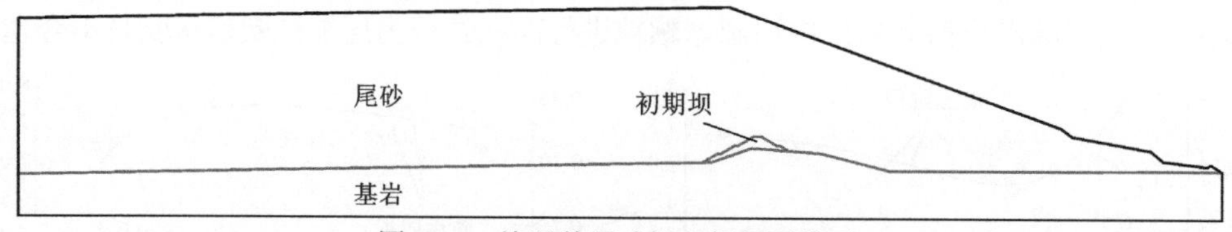

图 7.18　德兴某尾矿坝理想剖面模型

7.5.2　稳定性分析

为计算高应力条件下不同分层深度坝体稳定性，图 7.19 以高应力分层为 20 m 工况为例，原尾砂内摩擦角φ_0=33.72°，饱和重度γ=22 kN/m^3，高应力区临界深度按下式计算。

$$\sigma_c = K\gamma h_c \tag{7.29}$$

式中：σ_c 为临界围压值，取 $\sigma_c=0.8$ MPa；K 为侧压力系数，该工程取 $K=0.4$；h_c 为高应力区临界深度。

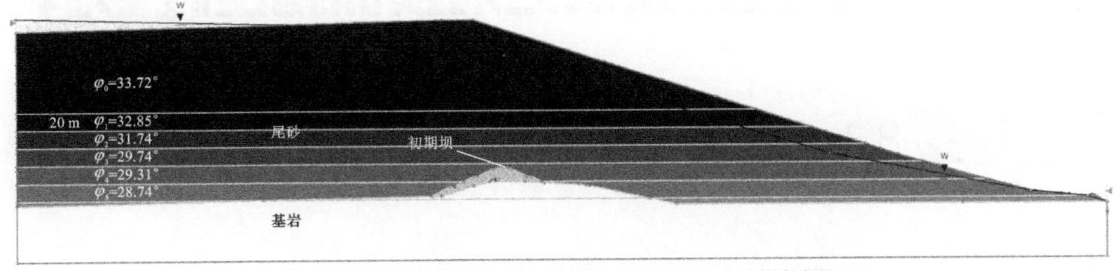

图 7.19　尾矿坝分区示意图（以 20 m 分层为例）

按式（7.29）计算 h_c 为 91 m。王凤江[158]、潘建平等[159]均认为将 100 m 定义为高堆尾矿坝是合理的，可见本节 h_c 的取值也是合理的。从临界深度往下称为高应力区，往下每 20 m 分一层，高应力分层区每层重度不变，内摩擦角取值为其上下节点的平均值。尾砂的黏聚力一般较小，在坝体稳定性分析中的影响权重较低，故暂不考虑 c 随深度变化。可计算出考虑高应力强度折减正常运行下 Bishop 法的安全系数。同理，可计算考虑无分层、100 m、50 m、30 m、25 m 的其他 5 种工况的安全系数，如表 7.5 所示。

表 7.5　不同工况强度的安全系数

工况	安全系数 F_s
不考虑高应力强度折减（无分层）	1.557
100 m 分层	1.386
50 m 分层	1.390
30 m 分层	1.370
25 m 分层	1.366
20 m 分层	1.370

从表 7.5 可以看出，考虑和不考虑高应力条件下尾矿的强度折减对坝体稳定性影响很大，不考虑高应力强度折减的工况安全系数为 1.557，通过不同高应力区分层深度对比，不同分层深度工况的安全系数为 1.366～1.390。由于每种工况的最危险滑动面均不相同，随着分层深度的减小安全系数并不呈正相关。若不考虑高应力强度折减影响，安全系数计算结果比实际高出约 14%，且可能会出现实际不安全或者安全储备不足的尾矿坝被认为是安全的。对于高尾矿坝，这种不考虑高应力强度折减影响的处理方法存在较大的安全风险。基于对工程保守的考虑，该案例建议以 20～30 m 分层进行考虑高应力强度折减的坝体稳定性分析，实际工程案例可参考此方法确定最佳分层深度。

对高尾矿坝稳定性进行分析时，仍采用常应力阶段的强度参数将使计算结果产生较大的误差，某些有安全隐患的高尾矿坝稳定性分析结果可能被误判为安全，因此对高尾矿坝需考虑高应力影响下的强度折减。对于高尾矿坝建议对筑坝材料进行高压三轴试验，按非线性强度准则确定不同应力条件下的强度参数，然后对坝体按深度进行分层，各层取不同的强度参数进行稳定性分析。参考此方法得出的分析结果会更加符合实际尾矿坝的安全情况。

第 8 章　新型筑坝工艺对坝体稳定性影响

8.1　絮凝剂对尾矿细观结构影响

8.1.1　电子显微镜观测试验

试验所采用的手持电子显微镜是由中国台湾 Dino-Lite 生产型号为 AD4113T 的电子显微镜。放大倍数为 20~200 倍，分辨率为 1280×1024。图 8.1 所示为手持电子显微镜的样品示意图。试验步骤如下。

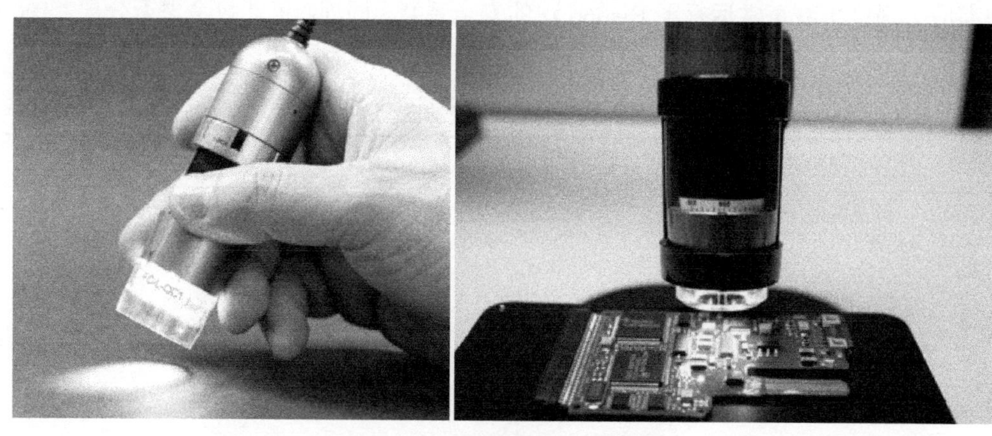

图 8.1　电子显微镜样品示意图

（1）在烧杯中配置质量分数为 0.1%的絮凝剂溶液。

（2）在量筒中配置质量分数为 5%的全尾砂浆（配置低浓度的尾矿溶液易于观测絮团形态）。

（3）用移液管将不同用量的絮凝剂溶液加入全尾砂浆中。

（4）充分搅拌，然后直接在试验台上肉眼观测。

（5）使用电子显微镜进行放大拍照。

试验结果如表 8.1 所示。从表 8.1 中可以看出，传统的阴离子絮凝剂——3379 絮凝剂加入尾矿浆后的溶液沉降速度慢，固液分离不明显，微观显微照片显示整体颗粒较均匀，有少许的絮团的纹路；阳离子絮凝剂——GEJ 絮凝剂加入尾矿浆后的溶液沉降速度快，固液分离明显，上部悬浊液有些许浑浊，微观显微照片显示絮团明显成型，絮团的纹路清晰；将 GEJ 絮凝剂和 3379 絮凝剂进行 1∶1 的混合后加入尾矿浆后的溶液沉降速度快，固液分离明显，上部悬浊液清澈，微观显微照片显示颗粒感强，絮团纹路十分清晰，絮团颗粒大。

表 8.1 电子显微镜观测的结果

絮凝剂	沉降中	沉降后	沉降后微观显微照片
3379 絮凝剂	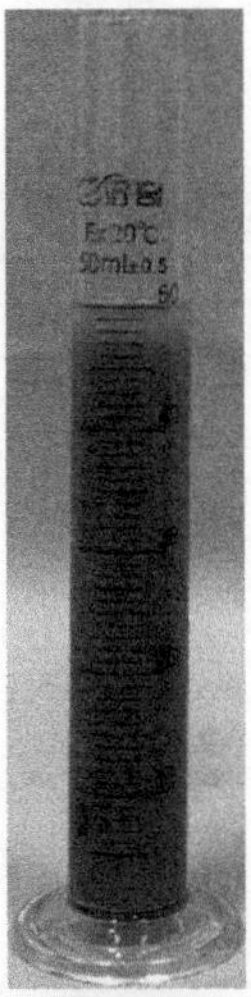		  1 mm 1 mm
GEJ 絮凝剂	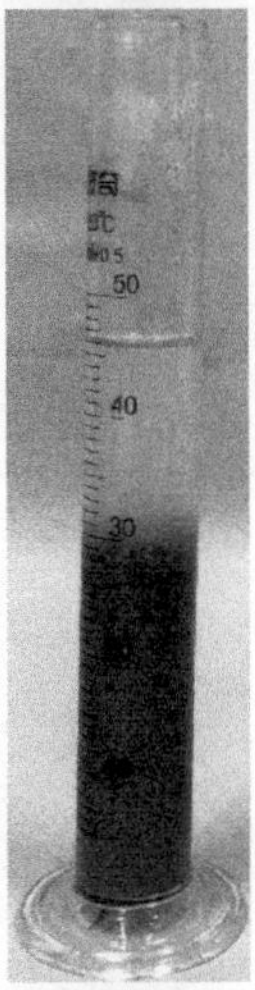	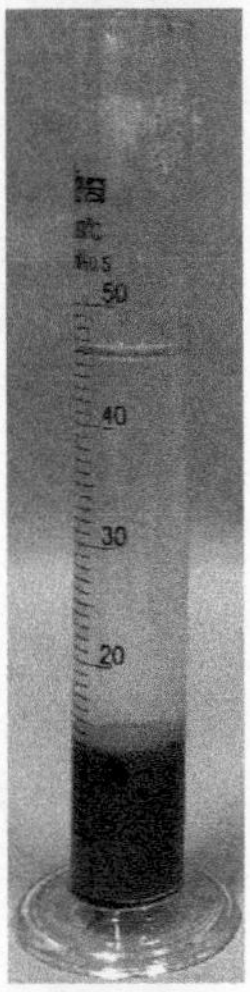	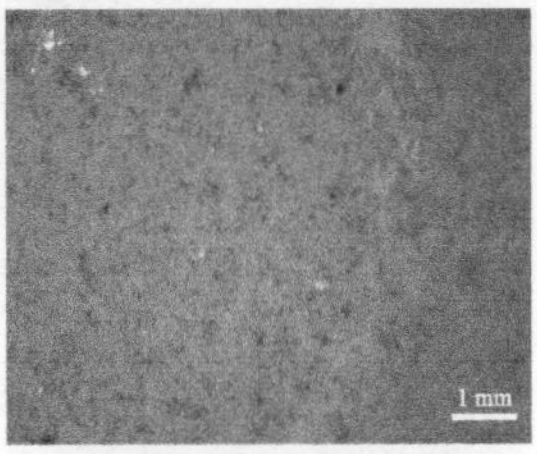  1 mm
GEJ+3379 混合絮凝剂			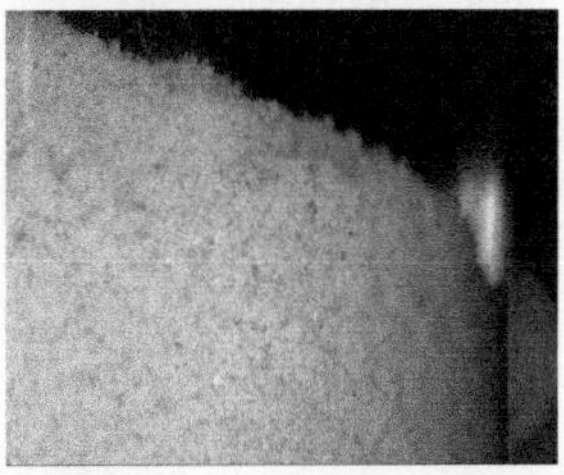 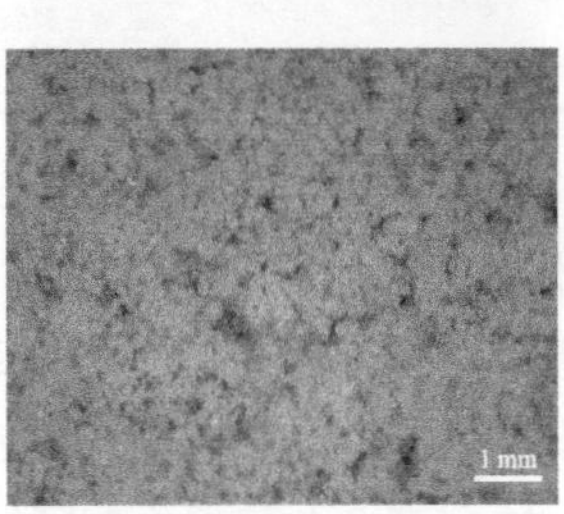 1 mm

综上所述，从肉眼和手持电子显微镜可观测到 GEJ 絮凝剂形成的絮团比 3379 絮凝剂形成的絮团更大，且 GEJ 絮凝剂、3379 絮凝剂等比混合后效果最好。为了探明 GEJ 絮凝剂和传统阴离子絮凝剂混合后效果是否更优，补充市场上另一种效果较好的阴离子絮凝剂——HB-阴絮凝剂进行絮凝沉降试验，试验结果如表 8.2 所示。

表 8.2　添加 HB-阴离子絮凝剂对絮凝沉降影响的显微镜观测结果

絮凝剂	沉降中	沉降后	微观显微照片
HB-阴絮凝剂	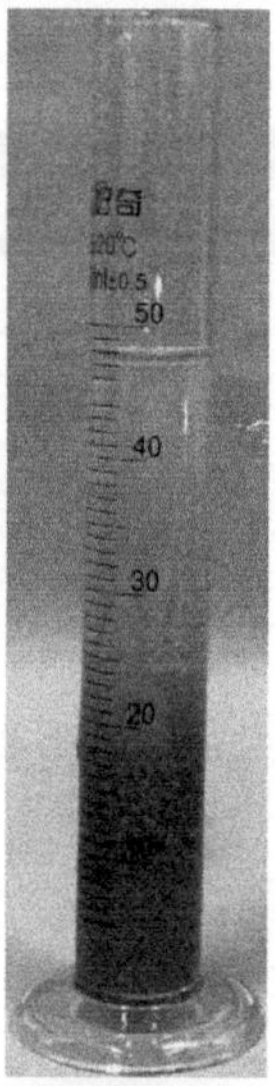	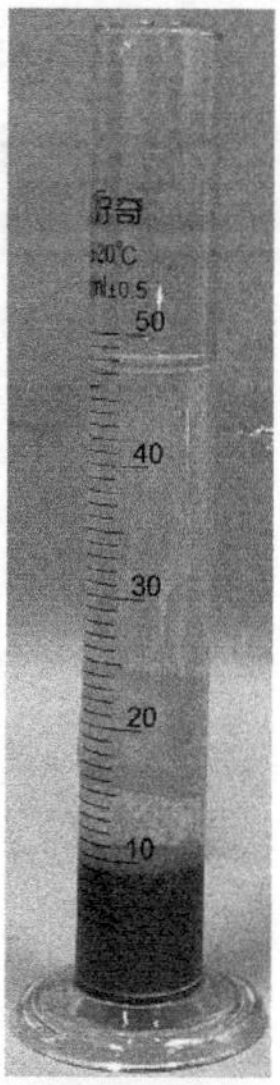	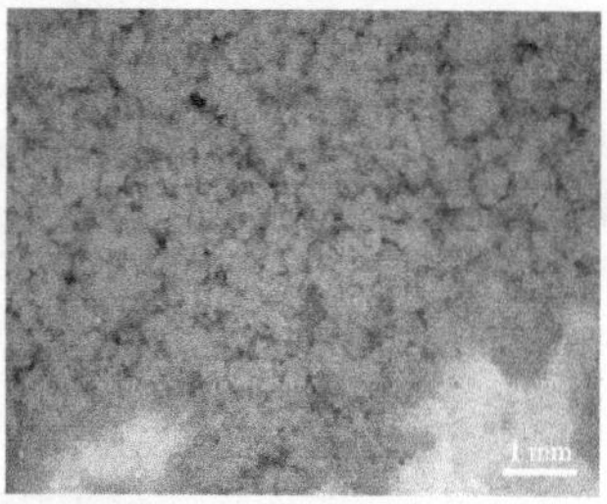 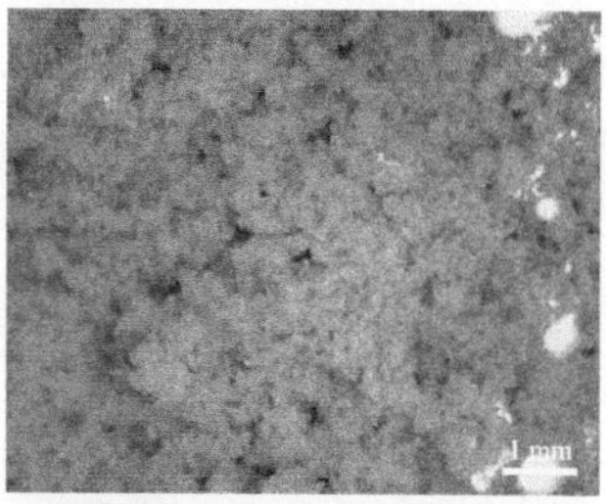
GEJ+HB-阴混合絮凝剂	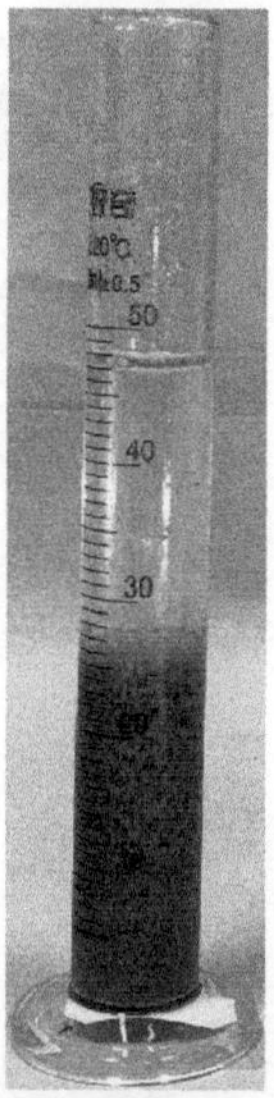	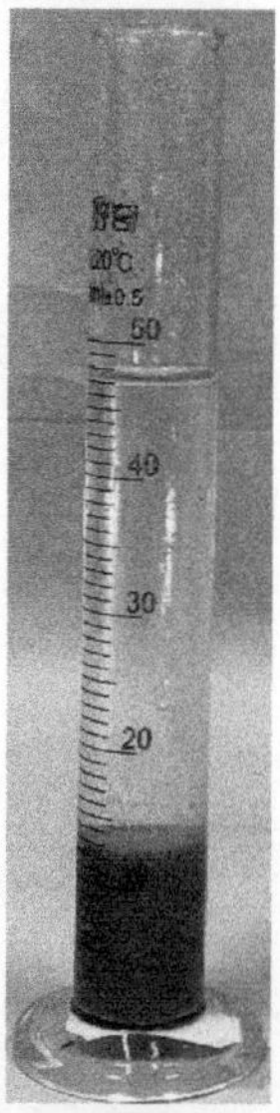	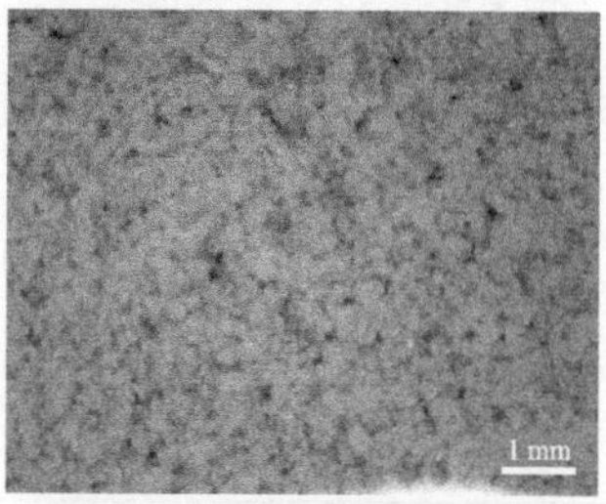 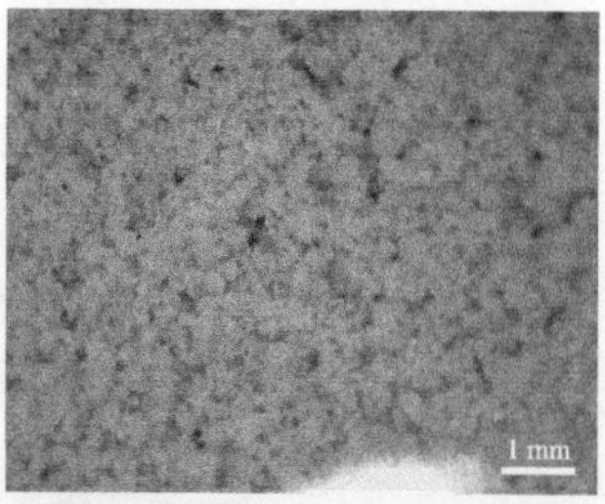

从表 8.2 中可以看出，HB-阴絮凝剂加入尾矿浆后的溶液沉降速度快，固液分离明显，上部悬浊液清澈，微观显微照片上看絮团较为明显；将 GEJ 絮凝剂和 HB-阴絮凝剂 1∶1 混合加入尾矿浆后的溶液沉降速度快，固液分离明显，上部悬浊液十分清澈，微观显微照片上絮团更大。GEJ 絮凝剂与 HB-阴絮凝剂混合剂在形成絮团方面效果更佳。

结合表 8.1 和表 8.2 可以看出：相对于 3379 絮凝剂，GEJ 絮凝剂对细小颗粒的絮凝效果较好，形成的絮团颗粒也较大；且从溶液上部悬浊液和显微图像中可以看出 GEJ+3379 混合絮凝剂比单独使用其中某一种絮凝剂形成絮团的效果更好。

8.1.2 SEM 试验

采用美国 FEI 公司生产型号为 Quanta 250 的扫描电子显微镜进行尾矿表面形貌的扫描观测。具体步骤为：样品前处理，冷冻干燥，喷金后样品微观成像。放大 800 倍后的不同絮凝剂尾矿 SEM 图像如图 8.2 所示。

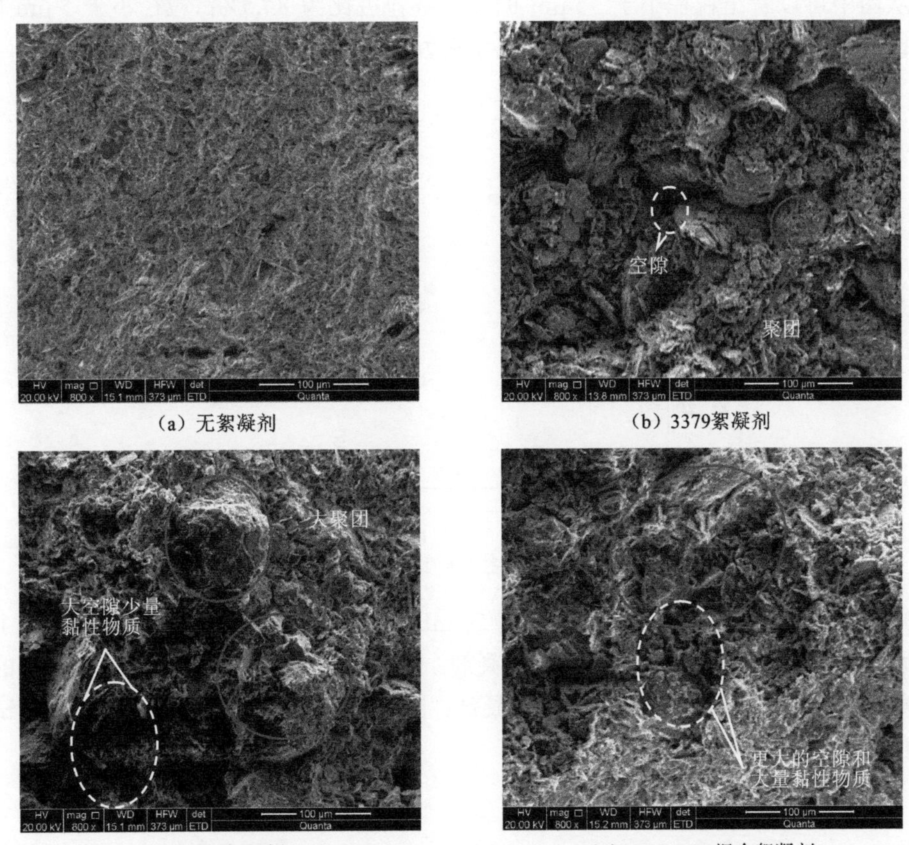

(a) 无絮凝剂　(b) 3379絮凝剂

(c) GEJ絮凝剂　(d) GEJ+3379混合絮凝剂

图 8.2　絮凝剂类型对细粒尾矿絮凝效果的影响的 SEM 图像

从图 8.2 中可以看出：未添加絮凝剂的 SEM 图像表明，未发现团聚体，且颗粒排列均匀；添加了 3379 絮凝剂的尾矿试样 SEM 图像显示，试样存在大量小粒径絮团和小粒径空隙；添加了 GEJ 絮凝剂的尾矿试样的 SEM 图像显示，试样存在较大粒径絮团和较大的空隙，空隙中填充的黏性物质较少；添加 GEJ 絮凝剂和 3379 絮凝剂 1∶1 混合絮凝剂的尾矿试样 SEM 图像显示，试样存在较大的粒径絮团（灰色圆圈）和较大的空隙（白色圆圈），填充的黏性物质较多。

SEM 结果揭示了絮凝剂类型对絮凝性能有重要影响。首先，复合絮凝剂可以产生较大的团聚体和空隙，有利于提高絮凝细尾矿的脱水能力；其次，复合絮凝剂可以用黏性物质填充空隙，这有助于增加剪切应力，进而提高岩土体的稳定性。

8.2 添加絮凝剂特性试验

8.2.1 一维沉降试验

1. 试验制样

室内沉降试验试样由陇南紫金莱子沟尾矿库矿浆烘干制得。尾矿的颗粒级配如图 8.3 所示。从图中可以看出粒径小于 75 μm 的细粒颗粒占比为 84.5%；粒径小于 5 μm 的黏粒颗粒占比为 11.87%。该尾矿颗粒较细，属于粉性尾矿到黏性尾矿之间。

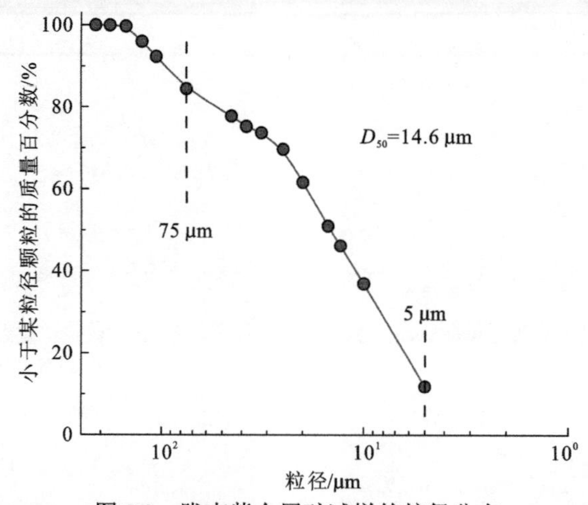

图 8.3 陇南紫金尾矿试样的粒径分布

已知尾矿浆浓度为 29%，现配置 4 瓶 50 mL 浓度为 29%的矿浆溶液尾矿试样 1～4。然后分别为这 4 瓶溶液配置 4 种不同的絮凝剂。试样 1：GEJ 絮凝剂和 3379 絮凝剂的 1∶1 混合絮凝剂；试样 2：0.1%浓度的 GEJ 絮凝剂；试样 3：0.1%浓度的 3379 絮凝剂；试样 4：不添加任何絮凝剂。

2. 试验方法

使用移液管将絮凝剂取出，按顺序分别加入相应的尾矿浆中，试验中加入絮凝剂的体积均为 1.1 mL。将 4 瓶加入絮凝剂的溶液充分摇匀后同时静置在试验台上，并在试验台上放置秒表同时开始计时，相隔固定时间进行拍照，试验过程如图 8.4 所示。从图 8.4 中可以看出：添加混合絮凝剂的试样 1 相对沉降速度最快，自身沉降速度变化先快后慢；添加 0.1%浓度的 GEJ 絮凝剂的尾砂试样 2 和添加 0.1%浓度的 3379 絮凝剂的尾砂试样 3 相对沉降速度中等，自身沉降速度也是先快后慢，速度相对尾砂试样 1 较均衡；未添加任何絮凝剂的尾砂试样 4 相对沉降速度一直较慢，变化幅度不大。

3. 试验结果及分析

将 4 种尾砂溶液按时间读取浑浊区体积读数的结果绘制如图 8.5 所示，从图 8.5 中可以看出沉降速度均是先慢后快再慢的变化趋势。试样 1 的沉降速度最快；试样 2 和试样 3

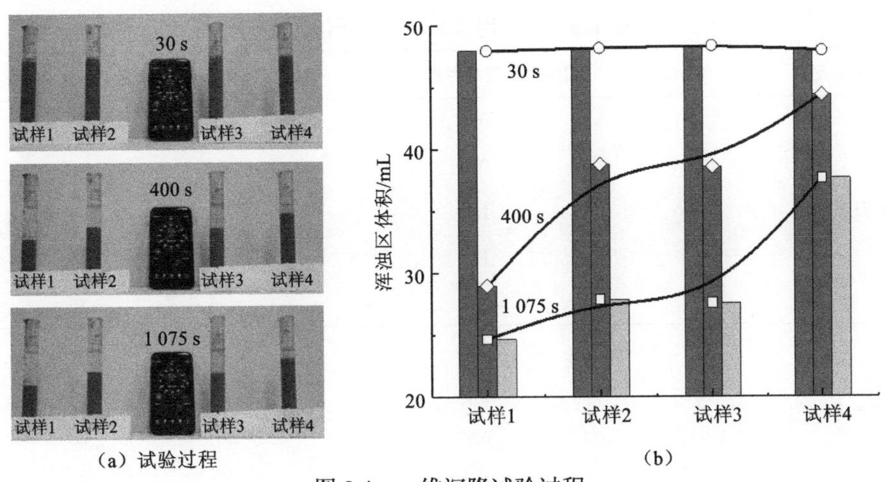

（a）试验过程　　　　（b）

图 8.4　一维沉降试验过程

速度次之，其中试样 2 和试样 3 沉降速度很接近，前期试样 2 沉降速度略大于试样 3，后期速度基本相同；试样 4 沉降速度最慢。由此可以得出初步结论：添加混合絮凝剂的试样 1 絮凝效果优于添加 0.1%浓度的阳离子絮凝剂 GEJ 的试样 2，试样 2 略优于添加 0.1%浓度的 3379 絮凝剂的试样 3，试样 3 优于未添加任何絮凝剂的试样 4。

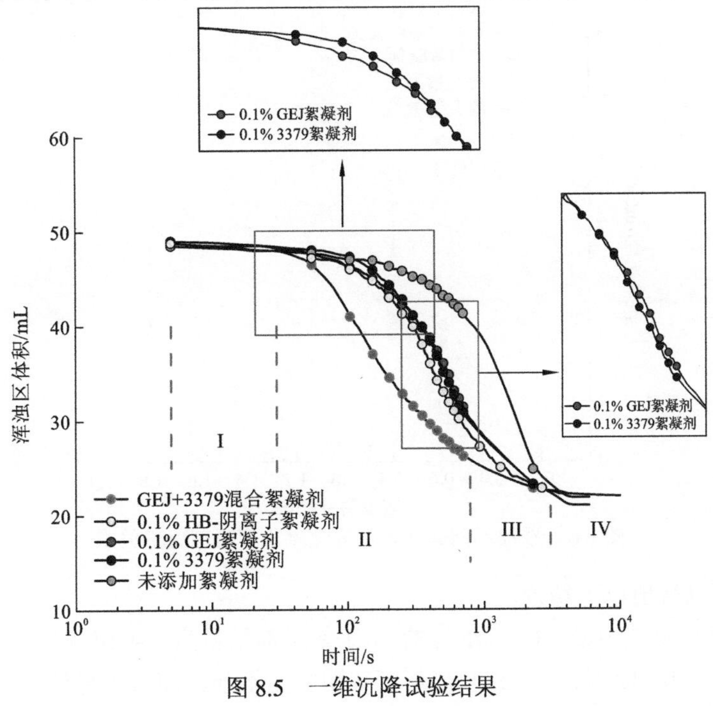

图 8.5　一维沉降试验结果

为了探明添加不同絮凝剂的最佳沉降速度，进行不同用量絮凝剂的沉降速度的试验，表 8.3 列出了不同絮凝剂用量下对应的沉降速度。图 8.6 展现了随着絮凝剂用量的沉降速度变化趋势，并给出了部分状态试剂 2 d 后摇匀再次测量的沉降速度。

表 8.3 不同用量絮凝剂的沉降速度

絮凝剂	0.1%的絮凝剂用量 L_f/mL	沉降速度 v/（mL/s）
GEJ 絮凝剂	0.6	1.93
	0.8	2.36
	1.0	3.46
	1.4	3.86
	1.8	3.86
3379 絮凝剂	0.2	2.66
	0.4	2.24
	0.6	2.24
	1.0	2.13
GEJ+3379 混合絮凝剂	0.4	3.54
	0.8	4.25
	1.2	4.25
	1.6	5.31
	2.0	5.31

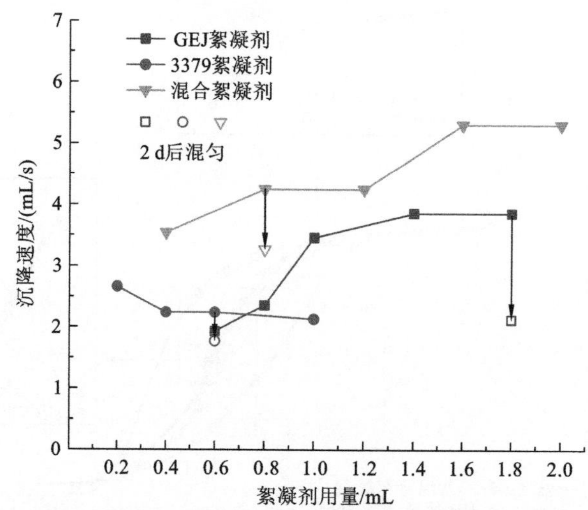

图 8.6 添加不同絮凝剂沉降速度与絮凝剂用量关系

从图 8.6 可以得出以下结论。

（1）絮凝效果最佳用量：0.1%浓度的 GEJ 絮凝剂用量为 1.4 mL 时对 29%浓度的尾矿浆絮凝效果最佳；0.1%浓度的 3379 絮凝剂絮团能力不强，随着用量的增加沉降速度变化不大；0.1%浓度 GEJ+3379 混合絮凝剂用量为 1.6 mL 时对 29%浓度的尾砂絮凝效果最佳。

（2）沉降速度：GEJ+3379 混合絮凝剂>GEJ 絮凝剂>3379 絮凝剂。沉降速度是絮凝效果的体现，沉降速度越快絮团颗粒越大，絮凝剂絮凝效果越好。从 GEJ+3379 混合絮凝剂和 GEJ 絮凝剂的对比可以看出 GEJ 絮凝剂对细粒尾矿絮凝沉降有增强效应，絮团大小和絮凝效果都有显著提升。

8.2.2 脱水试验

脱水试验是污泥、尾矿浆等固液混合废弃物减量化的关键与重点[110]。可有效地降低污泥、尾矿浆的含水率并能有助于减少废弃物的排放量。浸润线的高低是影响尾矿坝坝体稳定性的重要因素。因此，尾矿材料的脱水能力是坝体稳定性的重要参数之一。

试样材料同 8.2.1 小节。试验仪器采用自制的简易脱水装置，该装置包括带圆孔的刚性底座、透水石、滤纸、流塑状态土样、挡板、砝码、筒身、排水软管。存放土样的圆筒尺寸为 61.8 mm×240 mm，用传统的重物代替压力系统，将土样放在压力室里，重物作用在挡板上使得土样在被压缩过程中受力均匀，土样密度较均匀；土样下端垫一层滤纸，使得流塑状态的土样在压缩过程中水得以排出，并且保证土样不会流失。滤纸下端是透水石，透水石下面是带圆孔的刚性底座，当土样加压脱水时，水通过滤纸经过透水石，再经过下部圆孔，流到底座中，最后通过软管排出到烧杯中测量脱水量。该装置结构示意图如图 8.7 所示。试验方法：配置等量的 4 种不同絮凝剂的溶液倒入脱水装置中，放上挡板和加载重物，将排水软管放入烧杯中，在保持轴向加载重量不变的情况下测量总脱水量，待排水软管不再有水排出时加载下一级荷载，再测量该级荷载下的脱水量，以此类推。其结果如图 8.8 所示。

图 8.7 自制简易脱水装置示意图

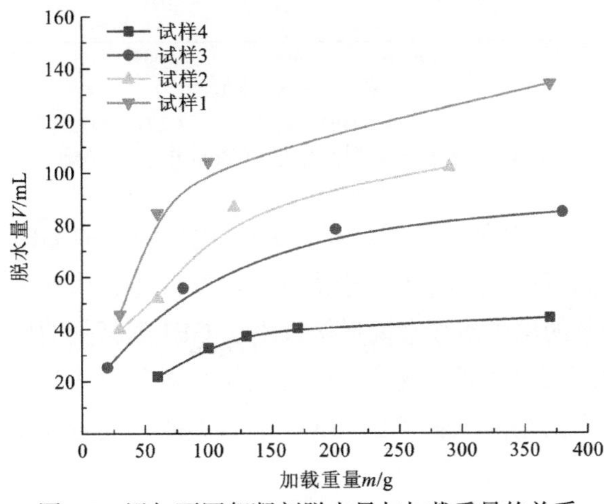

图 8.8 添加不同絮凝剂脱水量与加载重量的关系

从图 8.8 中可以看出：添加不同絮凝剂尾矿浆脱水量随着顶部加载重量的增加而增加，但其增加的速率逐渐减小，最终趋于平稳。即尾矿浆的残余含水率随着顶部加载重量的增加而减小。在相同顶部加载重量时添加不同絮凝剂的尾矿浆的脱水量的效果为：GEJ+3379 混合絮凝剂＞GEJ 絮凝剂＞3379 絮凝剂＞未添加絮凝剂。结合 8.2.1 小节絮凝剂对尾矿的细观结构的影响可知颗粒絮团越大将使得颗粒间空隙越大，排水通道越大，脱水效率越高，尾矿坝坝体稳定性越高。

8.2.3 Zeta 电位试验

电泳试验测得的 Zeta 电位对细粒的絮团具有重要的意义，可以用来描述絮团的稳定性[111]。Zeta 电位一般为负值，其绝对值越大代表絮团越稳定。从位能曲线上体现在存在势垒（电位差），则细颗粒尾矿在溶液中呈现悬浮状态；若不存在势垒，则细颗粒尾矿在溶液中极易发生絮凝现象。

试验采用 Malvern Zetasizer Nano-ZS 纳米粒径电位分析仪进行试验。为了测量 Zeta 电位，将尾矿颗粒与不同浓度的絮凝剂溶液混合，然后测定 Zeta 电位。每个样本测量 10 个值，取其平均值作为最终值，添加不同类型絮凝剂尾矿溶液的 Zeta 电位结果如图 8.9 所示。随着絮凝剂质量浓度从 80 g/t 增加到 720 g/t，添加 3379 絮凝剂的尾矿溶液在 720 g/t 时 Zeta 电位维持在−20 mV 左右，而添加 GEJ 絮凝剂的尾矿溶液的 Zeta 电位值变化为−14 mV。这说明添加 3379 絮凝剂的尾矿所覆盖的颗粒表面的负电荷比添加 GEJ 絮凝剂的尾矿所覆盖的强，添加 3379 絮凝剂的尾矿所覆盖的细颗粒之间的斥力比添加 GEJ 絮凝剂的尾矿所覆盖的颗粒之间的斥力更强。在这种情况下，添加 3379 絮凝剂不能产生预期的絮凝效果。

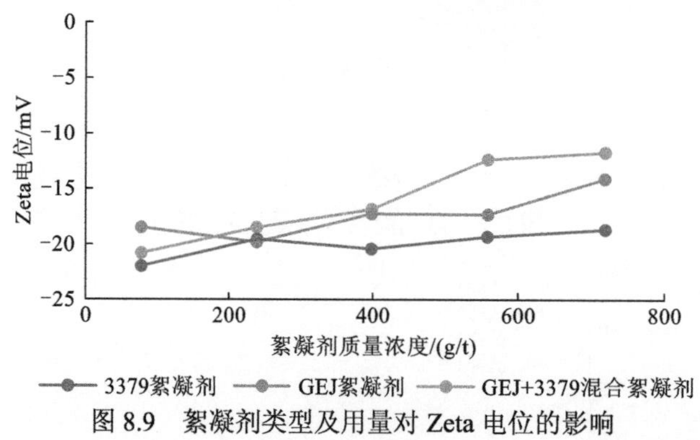

图 8.9 絮凝剂类型及用量对 Zeta 电位的影响

添加 GEJ+3379 混合絮凝剂的尾矿溶液的 Zeta 电位与添加 GEJ 絮凝剂的尾矿溶液的 Zeta 电位趋势基本一致，即在 720 g/t 质量浓度下，Zeta 电位值变为−12 mV，表现出特征相比于添加 3379 絮凝剂的尾矿溶液来说更接近添加 GEJ 絮凝剂的尾矿溶液。

从图 8.9 中可以看出 3379 絮凝剂质量浓度的增加对絮凝效果影响不大，GEJ 絮凝剂随着质量浓度的增加絮凝效果增强，GEJ+3379 混合絮凝剂随着质量浓度的增加絮凝效果更强。

8.3 絮凝剂对尾矿力学特性影响

8.3.1 直剪试验

土的抗剪强度可定义为土体抵抗剪切破坏的受剪能力，其实本身就是土的强度问题。考虑絮凝剂对尾矿材料强度的改善作用，拟对其抗剪强度的特性进行研究。直剪试验采用南京土壤仪器公司生产的直剪仪（ZJ 型），如图 8.10（a）所示。直剪试验是在室内固结排水条件下进行的，对添加絮凝剂和不添加絮凝剂的尾矿试样进行剪切速率为 0.8 mm/min 的直剪试验。根据莫尔-库仑定律，得到不同类型絮凝剂的剪切应力系数、内摩擦角和黏聚力，以此来评价絮凝剂的性能。烘干沉降试验后的尾矿溶液，如图 8.10（b）所示，上部为添加絮凝剂的尾矿烘干试样，下部为未添加絮凝剂的尾矿烘干试样，相同烘干时间后的对比可以看出，添加絮凝剂后的尾矿有更好的结合水的能力。

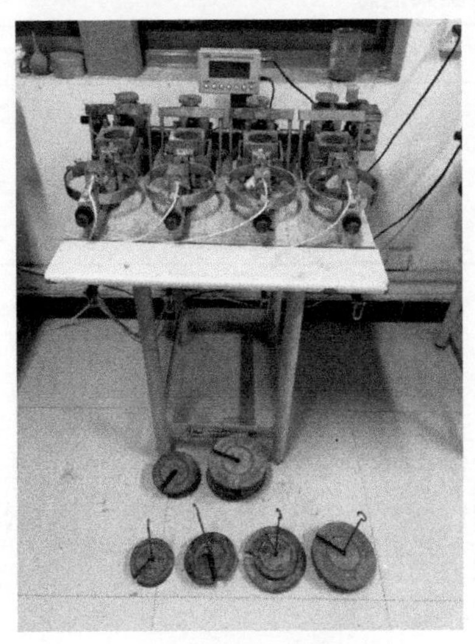

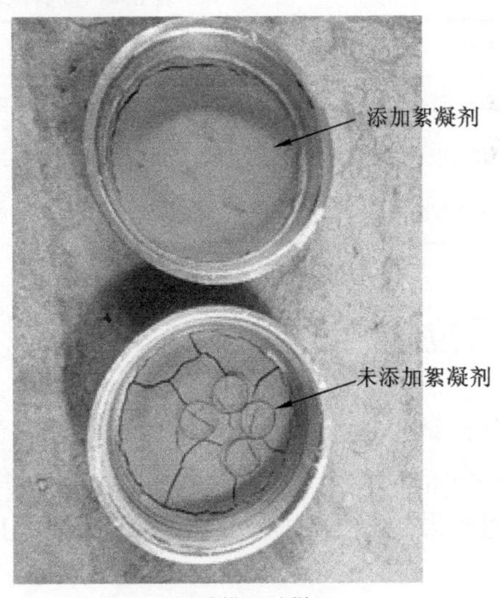

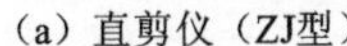
（a）直剪仪（ZJ型）

（b）尾矿烘干试样

图 8.10　直剪仪和尾矿烘干试样

黏聚力和内摩擦角是体现尾矿强度特性的两个重要的力学参数，图 8.11 给出了在莫尔-库仑强度准则条件下添加不同絮凝剂的尾矿在不同围压下的抗剪强度。从图 8.11 中可以看出：单独添加絮凝剂（GEJ 絮凝剂或 3379 絮凝剂）可将细粒尾矿的剪切应力提高，而使用 GEJ+3379 混合絮凝剂可获得更大的剪切应力。采用 GEJ+3379 混合絮凝剂时，内摩擦角可提高到 27.5°，不加絮凝剂时内摩擦角为 25.3°（约增加了 3°），而单独絮凝剂相比于未添加絮凝剂内摩擦角仅能增加约 1°。这些结果证实了絮凝剂类型对细尾矿絮凝效果的影响，GEJ+3379 混合絮凝剂比单独絮凝剂效果更好。

上述抗剪强度结果的工程意义是多方面的：添加正确的絮凝剂、优化投放量有利于加强尾矿强度；优化絮凝剂用量和浓度是提高细粒尾矿强度的必要条件，有利于尾矿坝的稳定；带负电荷的絮凝剂和带正电荷的絮凝剂的组合比各自单独应用的效果更好。试验结果如表 8.4 所示。为了有效地处理细粒尾矿，需要对组合体系中单一絮凝剂进行筛选。

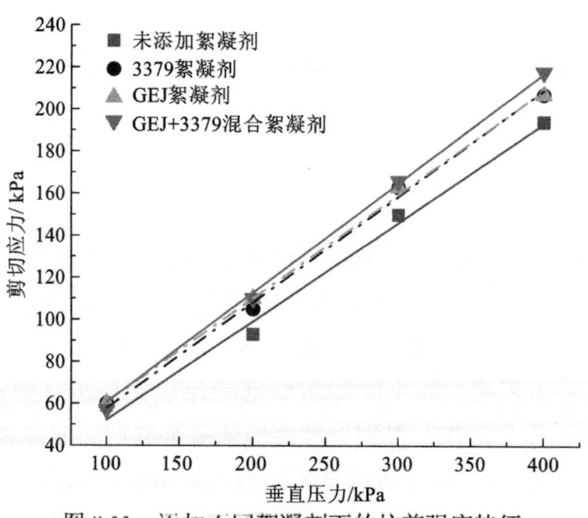

图 8.11 添加不同絮凝剂下的抗剪强度特征

表 8.4 直剪试验结果汇总

絮凝剂	最佳用量 L_f/（g/t）	初始沉降速度 v_0/（m/h）	上层悬浊液状态	内摩擦角 φ/（°）
3379 絮凝剂	80	25	浑浊	26.8
GEJ 絮凝剂	560	36	清澈	26.3
GEJ+3379 混合絮凝剂	320	40	非常清澈	27.5

8.3.2 颗粒分析试验

颗粒分析试验是测定干土样中各种粒径组合所占该土总质量的百分数的方法，借以了解颗粒大小分布的情况。为探究不同絮凝剂对细粒尾矿絮凝作用，将添加不同絮凝剂的尾矿晒干后进行颗粒分析试验，级配曲线如图 8.12 所示。

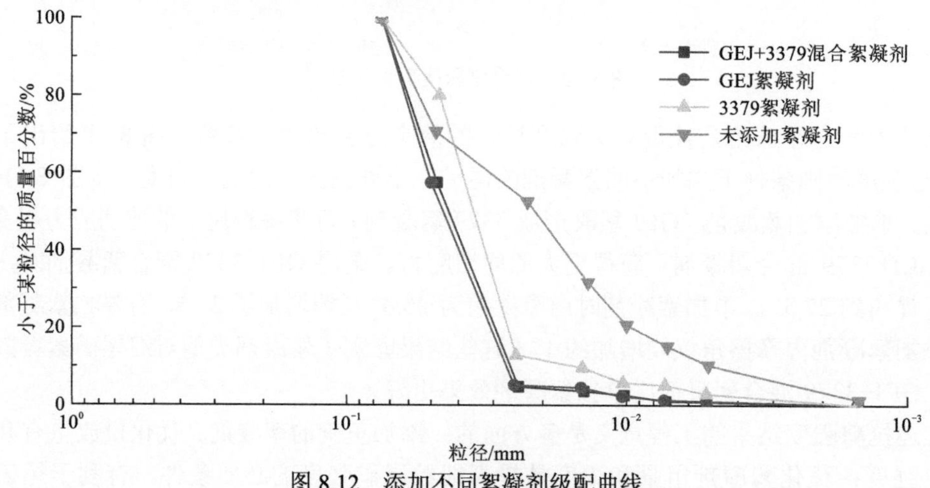

图 8.12 添加不同絮凝剂级配曲线

从图 8.12 中可以看出：添加絮凝剂后大量的细粒尾矿减少，粒径小于 0.025 mm 的颗粒几乎全部被聚合。添加不同絮凝剂对细粒尾矿的絮凝效果：3379 絮凝剂优于未添加絮凝剂对细粒的聚合作用，GEJ 絮凝剂对细粒的聚合作用更强，GEJ+3379 混合絮凝剂对细粒尾矿的聚合作用与 GEJ 絮凝剂相似。

通过上述的分析可得出如下结论：絮凝剂对小于 0.025 mm 的尾矿有很好的絮凝效果，添加 GET 絮凝剂的尾矿对细颗粒的聚合作用要优于 3379 絮凝剂。为了量化絮凝剂对细粒的聚合能力，根据级配可以求得试样特征粒径，特征粒径的比对能得出更加精确的描述，各试样试验前后的特征粒径如表 8.5 所示。

表 8.5　特征粒径汇总　（单位：mm）

絮凝剂	d_{10}	d_{30}	d_{50}	d_{60}
未添加絮凝剂	0.005	0.013	0.021	0.031
3379 絮凝剂	0.015	0.029	0.035	0.039
GEJ 絮凝剂	0.026	0.033	0.043	0.049
GEJ+3379 混合絮凝剂	0.027	0.036	0.045	0.051

从表 8.5 中可以看出：添加 GEJ 絮凝剂或添加 GEJ+3379 混合絮凝剂对 d_{10} 的改变较大，说明添加了 GEJ 絮凝剂对更细小的颗粒能产生絮凝效果，即絮凝范围更广。从相同特征粒径的不同絮凝剂来看，添加了 GEJ 絮凝剂后的絮凝效果都要好于未添加絮凝剂 GEJ 的絮凝效果。

参照第 3 章破碎率 B_r 提出相对絮凝率 F_r，将絮凝前的级配曲线、絮凝后的颗粒级配曲线和 d=0.0 015 mm 的竖线所围成的面积定义为絮凝量 F_t，将絮凝后的颗粒级配曲线、粒径含量 100%的横线和 d=0.0 015 mm 的竖线所围成的面积定义为絮凝势 F_p。从而可以定义相对絮凝率 $F_r=F_t/F_p$。相对絮凝率 F_r 的取值范围为[0, 1)，$F_r=0$ 表示无絮凝作用。图 8.13 给出了计算相对絮凝率各参数的示意图。分别计算出各尾矿样在添加了不同絮凝剂后的级配情况，结果如表 8.6 所示。

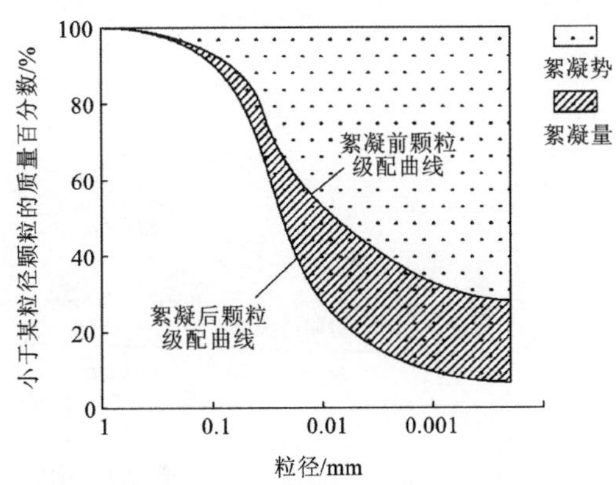

图 8.13　相对絮凝率 F_r 各参数示意图

表 8.6　相对絮凝率 F_r 各参数的计算

絮凝剂	F_t	F_p	F_r/%
3379 絮凝剂	0.6 990	3.7 647	18.57
GEJ 絮凝剂	1.4 907	4.5 564	32.72
GEJ+3379 混合絮凝剂	1.6 123	4.6 780	34.47

从表 8.6 中可以看出：添加 3379 絮凝剂的尾矿颗粒相对絮凝率为 18.57%，添加 GEJ 絮凝剂的尾矿颗粒相对絮凝率为 32.72%，添加 GEJ+3379 混合絮凝剂的尾矿颗粒相对絮凝率为 34.47%。添加 GEJ 絮凝剂比添加 3379 絮凝剂对细粒的絮凝效果好。

8.4 絮凝剂对坝体稳定性影响

8.4.1 模型构建与参数选取

为研究絮凝剂对坝体稳定性的影响，以细粒尾矿为研究对象进行分析。取样来自陇南紫金矿业集团菜子沟金矿的尾矿浆烘干后尾矿试样。菜子沟尾矿坝位于甘肃省礼县罗坝镇焦赵村，坝区位于礼县罗坝镇菜子沟下游，高程为 1 640.0～1 810.0 m，相对高差约为 170.0 m。该地区年平均降雨量为 499.4 mm，年最大降雨量为 751.9 mm，年降雨量最小值为 254.2 mm。

菜子沟尾矿坝的初期坝为碾压透水土石坝，坝底标高 1 642.0 m，坝顶标高 1 695.0 m，坝高 53.0 m，顶宽 4.0 m，坝轴线长 198.3 m。堆积坝最终堆积标高 1 767.0 m，平均外坡坡比 1∶5，年均上升 3.6 m。现尾矿坝汇水面积为 2.2 km²，滩顶高程约为 1 691.9 m，距初期坝坝顶高差为 3.1 m（图 8.14）。在过去几年的生产中，尾矿坝接收越来越多的尾矿浆，面临着越来越多的稳定性和安全性的挑战。为了提高细粒尾矿坝的稳定性，有必要提高尾矿坝的坝体稳定性，并采取相应的措施。尾矿的参数（表 8.7）为：不加絮凝剂的自然重度为 19.0 kN/m^3，饱和重度为 20.0 kN/m^3。由于絮凝剂用量相对尾矿总量较小，可假设添加不同絮凝剂后的尾矿的密度相同。

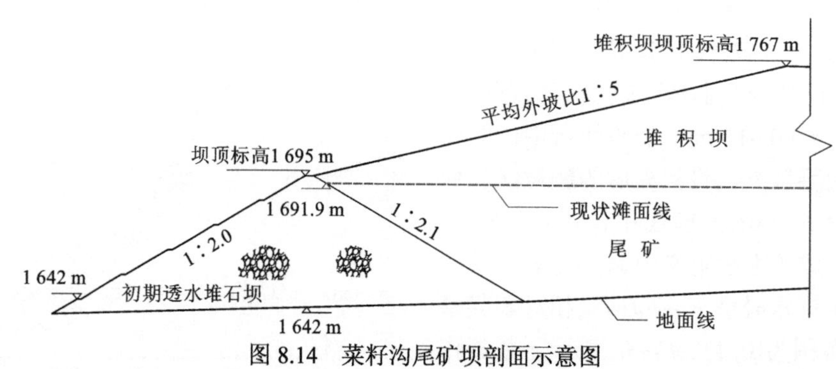

图 8.14 菜籽沟尾矿坝剖面示意图

表 8.7 坝体材料物理力学指标

坝体材料		黏聚力/kPa	内摩擦角/（°）
后期入库	不添加絮凝剂	5.1	25.2
	添加 3379 絮凝剂	7.2	26.8
	添加 GEJ 絮凝剂	11.1	26.3
	添加 GEJ+3379 混合絮凝剂	8.5	27.5
原状尾矿		5.1	25.2
初期坝		3.0	33.0
基岩		35.0	36.0

菜子沟尾矿坝现状存在的问题如下：入库尾矿粒度细，沉积滩面强度低，尾矿颗粒级配较差，黏粒含量较大，尾矿分层不明显。亟须采取合理的技术措施，提高坝体的稳定性。

8.4.2 稳定性分析

利用上述参数可以预测 4 种工况下尾矿坝的稳定性。其安全系数由边坡分析软件 Rocscience SLIDE2D 计算。该软件是目前国内领先的岩土边坡稳定性软件。SLIDE2D 软件能够有效地分析各种滑面形状、孔隙水压力条件、土体性质和荷载条件下的简单问题和复杂问题。它在工业上得到了广泛的应用。完整的稳定性分析分为以下几个步骤。

（1）建立尾矿坝模型，确定边界条件和层信息。

（2）输入从现场和实验室试验中获得的全部地质参数。

（3）网格化模拟模型，添加边界条件（包括应力边界和位移边界）。

（4）进行应力-流体耦合模拟。

（5）对尾矿库滑面进行搜索，找出最危险的滑面及其安全系数。

在建立菜子沟尾矿坝地质模型后，输入参数和地下水位，计算出每种工况下临界滑动面和相应的安全系数。各工况絮凝剂添加情况及安全系数计算结果如表 8.8 所示，数值模拟结果如图 8.15～图 8.18 所示。

表 8.8 安全系数模拟结果

工况	絮凝剂添加情况	安全系数 F_s
工况 1	未添加絮凝剂	1.113
工况 2	添加 3379 絮凝剂	1.208
工况 3	添加 GEJ 絮凝剂	1.213
工况 4	GEJ+3379 混合絮凝剂	1.250

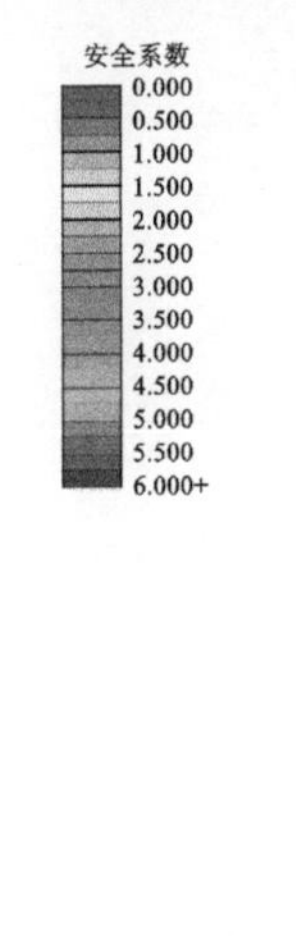

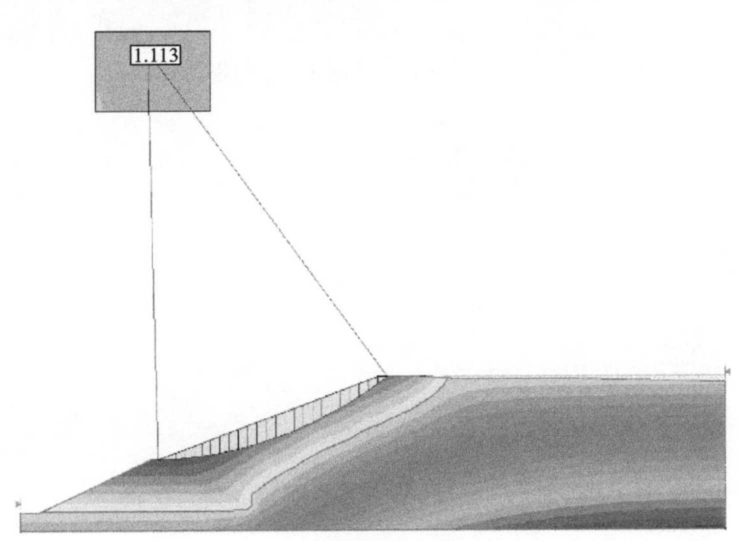

图 8.15 工况 1 对应的临界滑动

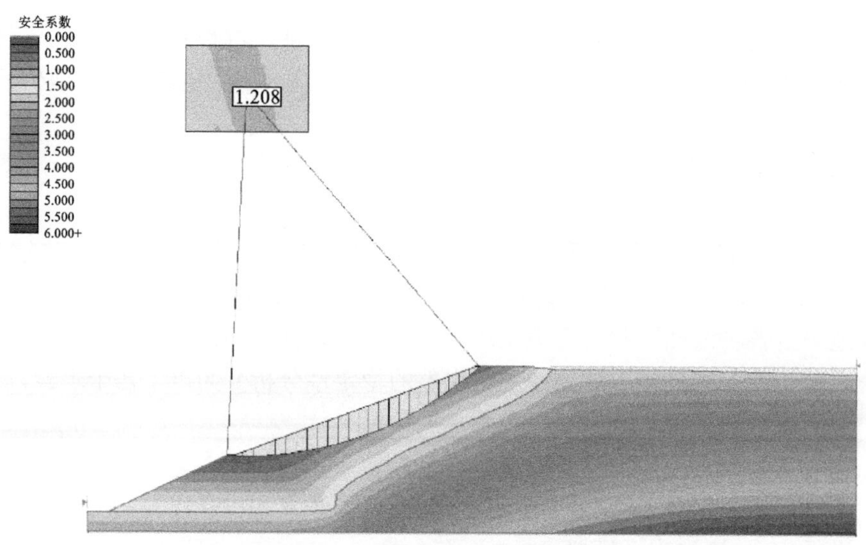

图 8.16　工况 2 对应的临界滑动

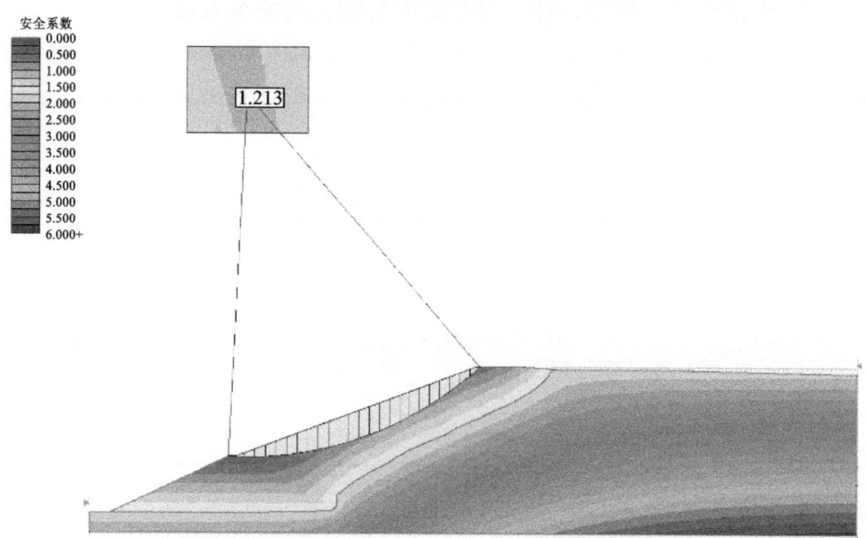

图 8.17　工况 3 对应的临界滑动

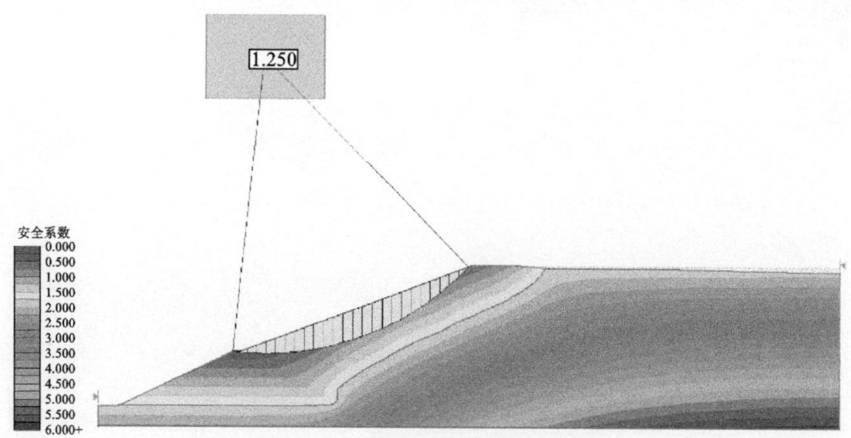

图 8.18　工况 4 对应的临界滑动

从表 8.8 中可以看出：若继续按原状堆坝，坝体抗滑稳定最小安全系数（小于 1.2）不能满足《尾矿设施设计规范》（GB 50863—2013）[160]中规定的最小安全系数的要求。若后期使用添加 3379 絮凝剂、GEJ 絮凝剂、GEJ+3379 混合絮凝剂的尾矿入库，坝体稳定性将得到提升。工况 1～工况 4 对应的工况的最小安全系数均能满足设计规范，且工况 4 的安全系数最高，有一定的安全储备。从计算分析结果来看，添加絮凝剂除了可以加快沉降速率外还可以提高坝体稳定性，添加 GEJ+3379 混合絮凝剂后沉降速率最快，坝体整体稳定性也最好。

第9章　高应力条件下尾矿力学特性数值模拟

9.1　随机多变形构建

经选矿分选后的尾矿颗粒带有明显的不规则边界，因此采用非球形颗粒单元能克服刚性圆形颗粒模拟尾矿颗粒的力学缺陷。在非球形颗粒单元开发中，主要存在两种形式的颗粒单元：①刚性颗粒簇（clump）；②柔性颗粒簇（cluster）。刚性颗粒簇可以模拟颗粒单元的非球形特征，但是颗粒不能破碎。柔性颗粒簇不仅可以模拟颗粒单元的非球形特征，而且还能模拟颗粒破碎特征。因此依靠生成的柔性颗粒簇更能反映实际散体材料的力学特征。

高应力条件下尾矿颗粒将产生明显的破碎特征，因此需采用柔性颗粒簇模拟尾矿破碎特征。此外，由于尾矿的基本形状为不规则多面体，二维条件下可近似为随机多边形。采用随机不规则的多边形柔性颗粒簇表征尾矿颗粒单元，可较为真实地捕捉尾矿在高应力下的力学特征。

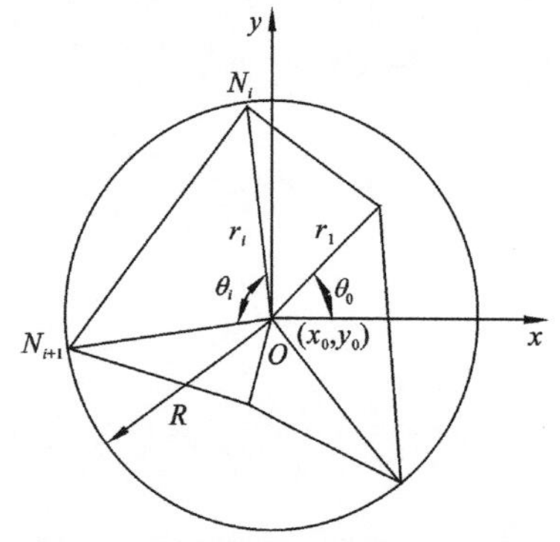

图9.1　随机多边形的生成示意图

由于实际散体颗粒单元的形状是随机的，在构建颗粒单元时，需引进随机数来确定颗粒体的形状及尺寸，以确保生成的多边形颗粒单元具备随机性。

实际的散体颗粒形状复杂，常常凹凸不平，为了更加符合实际颗粒形状，采用任意凹凸多边形进行模拟。生成方法为在某一粒径圆上取不规则多边形，随机多边形的生成示意图如图9.1所示，具体生成步骤如下。

1. 随机多边形边数的确定

颗粒单元边数可采用式（9.1）确定：

$$n=\delta(b-a)+a \tag{9.1}$$

式中：n 为颗粒单元边数，由软件自动取整；δ 为软件随机生成的随机数（0～1均匀分布）；a、b 分别为颗粒单元允许的最小、最大边数，具体需要人为确定。

2. 圆心角的确定

第 i 条边对应的圆心角 θ_i 可采用式（9.2）确定：

$$\theta_i=2\pi\eta_i\Big/\sum_i^n\eta_i \tag{9.2}$$

式中：n 为颗粒单元边数；η_i 为随机生成的一组数，可由式（9.3）确定。

$$\eta_i=\delta(1-S)+S \tag{9.3}$$

式中：S 为颗粒的光滑度，取值范围为0～1，S 的取值越大，圆心角分布越均匀，S 的取值越小，圆心角分布离散型越大，生成的多边形越不规则。

3. 随机多边形径距的确定

多边形径距 r_i 可由式（9.4）确定：

$$r_i = AR + (1-A)\delta R \tag{9.4}$$

式中：R 为外接圆半径；A 为形状系数，取值为 0～1。分析可知，A 越大，多边形的顶点越接近外接圆边界；A 越小，多边形顶点的变化范围越大，形状越不规则，进而可构建凹凸随机多边形。

4. 随机多边形顶点坐标的确定

随机多边形顶点坐标采用式（9.5）确定：

$$\begin{cases} x_i = x_0 + r_i \cos\theta_i' \\ y_i = y_0 + r_i \sin\theta_i' \end{cases} \tag{9.5}$$

式中：x_0、y_0 为圆心坐标；$\theta_i' = \sum_i^n \theta_i + \theta_0 - \theta_1$，$\theta_0 \in (0, 2\pi)$ 是一个随机数，表示生成多边形第一个顶点的起始角，如图 9.1 所示。

对于模拟尾矿在高应力条件下的力学及破碎行为，此处选取的 a、b 分别为 4 和 6，即模拟尾矿的颗粒簇最小边数是 4、最大边数是 6。颗粒光滑度 S 及形状系数 A 均取 0.7。

9.2 数值模型构建与参数选取

9.2.1 数值模型构建

采用随机圆心坐标投放多边形时，投放的块体会存在相交现象。要保证生成的颗粒不相交，还需进一步对投入的多边形是否相交进行判别。这种算法的实现较为烦琐，判别过程也将消耗较多的计算时间[111,161]。为克服投放块体出现相交的情况，采用的方法是先在模型内生成纯圆颗粒，然后在纯圆颗粒的基础上生成不同形状的颗粒簇[162-163]。数值模拟构建过程可分为以下 4 个阶段。

（1）生成纯圆颗粒。在尺寸为 40 mm×200 mm 的空间内按照均匀分布生成最小半径为 1 mm、最大半径为 2 mm 的圆形颗粒，控制初始孔隙率为 0.1，最终生成 2 574 个颗粒。

（2）建立随机多边形。读取纯圆颗粒的坐标和粒径，并在此基础上，按照多边形构建原理生成随机分布的多边形。多边形建立后，删除生成的圆形颗粒。由于圆形颗粒是不重叠的，并且生成的多边形只在圆形颗粒内部，按这种方式生成的多边形一定是不相交的。

（3）颗粒簇构建。随机多边形建立后，在多边形边界空间分布位置上建立刚性墙体构成封闭的区域，封闭区域形成后在内部投放圆形颗粒，形成与多边形轮廓一致的颗粒簇。投放颗粒的半径为 0.25～0.30 mm，服从均匀分布。

（4）模型的压实与孔隙的填充。颗粒簇生成后，颗粒簇间的间距较大，需对模型进行进一步压实。模型的压实是给模型顶部施加一个指定的应力，使模型内颗粒簇压实。模型

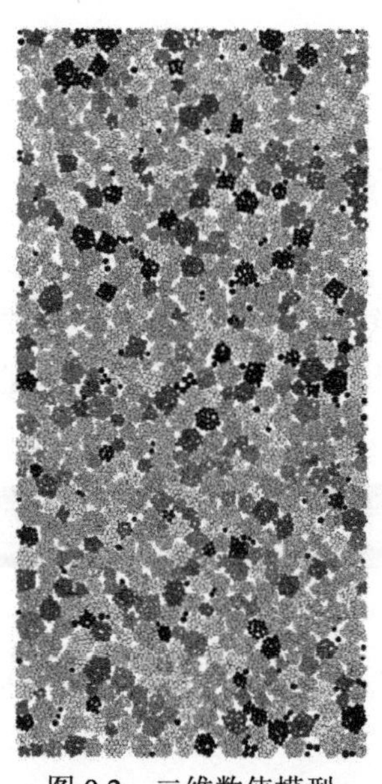

图 9.2　二维数值模型

压实后，对颗粒簇间仍存在的大孔隙采用圆形颗粒填充，填充颗粒半径介于 0.3～0.5 mm，服从均匀分布。

构建的计算模型如图 9.2 所示，二维模型高 80 mm、宽 40 mm。颗粒簇总数为 763 个，每个颗粒簇内含有的最小颗粒数为 5，最大颗粒数为 30，总颗粒数为 10 985。

9.2.2　细观参数选取

为实现高应力下尾砂的离散元精细模拟，并使所构建的数值模型能较为真实地反映尾矿的力学行为，确定一组相对合理的细观力学参数是相当必要的。尾矿是经矿石分选后品位较低的尾料，是一种特殊的人工土，它胶结性不强，多呈现松散状，颗粒形态不规则，棱角分明。因此采用抗旋转刚度接触模型及滑移模型来表征尾砂颗粒之间的接触本构力学行为。

通过开展高应力条件下双轴数值试验并与相应的室内试验结果对比来标定尾矿颗粒的细观力学参数。室内尾矿试样采用江西德兴尾矿 4 号坝尾矿试样，试样的干密度均为 1.6 g/cm^3。按该方法所确定的尾矿颗粒细观力学参数如表 9.1 所示。另外，数值试验中颗粒的密度为 2 700 kg/m^3。上下加载墙的法向刚度和切向刚度均设为 1×10^8 N/m，摩擦系数为 0。数值试验和室内试验的应力-应变曲线对比如图 9.3 所示。由图 9.3 可知：数值曲线的应力-应变曲线波动较大，而室内曲线平滑性较好。当围压小于 4 MPa 时，模拟得到的峰值强度高于室内的峰值强度，而当围压大于 4 MPa 时，模拟得到的峰值强度低于室内的峰值强度，这主要是因为数值试验中高围压下大量的颗粒破碎导致强度的降低。各围压数值曲线和室内曲线基本吻合并且强度变化规律基本一致。因此选取的细观参数可认为是能够反映尾矿的宏观力学特性行为的。

表 9.1　颗粒细观力学参数

参数	线性接触模量/Pa	刚度比	摩擦系数	黏结模量/Pa	黏结刚度比	抗转系数	黏结法向强度/Pa	黏结细观黏聚力/Pa	黏结细观内摩擦角/（°）	抗转系数	抗转力矩/（N·m）
簇颗粒内	1×10^8	1	0.3	2×10^8	1	0.8	3.5×10^6	5×10^6	35	—	—
簇颗粒间	1×10^8	1	0.4	—	—	—	—	—	—	0.8	20

数值试验中试样等向固结后轴压同样以应变控制方式施加，以模型的上、下边界墙作为加载板，采用传统的排水剪切方式进行加载试验，上、下边界墙的加载速率设定为 0.01 m/s，大于室内试验加载速度 0.073 mm/min。数值试验中如果采用室内试验相同的加载速度，则对应的计算循环数将增加过多，消耗大量的时长，这是不经济的。通常数值试验中只需保证试样加载过程中处于准静态，即认为加载过程中系统产生的动能可忽略不计。

为研究高应力下的尾矿力学及破碎特征，高压试验采用 1.2 MPa、2 MPa、3 MPa、4 MPa、5 MPa 5 个围压等级，低压试验采用 0.2 MPa、0.4 MPa、0.8 MPa 3 个围压等级，分别进行

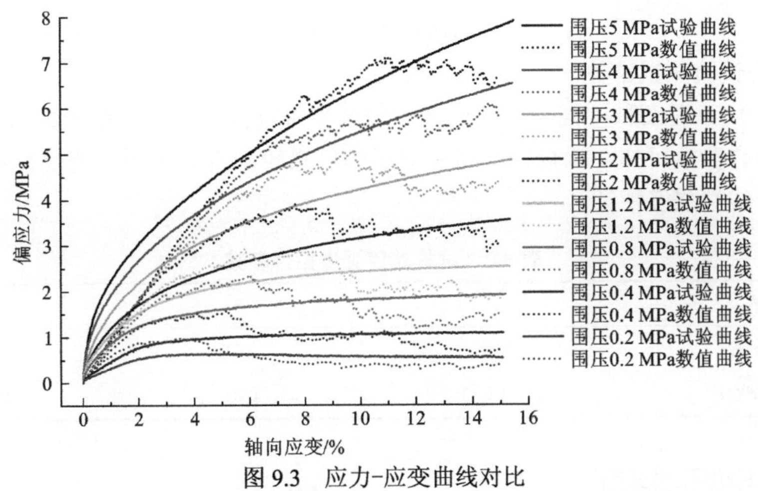

图 9.3　应力-应变曲线对比

固结排水双轴数值试验。试样加载剪切过程中，监测系统相关信息变量，当轴向应变达到15%时，停止试验，保存并输出试验数据。

9.3　力学特性模拟

9.3.1　非线性强度特征

图 9.4 为尾矿试样的峰值强度与围压的关系。由图 9.4 可知，数值试验的峰值强度与室内试验的峰值强度变化规律一致，均随着围压的增大呈非线性增加。这同样说明了选取的细观参数是合理的。数值试验的强度的增长率明显小于室内试验，这主要是由数值试验中高围压下大量颗粒破碎导致的。

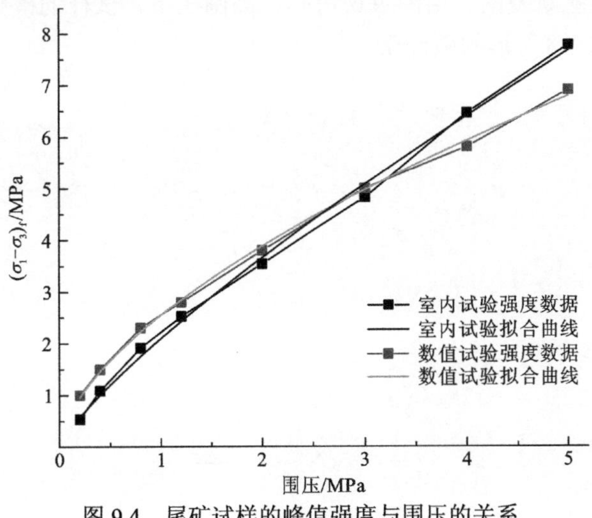

图 9.4　尾矿试样的峰值强度与围压的关系

对于高围压下的峰值强度 $(\sigma_1-\sigma_3)_f$ 与围压的关系，一般应考虑选用非线性强度数学模型。殷家瑜等[138]建立了非线性强度表达式：

$$(\sigma_1 - \sigma_3)_f = a\sigma^b \tag{9.6}$$

式中：a、b 为试验测试常数。

采用式（9.6）对三种不同密度的试样峰值强度进行拟合，拟合结果如表 9.2 所示。结合图 9.4 及拟合参数可知，拟合曲线与室内试验结果较吻合。说明数值模拟可以表征尾矿在高应力下非线性强度特征。

表 9.2　试样峰值强度拟合参数

参数	a	b	R^2
数值试验	2.5	0.61	0.998
室内试验	2.1	0.81	0.997

9.3.2　破坏变形特征

在轴向荷载作用下，在剪应力集中区，颗粒会产生相对的错动和转动，从而形成一个局部化剪切带，因此颗粒的旋转可表征试样的破坏特征。为分析围压引起的变形特征，以围压 0.2 MPa 和围压 4 MPa 条件下试样作为分析对象。尾矿试样破坏后的颗粒旋转云图如图 9.5 所示。由图 9.5 可知，对于低围压下试样而言，颗粒旋转云图随着轴向应变的发展呈规律性发展，逐渐形成一条宏观剪切带。试样剪切破坏后，颗粒分布疏松，簇颗粒间孔隙率较大，试样呈现出明显的剪切扩容特征，试样内部局部剪切带宽度较大，同一簇颗粒旋转角度相同。对于高围压下试样而言，颗粒分布密实，簇颗粒间的孔隙率较小，试样呈现出明显的剪缩特征。颗粒旋转云图说明试样中并没有形成明显的剪切带特征，颗粒旋转云图的发展规律与轴向应变也不存在关联性。这说明，颗粒的旋转角度不能表征高围压下的破坏特征。原因是在高围压下颗粒破碎控制着试样的变形，而颗粒的旋转受到限制。因而高围压下试样的破坏变形特征可采用试样的接触断裂图进行表征，图 9.6 所示为 4 MPa 围压条件下试样的接触断裂图。由图 9.6 可知，高围压下，试样的破碎带随着轴向应变增加逐渐明显，并形成“X”形的破碎带。

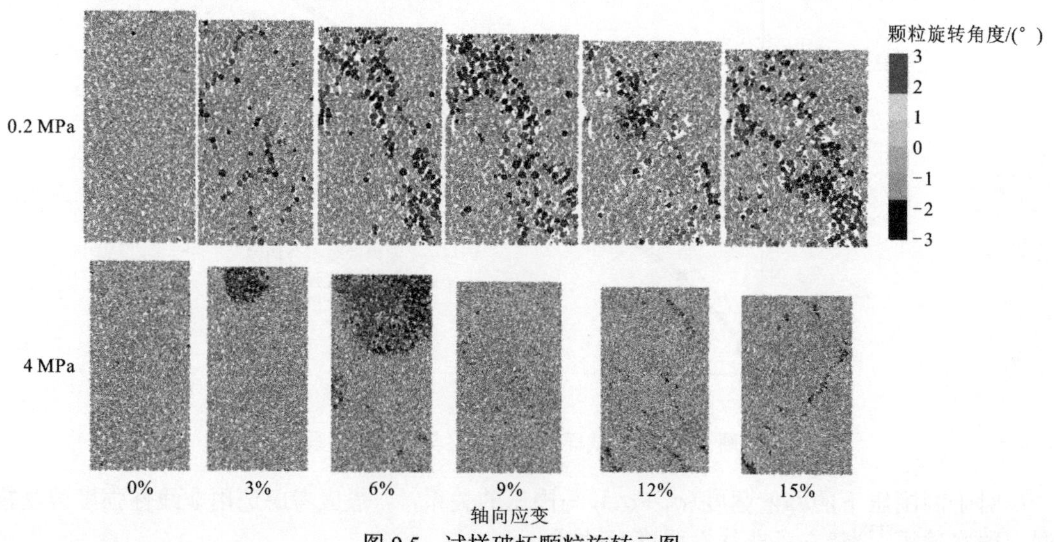

图 9.5　试样破坏颗粒旋转云图

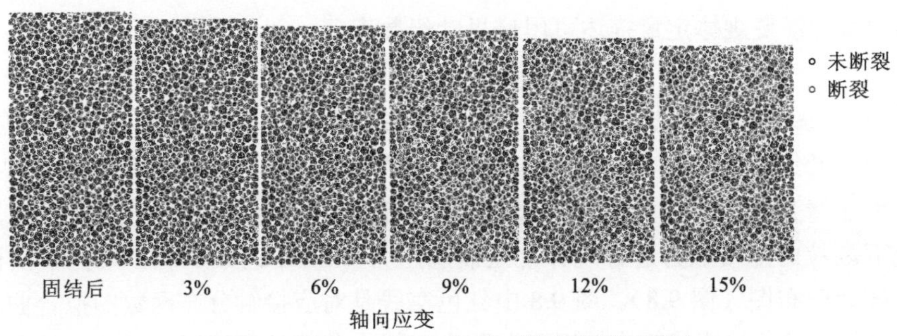

图 9.6　围压 4 MPa 条件下试样的接触断裂图

9.3.3　接触力链演变规律

为分析围压引起的接触力链演变规律，以围压 0.2 MPa 和围压 4 MPa 条件下试样作为分析对象。图 9.7 所示为试样颗粒接触力链分布演化过程，红色表示强力链，蓝色表示弱力链。0.2 MPa 围压试样的强弱力链阈值为 360 N，4 MPa 围压试样的强弱力链阈值为 3 200 N，线条越粗，表示接触力越大。由图 9.7 可知，低围压试样强力链随轴向应变的增加先增加后减小，在轴向应变为 3%时最为密集，高围压下试样强力链随着轴向应变的增大一直增加。高、低围压试样接触力链的变化规律均与宏观应力-应变变化规律一致。这是因为试样颗粒间接触力反映了试样的承载能力。高、低围压试样的强力链主轴方向与加载方向一致，弱力链分散性地分布于试样中。对比分析高、低围压试样力链分布可知，低围压下试样的强力链数目小，强力链形态类似于神经网格，而高围压下试样的强力链数目较多，并广泛地分布于试样内。

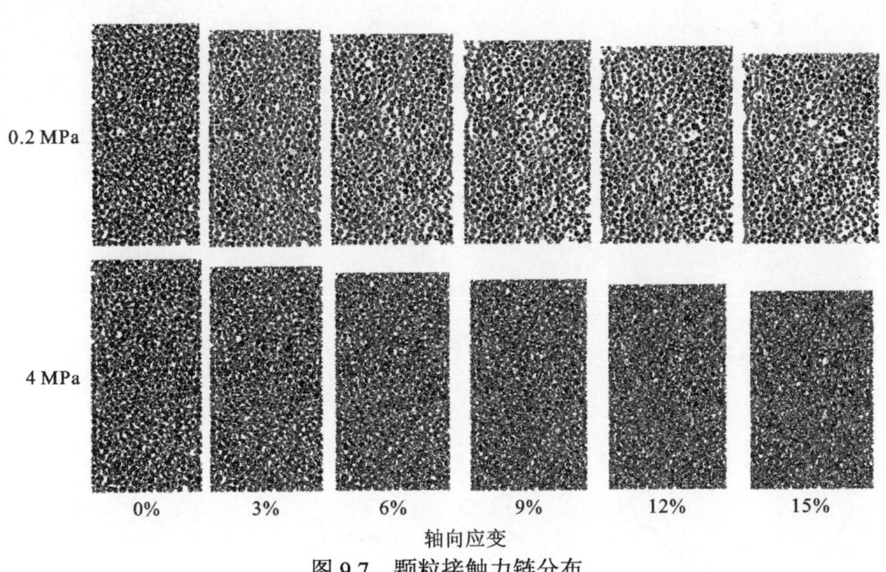

图 9.7　颗粒接触力链分布

扫描封底二维码看彩图

接触力链的演变规律定量描述可用傅里叶级数表示：

$$f_n(\theta) = f_0[1 + a_n \cos 2(\theta - \theta_n)] \tag{9.7}$$

式中：$f_n(\theta)$ 为接触法向力的分布函数；θ_n 为接触力法向主方向角度；f_0 为平均接触法向力；a_n 为傅里叶级数系数，其值的大小反映了试样接触法向力分布的各向异性程度。

为了更加清楚地了解试样在加载过程中内部颗粒间接触力分布的演化规律，对不同轴向应变下颗粒内部接触力进行统计，绘制围压为 0.2 MPa 及 4 MPa 条件下试样的法向接触力的统计分布图（图 9.8）。图 9.8 中红色实线是对应接触分布函数的拟合曲线。通过对比红色实线与黑色轮廓线吻合情况可以看出，拟合总体效果较好。

在初始加载阶段（$\varepsilon = 0\%$），高、常围压接触法向力分布形态近似呈圆形，说明在初始固结状态时，试样受力处于各向同性状态。随着轴向应变的增加，颗粒法向接触力分布形态发生了明显的变化，接触法向力分布形态则由圆形变为花生形，接触力分布主方向始终沿轴向加载方向，即 $\theta_n = 90^\circ$。

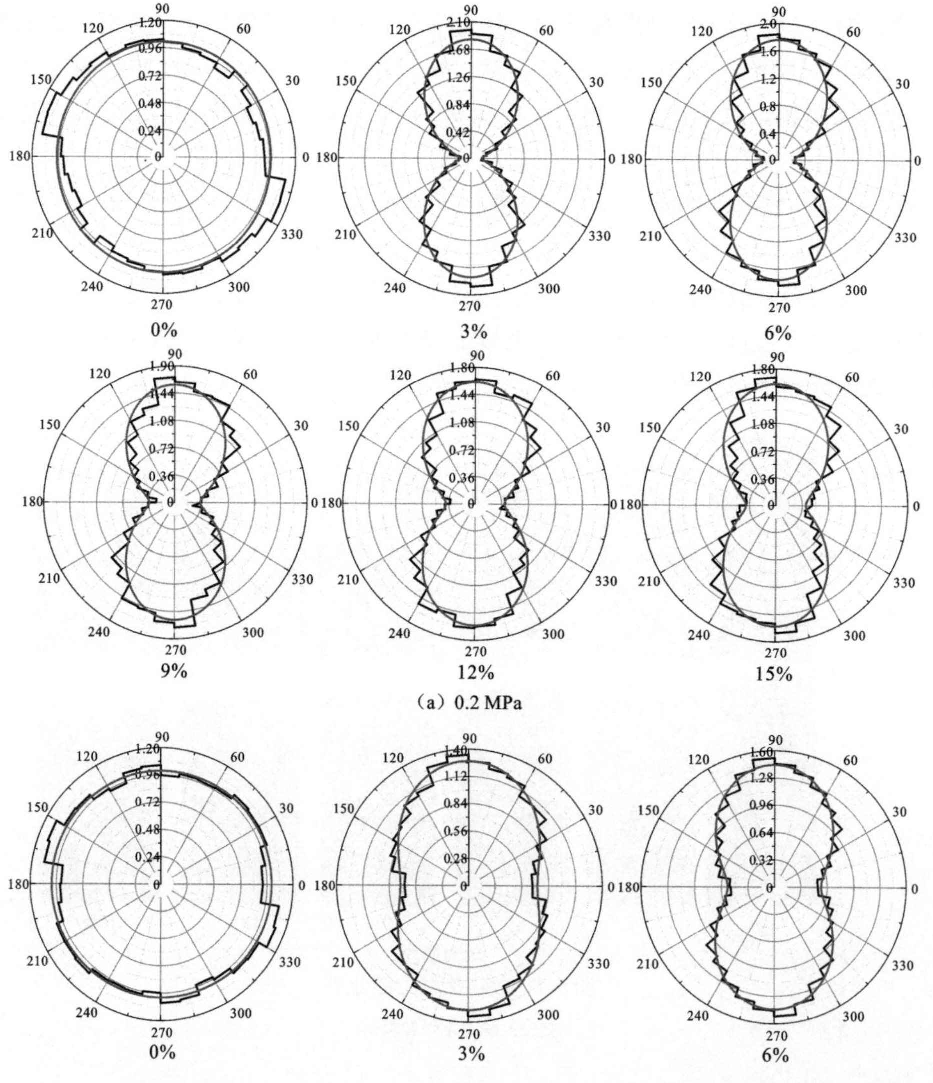

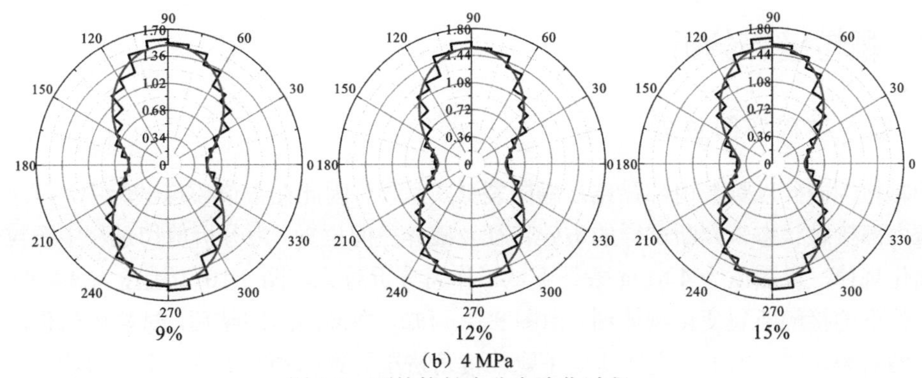

（b）4 MPa

图 9.8　颗粒接触力分布演化过程

扫描封底二维码看彩图

对比不同围压下的颗粒接触力分布可知，在轴向应变为 3%时，低压的接触力花生形态最扁，随后随着轴向应变的增加，接触力分布花生形态在横向上出现了稍微扩大。而高围压下的接触力花生形态随着轴向应变的增加逐渐变扁。这和接触力链分布演化规律是一致的。此外当轴向应变相同时，常围压下的接触法向力分布形态比高围压要扁。这也说明在常围压下更多的接触力链方向偏向于加载方向，尤其是试样中的强力链。

接触法向力的分布形态可用各向异性系数 a_n 表征，a_n 越小，接触法向力分布形态越圆，a_n 越大，接触法向力分布形态越扁，越容易形成花生形。接触法向力各向异性系数变化规律如图 9.9 所示。由图 9.9 可知，高围压下的各向异性系数随着轴向应变的增大而增大，低围压下的各向异性系数随着轴向应变的先增大后减小。各向异性系数的变化规律与应力-应变曲线变化规律类似。这是因为接触法向力各向异性系数是力学统计上的各向异性系数[73]。在较大的轴向应变下，各围压的接触各向异性系数均趋近于 0.6，这说明在临界状态条件下，接触力的分布形态是固定的，与围压无关。此外，低压下的各向异性系数大于高压下的各向异性系数，这说明低压下的接触力分布形态更扁于高压下的接触力分布形态。

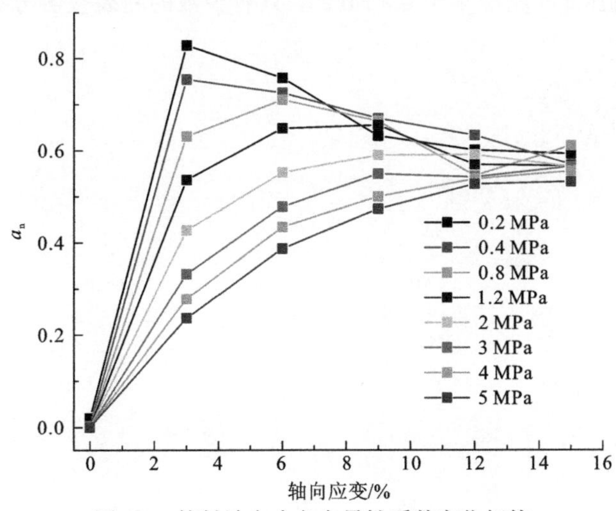

图 9.9　接触法向力各向异性系数变化规律

9.3.4 颗粒破碎分析

1. 颗粒破碎空间位置

簇颗粒的破碎以颗粒内部黏结接触断裂形式呈现，因此在数值模拟试验中，可通过识别簇颗粒内部接触状态来判断试样的破碎特征及破碎空间位置。为分析剪切过程中颗粒破碎的时空演化规律，以围压为 4 MPa 条件下试样作为分析对象。图 9.10 为围压为 4 MPa 时不同应变条件下的接触断裂变化规律图。由图 9.10 可知，在高围压固结后，试样内部也出现了少量的接触断裂，这是由于在高压作用下颗粒棱角挤压导致的颗粒破碎。剪切过程中，簇颗粒的破碎随着轴向应变的增加而增加。在大应变时，断裂接触以“X”形呈现，类似低围压下宏观剪切带。这是因为在高围压下，由于颗粒的滑动及滚动受到限制，当簇颗粒局部接触应力达到颗粒的接触强度时，黏结接触将发生断裂，进而在试样内部将形成“X”形的破碎带。

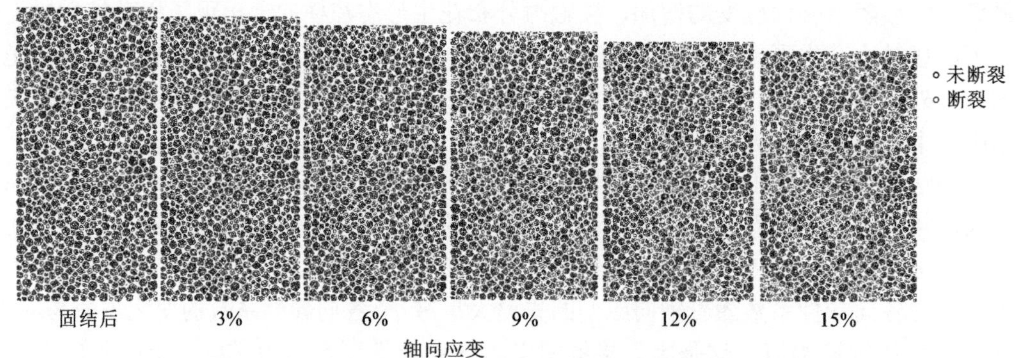

图 9.10　围压 4 MPa 时不同应变条件下的接触断裂变化规律图

为分析围压引起的颗粒破碎演化规律，对破坏终了时接触断裂进行分析。图 9.11 为各围压破坏时的接触断裂变化规律图。由图 9.11 可知，试样接触断裂的数目随着围压的增加越来越密集。在低围压下（围压小于 0.8 MPa），只有少数的断裂接触分布于宏观剪切带内。

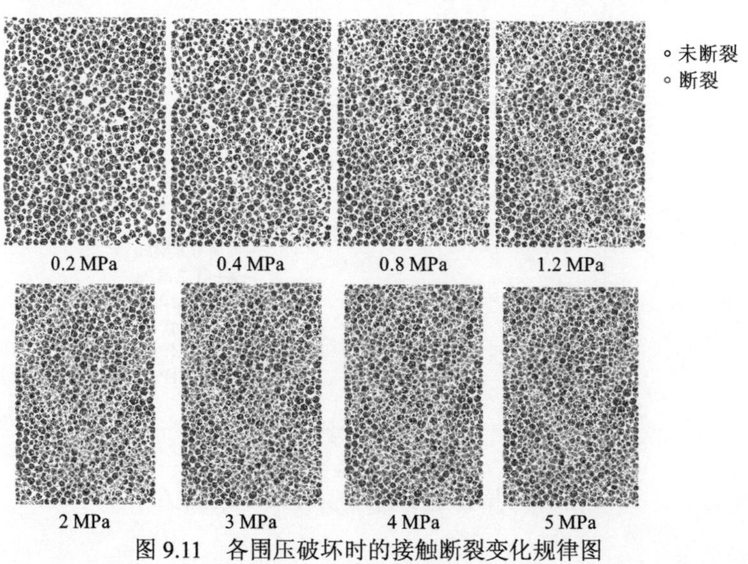

图 9.11　各围压破坏时的接触断裂变化规律图

而在高围压下（围压大于 1.2 MPa），试样中存在明显的破碎带，并且围压越大，破碎带越明显。结合低、高围压的破坏变形特征可知，低围压下，应力集中区的簇颗粒的运动方式主要为滑动与滚动，在这种运动方式的作用下，应力集中区将发生应变不均匀变形，随着不均匀变形进一步发展，将在应力集中区内产生宏观剪切带。然而在高围压下，应力集中区的簇颗粒的运动方式主要为颗粒破碎，颗粒破碎的连续贯通将致使在试样应力集中区产生破碎带。因此，随着围压的增加，在应力集中区将形成由宏观剪切带向剪切破碎带的形式转变。

2. 颗粒级配曲线演化规律

在高应力作用下，尾矿簇颗粒会出现明显的破碎现象，簇颗粒的破碎将直接导致颗粒级配的变化，因此，颗粒破碎程度的定量化研究可用试验前、后颗粒级配来表征。试样剪切过程中基于自编译的 FISH 函数对堆石料颗粒的破碎情况进行自动识别，假定模型中第 m 个堆石料模型内包含 n 个填充颗粒($n \geqslant 1$)，且其中第 i 个填充颗粒的粒径为 r_i($1 \leqslant i \leqslant n$)，则该簇颗粒模型的等效粒径 D_m 按照面积等效的原则由式（9.8）进行计算[73,164]。

$$D_m = 2\sqrt{\sum_i^n r_i^2} \tag{9.8}$$

由式（9.8）可以算出模型中所有簇颗粒的等效粒径，进而可以得到各围压条件下簇颗粒的级配曲线。不同围压下试验前后的颗分曲线如图 9.12 所示。由图 9.12 可知，尾矿簇颗粒在剪切过程中即使围压不大，尾矿颗粒也要发生破碎，围压越大，破碎量越多，并且随着围压的增加颗粒破碎增量越来越小。试验结束前、后数值模型中各粒径段的颗粒含量变化如图 9.13 所示。由图 9.13 可知，颗分曲线上不同部位的破碎程度不同，剪切试验后，0.10～0.63 mm 的颗粒含量大幅增加，而 1.5～2.5 mm 的颗粒含量大幅减小。由于组成簇颗粒圆形单元的最大粒径为 0.6 mm，这说明簇颗粒的破碎易形成大量的单粒细颗粒，这种破碎形式类似于室内试验的表面粉碎破碎形式。此外，颗粒粒径在 2.5～3.0 mm 的簇颗粒含量变化并不明显，这是因为较大簇颗粒在细粒的包围作用下，存在褥垫效应，大颗粒处于三向等压状态，致使簇颗粒较少发生破碎。

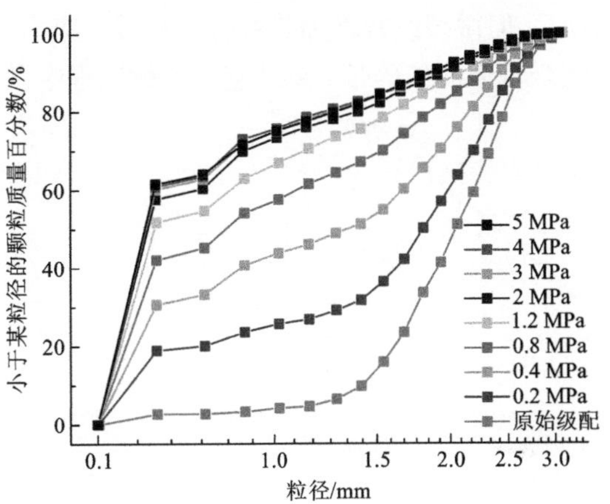

图 9.12　不同围压下试验前、后的颗分曲线

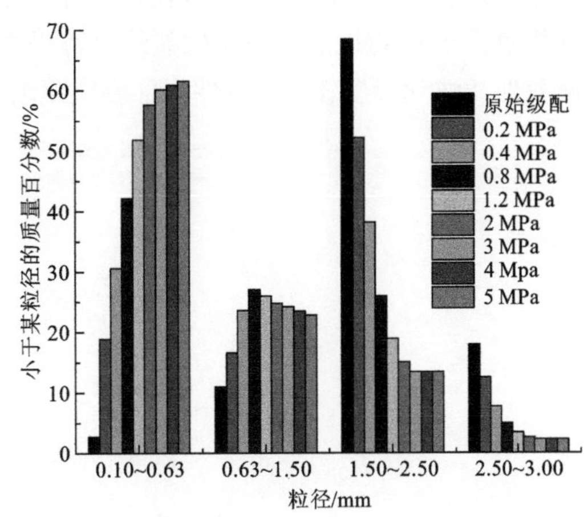

图 9.13　各粒径段的颗粒含量变化图

3. 微裂纹破碎特征

利用声发射技术监测试样内部微裂纹的发展过程已成为一种有效手段[165]。尾矿簇颗粒内部微裂纹的产生与声发射直接相关，PFC2D 模型中黏结接触断裂将引起应变能的释放，即发生了声发射事件，因而可通过统计簇颗粒内部黏结接触断裂个数模拟簇颗粒破碎的声发射特征。图 9.14 为各围压微裂纹个数与轴向应变的关系。由图 9.14 可知，所有试样微裂纹个数均随轴向应变的增加而增加。低围压试样微裂纹个数增加速率随着轴向应变先增加后减小，在大应变时，增加速率维持在某一个值。而高围压试样微裂纹个数增加速率随轴向应变的增加先快速增加，然后基本保持在某一个稳定的增加速率。应力水平是引起低、高围压下微裂纹发展规律的主要原因。

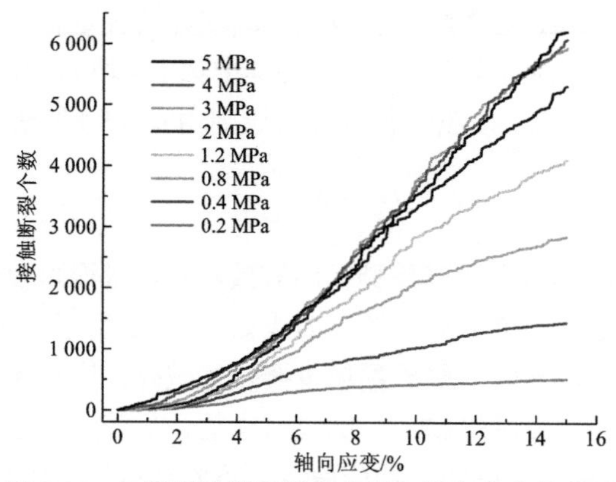

图 9.14　各围压试样微裂纹个数与轴向应变的关系

为探究应力引起的微裂纹变化规律，以围压 2 MPa 试样为例。图 9.15 为围压 2 MPa 微裂纹个数与应力对应关系。由图 9.15 可知，在加载初始阶段（*OA* 段），试件的应力-应变曲线呈线性关系，试样内部没有微裂纹产生，此过程试样处于弹性变形阶段。在加载 *AB* 段，微裂纹开始缓慢增加，微裂纹零星分布于试样内部，试样应力逐渐发展至应力屈服点 *B* 点。在加载段（*BC* 段），微裂纹整体处于快速增加趋势，应力水平由屈服点逐渐发展至峰值点。在 *C* 点以后，虽然微裂纹总数仍继续增加，但微裂纹数增加趋势有所减缓，应力-应变曲线波动幅度较大，试件内部裂纹逐渐形成完全贯通的破碎带。总结整个加载过程中微

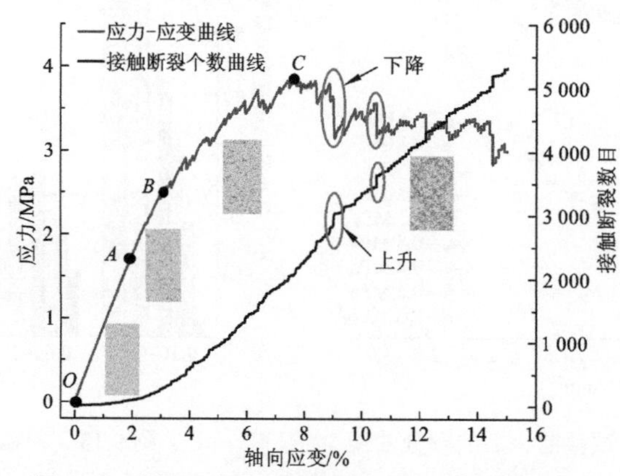

图 9.15　围压 2 MPa 微裂纹个数与应力对应关系

裂纹发展演化规律可知，试件内部的裂纹经历了萌生、发育、扩展和汇合的发展过程，最终在试样内产生贯通的破碎带。此外，对比应力及微裂纹演变规律可知，应力-应变曲线中较大的应力必将引起微裂纹曲线的较大的上升。这说明簇颗粒大量破碎破坏了试样的结构性，降低了试样强度。

当簇颗粒内部某个颗粒或某部分颗粒的黏结接触完全断裂时，簇颗粒将发生破碎。因此试样内部微裂纹总个数反映了试样的破碎程度。因此通过统计试样破坏时微裂纹总个数与围压的关系，可定量化表征试样簇颗粒破碎的程度。试样破坏时微裂纹总个数与围压的关系如图 9.16 所示。由图 9.16 可知，试样破坏时微裂纹总数随围压的增大呈指数增加，但增加速率随围压的增加而逐渐减小。这和颗粒级配与围压的变化规律是一致的。

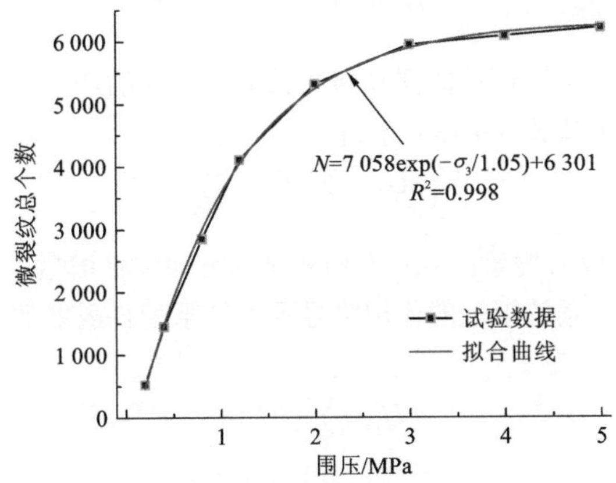

图 9.16　试样破坏时微裂纹总个数与围压关系

4. 能量演变规律

尾矿是一种复杂不连续介质，试验加载过程中的响应是颗粒间摩擦、颗粒破碎、颗粒变形、颗粒运动等综合作用的结果，并伴随着能量之间的交换和耗散，包括颗粒破碎耗能、颗粒弹性变形能、颗粒间摩擦耗能、颗粒动能和系统阻尼耗散能（由材料阻尼耗散的能量）[166]。数值模拟方法可以方便地计算并提取尾矿在加载过程中的各种能量及其变化的过程[167]。假设整个加载过程外力功所产生的总输入能为 U，则根据热力学第一定律可得：

$$U = U_{\mathrm{e}} + U_{\mathrm{f}} + U_{\mathrm{k}} + U_{\mathrm{d}} + U_{\mathrm{b}} \tag{9.9}$$

式中：U_{e} 为颗粒弹性变形能；U_{f} 为颗粒摩擦耗能；U_{k} 为颗粒动能；U_{d} 为系统阻尼耗散能；U_{b} 为颗粒破碎耗能。

在双轴数值模拟试验中，外力功仅由上下加载板提供，则外力功所产生的总输入能 U 可由式（9.10）求得：

$$U = \sum (F_1 \Delta\delta_1 + F_2 \Delta\delta_2) \tag{9.10}$$

式中：F_1 为当前时刻上压板外力；F_2 为当前时刻下压板外力；$\Delta\delta_1$ 为相邻时刻上压板位移；$\Delta\delta_2$ 为相邻时刻下压板位移。

在试样剪切过程中，颗粒间以应变变形存储的系统能为应变能，可由式（9.11）计算：

$$U_{\mathrm{k}} = \frac{1}{2}\sum_{N_{\mathrm{c}}^{1}}\left[\frac{(F_{\mathrm{i}}^{\mathrm{n}})^2}{k_n} + \frac{(F_{\mathrm{i}}^{\mathrm{s}})^2}{k_s}\right] + \frac{1}{2}\sum_{N_{\mathrm{c}}^{\mathrm{b}}}\left[\frac{(\bar{F}_{\mathrm{i}}^{\mathrm{n}})^2}{\bar{k}_n \bar{A}} + \frac{(\bar{F}_{\mathrm{i}}^{\mathrm{s}})^2}{\bar{k}_s \bar{A}} + \frac{\bar{M}^2}{\bar{k}_n \bar{I}}\right] \tag{9.11}$$

式中：$N_c^{\rm l}$为线性接触数量；$F_{\rm i}^{\rm n}$为线性接触法向力；$F_{\rm i}^{\rm s}$为线性接触切向力；k_n为线性法向刚度；k_s为线性切向刚度；$N_{\rm c}^{\rm b}$为平行黏结接触数量；$\bar{F}_{\rm i}^{\rm n}$为平行黏结接触法向力；$\bar{F}_{\rm i}^{\rm s}$为平行黏结接触切向力；$\bar{k}_n$为平行黏结法向刚度；$\bar{k}_s$为平行黏结切向刚度；$\bar{A}$为平行黏结接触面积；$\bar{M}$为平行黏结力矩；$\bar{I}$为平行黏结惯性矩。

在试样剪切过程中，由于颗粒运动将会产生动能，动能为状态量，可按运动颗粒进行统计，采用式（9.12）进行计算：

$$U_{\rm k} = \frac{1}{2}\sum_{N_{\rm p}}[m_{\rm i}(v_{\rm i}^{\rm c})^2 + I_{\rm i}(\theta_{\rm i}^{\rm c})^2] \tag{9.12}$$

式中：$N_{\rm p}$为颗粒数量；$m_{\rm i}$为颗粒质量；$I_{\rm i}$为颗粒惯性矩；$v_{\rm i}^{\rm c}$为颗粒平动速度；$\theta_{\rm i}^{\rm c}$为颗粒转动速度。

在试样剪切过程中，由于颗粒的滑动将导致摩擦耗能的产生，摩擦耗能主要发生在塑性变形阶段，摩擦耗能可按式（9.13）求得：

$$U_{\rm f} = \sum_{N_{\rm c}}(F_{\rm i}^{\rm s}\Delta\delta_{\rm i}^{\rm s}) \tag{9.13}$$

式中：$F_{\rm i}^{\rm s}$为相邻时刻切应力增量；$\Delta\delta_{\rm i}^{\rm s}$为相邻时刻滑动位移增量；$N_{\rm c}$为颗粒接触数目。

在试样剪切过程中，系统阻尼的作用将导致系统阻尼耗散能的产生，系统阻尼耗散能可按式（9.14）求得：

$$U_{\rm f} = \sum_{N_{\rm p}}(F_{\rm i}^{\rm d}\Delta\delta_{\rm i}^{\rm d} + F_{\rm i}^{\rm dp}\Delta\delta_{\rm i}^{\rm dp}) \tag{9.14}$$

式中：$F_{\rm i}^{\rm d}$为颗粒局部阻尼力；$\Delta\delta_{\rm i}^{\rm d}$为颗粒的位移增量；$F_{\rm i}^{\rm dp}$为黏性阻尼力；$\Delta\delta_{\rm i}^{\rm dp}$为相对位移增量。

根据式（9.9）～式（9.14），可求得颗粒破碎耗散能。图 9.17 为围压 2 MPa 系统各种能量与轴向应变的关系。从图 9.17 可以看出，在加载的初始阶段（轴向应变小于 3%），试样主要发生颗粒的弹性变形，随着加载的进行，当局部应力达到某一值时，颗粒间将发生互相错动，从而引起摩擦耗能的逐渐增大。此时，由于颗粒错动引起的簇颗粒损伤和破碎，使破碎能也逐渐增大。由于阻尼耗能的作用，系统动能在整个加载过程中始终为零，从而保证了试样在计算过程中始终处于准静态，确保了计算结果的可靠性。此外，可以看到，

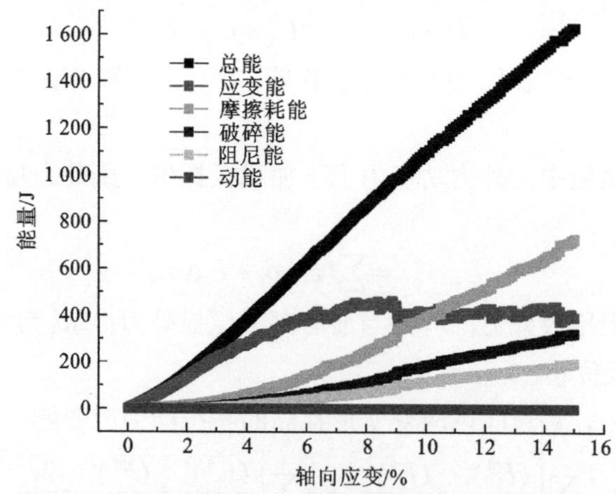

图 9.17　围压 2 MPa 系统各种能量与轴向应变的关系

系统总能、摩擦耗能、破碎能、阻尼能都随着应变的增加而增加，只有应变能是随着应变先增加后减小。这是因为应变能存储于颗粒间系统能，在加载后期，由于应变软化的作用，存储的应变能将得到释放，向其他形式的能量转化。

不同围压条件下的破碎能如图 9.18 所示，由图 9.18 可知，各围压条件下的破碎能均随着轴向应变的增加而增加，并且增加速率随着围压的增大而增大，高围压条件下的破碎曲线尤为明显。对比图 9.14 可知，不同围压条件下的破碎能曲线与不同围压的微裂纹个数曲线变化规律是一致的。这是因为接触的破碎能是来自黏结接触的断裂，接触的断裂将引起破碎能的增加，所以微裂纹数目反映了破碎能的变化规律。试样破坏时破碎能与围压的关系如图 9.19 所示，由图 9.19 可知，试样破坏时破碎能随围压的增大呈指数增加，但增加速率随围压的增加而逐渐减小。说明在高压条件下，簇颗粒虽然有较大的破碎率，但是在高应力条件下，簇颗粒进一步破碎能力也是大大减小的，这和 Einav[134]提出的破碎势概念是一致的。表明当围压达到某一个极值时，簇颗粒将不会进一步发生破碎，并达到一个稳定的级配。

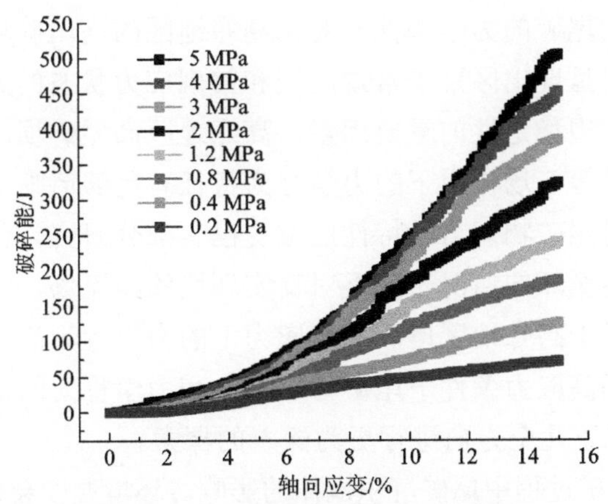

图 9.18　不同围压条件下的破碎能

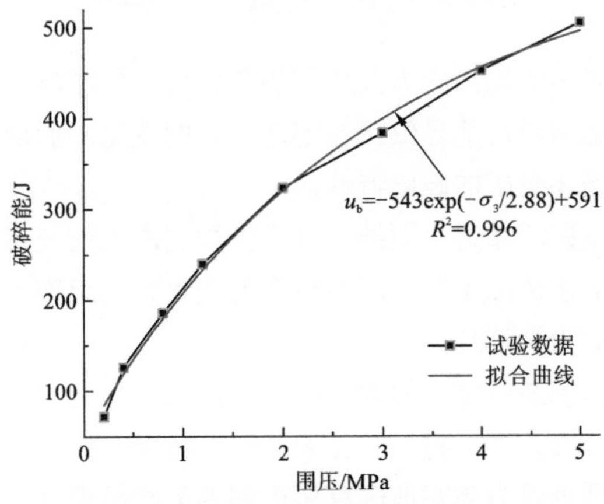

图 9.19　试样破坏时破碎能与围压的关系

第10章 展 望

10.1 高应力条件下尾矿力学行为

本书阐述的高应力条件下尾矿力学特性并未考虑气候因素的影响。我国超过 90%的尾矿坝位于多年冻土、季节性冻土和瞬时冻土区域，受冻融作用的影响。尤其高纬度或高海拔的高寒地区，全年一半甚至更长的时间都处于零度以下。季节性冻融或昼夜巨大温差产生的冻融循环作用会显著影响尾矿的物理、化学特性，进而改变尾矿力学特性和力学行为。尾矿坝中永冻层的存在、冰下放矿等应对高寒地区环境的特殊措施均会改变尾矿的沉积规律，影响尾矿的力学特性。对于高寒地区的高尾矿坝，冻融作用与高应力状态耦合会使尾矿材料呈现出区别于常规区域和常规应力状态的力学行为特征。尾矿力学行为特征是影响尾矿坝稳定性的重要因素，高寒地区高尾矿坝的稳定性分析需要对温度、应力、渗流和化学等多场作用下的力学行为特征有足够清晰的认识。目前，针对高寒地区冻融循环作用对尾矿物理力学特性的改变已有部分研究，但大多数针对特定尾矿类型经历多次快速冻融循环的情况，缺乏对真实环境的渗流场、应力场和冻融循环周期等因素的综合考虑；对于高寒地区尾矿在高应力下的力学行为尚没有系统研究。今后的研究工作可以结合前期高应力条件下尾矿力学特性和力学行为的研究成果，引入环境温度这一重要因素，对以下几个方向进行更为深入的探索。

（1）温度对水力放矿过程中尾矿沉积规律的影响。环境温度会影响尾矿浆的宏观黏滞性，改变其流动特性和粗颗粒的沉积速度，进而改变放矿过程的尾矿沉积规律，形成不同的粒径分布特征。

（2）冻融循环作用对尾矿在高应力条件下的破碎特性的影响。尾矿砂被排放在表层后经历昼夜或季节性的冻融循环可能导致颗粒物理特性的变化，后期上部放矿使荷载增大后将产生不同于未经冻融循环尾矿的破碎特性。

（3）高应力条件下尾矿的渗透、固结和强度特性随温度的变化规律。高寒地区尾矿坝内部可能存在层状分布的永久冻土层，环境温度的变化将引起冻土层冰晶的冻融，与高应力耦合改变冻土层尾矿的力学特性。

（4）高应力条件下高寒地区尾矿的动力特性。高寒地区尾矿在环境温度与高应力综合作用下形成独特的粒径分布特性，将显著影响其动力特性。

上述研究工作的开展可以为高寒地区高尾矿坝的失稳机理分析和稳定性评估提供基础理论。

10.2 复杂条件下高尾矿坝稳定性

10.2.1 高寒地区超高尾矿坝稳定性

由于季节性的冻融循环作用，高寒地区的尾矿坝可能存在特殊的概化分层结构。高寒地区尾矿坝在冰冻季节通常采取冰下放矿，裸露的堆积坝表层会形成冻土层。春暖季节恢复常规的坝前多点放矿，部分坚硬冻土在未完全融化时即被上部放矿所覆盖，阻隔了部分外界温度的影响，使得原有冻结状态得到保存。随着运营期经历多个季节性冻融循环，高寒地区尾矿坝可能形成多个深埋冻土层，在深度方向与未冻尾矿层交替分布。此外，在浸润线埋深较浅的情况下，在靠近初期坝顶的堆积坝坡面也容易形成坚硬冻土层。这些冻土层的存在将对尾矿坝的稳定性造成诸多不利影响：①深埋冻土层的透水性远低于未冻结尾矿，相当于在堆积坝内部形成了多个隔水层，并使排渗设施难以形成垂直降水漏斗，导致浸润线抬升；②多层冻土层的存在可能导致中间未冻夹层的饱和尾矿难以排水固结，使其抗剪强度提升缓慢；③冻土层的存在会改变尾矿坝在地震荷载下的孔压响应机制，可能造成局部超孔压的迅速上升，诱发坝体失稳；④融冰季节，靠近初期坝顶的坡面坚硬冻土层的融化速度慢于堆积坝顶非饱和尾矿内冰晶的融化速度，导致坝内渗流水在初期坝顶部位置壅高，形成高渗透坡降，容易造成渗流破坏；⑤超高尾矿坝的深埋冻土层随着上部堆载的增大将长期承受高压力，可能形成压力融化效应，融化的冻土层强度急剧降低，容易造成坝体沿软弱融冰层的失稳；⑥深埋冻土层的水平方向不同部位与坡面的距离不同，可能在融冰季节发生有明显差异的融化，引发尾矿坝不均匀沉降甚至触发整体失稳；⑦冻胀与融沉作用会使尾矿变得松散，提升了渗流作用下的流土或管涌风险；⑧冻胀与融沉作用可能导致尾矿坝构筑物变形甚至破坏，使构筑物完全或部分丧失其功能，如排渗设施的破坏将严重威胁尾矿坝安全。上述不利因素的存在使得高寒地区尾矿坝的稳定性分析变得十分复杂，而超高尾矿坝高应力环境对尾矿物理力学特性的影响进一步加深了这种复杂性。在高寒地区高应力条件下尾矿力学行为特征的研究基础上，构建适用于高寒地区超高尾矿坝的稳定安全控制理论与技术是一项具有挑战性的工作。目前，针对高寒地区超高尾矿坝稳定性的研究还主要停留在冻融循环对尾矿物理力学特性的影响，并未进一步开展物理力学特性的变化对超高尾矿坝稳定性、溃坝破坏模式和灾害效应演进规律的影响分析。部分工作分析了高寒地区冻土层分布特征对渗流场的影响，但由于缺乏环境温度与尾矿坝内冻土层形成、演变之间的定量分析模型，尚无法开展特定气候条件下尾矿坝的工程地质结构与坝体稳定性的预测分析。构建能够模拟永久冻土层形成、演变的数值仿真模型是解决这一问题的有效途径。此外，物理模型试验可以通过调节环境温度来实现冻土层形成过程的模拟，是研究高寒地区尾矿坝稳定性的重要手段，但亟待解决热-力耦合作用下的复杂相似比问题，从而提升试验结果对实际工程的指导意义。在未来研究工作中重点关注上述问题，将为研发高寒地区超高尾矿坝的稳定安全控制技术提供重要的分析方法。

10.2.2 细粒高坝稳定性

选矿技术的革新和大量贫矿的开采利用导致尾矿粒径变得越来越细，同时也增大了尾矿的产生量，使得一大批细粒高尾矿坝出现。尾矿细粒含量偏高会导致低渗透性，较低的渗透性会使尾矿坝排水不畅，导致坝体内浸润线壅高。同时，低渗透性会使尾矿难以快速排水固结，导致尾矿强度无法在堆载作用下快速增长。饱和尾矿材料因难以排水固结而处于较为松散的状态，在动荷载作用下存在较大的液化风险。上述因素综合作用，使得尾矿坝坝体在渗流、堆高作业和地震动荷载下发生失稳溃坝的风险显著提高。以细粒尾矿坝堆高过程的稳定性演变为例，随着尾矿坝逐渐堆高，下部尾矿承受的剪应力可简单假定为线性增长，而尾矿的强度增长模式则取决于排水固结速度。细粒尾矿在被排放至堆积坝表层时有一个压密饱和的过程，强度有所提升。压密导致其渗透性进一步降低，使其抗剪强度增长趋势逐渐趋于平缓，强度的增长速率低于剪应力的增长速率。在某个堆高时，下部尾矿的剪应力超过其抗剪强度，使尾矿发生剪切破坏，这一堆高即为临界破坏堆高。显然，为实现稳定安全堆高，设计标高越大的尾矿坝就需要更大的临界破坏堆高。如何有效提升细粒高尾矿坝的临界堆高是控制其稳定安全的重要研究课题。另一方面，超高尾矿坝的高应力环境会改变尾矿的物理力学特性，使得细粒尾矿的强度增长规律变得更为复杂。未来研究工作中，阐明细粒尾矿在不同堆载速率下的强度增长规律将为细粒尾矿坝的失稳机理和破坏模式分析提供重要的理论基础。

10.2.3 强震条件下高尾矿坝稳定性

高应力条件对尾矿物理力学性质的影响势必会反映在坝体稳定性上。进行强震作用下高尾矿坝的稳定性分析与稳定安全控制技术研发时，需要充分考虑高应力条件对尾矿动力特性的影响。针对这一问题，目前尚缺乏系统的研究工作。高应力条件使尾矿颗粒发生破碎，改变尾矿的粒径分布特征，但粒径分布特征的变化如何影响尾矿的动力特性、两者之间存在怎样的定量关系等问题均需要进一步的研究工作来解答。此外，在高应力条件之外再考虑细粒尾矿、高寒冻融环境等因素，分析多因素耦合作用下的尾矿动力响应是实现复杂条件下高尾矿坝稳定性分析的重要基础。

10.3 超高尾矿坝安全预警

超高尾矿坝意味着更大的势能和更高的破坏性，安全预警系统是其必不可少的安全保障设施。但尾矿坝不同类型灾害的灾变机理目前尚不完全明确，高应力条件又使得高尾矿坝的灾变机理存在一定的特殊性。对超高尾矿坝开展安全监测与灾害预警还存在较大的困难，主要体现在：①灾变机理不够明确，导致监测指标体系不够完善或不具有针对性；②监测技术精度不高，监测设备的自动化、智能化不足，导致数据精度、监测范围和监测频次有限；③缺少风险诊断与辨识的智能算法与模型，导致灾害风险评价不精准、灾害预警和影响评估缺少多源数据融合分析，预警结果可信度不高。针对上述问题，今后的研究工作可从以下几个方面进行相应的探索。①针对尾矿坝典型灾害，如溃坝、洪水漫顶、渗流破坏等，开展灾变机理研究，考虑高应力条件对坝体结构属性的影响，分析不同坝体结构属性下堆载、降雨、地震等触发因素的致灾机理，总结变形、浸润线、孔压等监测指标在灾变过程的演化规律。②尝试构建高精度智能监测与隐患识别体系，利用当前安全监测、图像识别等领域的新技术、新方法，结合传统监测技术提升尾矿坝安全监测的时空覆盖范围及监测数据的精度，实现安全监测的自动化和智能化。例如在传统监测技术的基础上融合光纤光栅测量等先进传感器技术，研发坝体内部变形、含水率等新型精密监测仪器设备，结合无人机技术、星载合成孔径雷达技术构建“空、天、地”一体化监测体系，并基于 AI 图像边缘计算等技术实现尾矿库全库区隐患的智能辨识。③尾矿坝的灾害预警需要实现监测指标的趋势预测和特定指标值下的灾害风险分析。智能算法结合超高尾矿坝灾变机理的研究成果或许是实现多源监测数据综合分析和指标趋势预测的可行方法；在此基础上则可以实现基于预测指标值的灾害风险分析，以判定是否进行安全预警。

参考文献

[1] WADELL H. Volume, shape, and roundness of rock particles[J]. Journal of Geology, 1932, 40(5): 443-451.

[2] WADELL H. Sphericity and roundness of rock particles[J]. The Journal of Geology, 1933, 41(3): 310-331.

[3] 高国瑞. 近代土质学[M]. 北京: 科学出版社, 2013.

[4] TERZAGHI K. Theoretical soil mechanics[M]. New Jersy: John Wiley and Sons, 1943.

[5] KUBIENA W A, RUHE R V. Micromorphological features of soil geography[J]. The Journal of Geology, 1972, 81(4): 248-248.

[6] OLPHEN V, FRIPIAR J J. Data handbook for clay materials and other non-metallic minerals[M]. New York: Pergamon Press, 1979.

[7] 陈宗基. 固结及次时间效应的单向问题[J]. 土木工程学报, 1958(1): 1-10.

[8] COLLINS C D, FINNEGAN E. Modeling the plant uptake of organic chemicals, including the soil-air-plant pathway[J]. Environmental Science & Technology, 2010, 43(4): 998-1003.

[9] JOPONY M, USUP G, MOHAMED M. Particle size distribution of copper mine tailings from Lohan Ranau Sabah and its relationship with heavy metal content[J]. Pertanika, 1987, 10(1): 37-40.

[10] GIULIANO V, PAGNANELLI F, BORNORONI L, et al. Toxic elements at a disused mine district: particle size distribution and total concentration in stream sediments and mine tailings[J]. Journal of Hazardous Materials, 2007, 148(1): 409-418.

[11] 张季如, 朱瑞赓, 祝文化. 用粒径的数量分布表征的土壤分形特征[J]. 水利学报, 2004 (4): 67-71.

[12] 刘晓明, 赵明华, 苏永华. 沉积岩土粒度分布分形模型改进及应用[J]. 岩石力学与工程学报, 2006, 25(8): 1691-1697.

[13] BOWMAN E T, SOGA K, DRUMMOND T W. Particle shape characterisation using Fourier analysis[M]. Cambridge: University of Cambridge, 2000.

[14] SANTAMARINA J C, CHO G C. Soil behaviour: the role of particle shape[C]//Advances in geotechnical engineering: The skempton conference. London: Thomas Telford, 2004: 604-617.

[15] 刘清秉, 项伟, LEHANE B M, 等. 颗粒形状对砂土抗剪强度及桩端阻力影响机制试验研究[J]. 岩石力学与工程学报, 2011, 30(2): 400-410.

[16] 李丽华, 陈轮, 高盛焱, 等. 三江平原沼泽土微观特性试验研究[J]. 岩土力学, 2009, 30(8): 2295-2299.

[17] 涂新斌, 王思敬. 图像分析的颗粒形状参数描述[J]. 岩土工程学报, 2004, 26(5): 659-662.

[18] BARNARD P L, RUBIN D M, HARNEY J, et al. Field test comparison of an autocorrelation technique for determining grain size using a digital “beachball” camera versus traditional methods[J]. Sedimentary Geology, 2007, 201(1): 180-195.

[19] IGATHINATHANE C, ULUSOY U, PORDESIMO L O. Comparison of particle size distribution of celestite mineral by machine vision Σ Volume approach and mechanical sieving[J]. Powder Technology, 2012, 215: 137-146.

[20] ULUSOY U, YEKELER M, HIÇYıLMAZ C. Determination of the shape, morphological and wettability properties of quartz and their correlations[J]. Minerals Engineering, 2003, 16(10): 951-964.

[21] 周健，余荣传，贾敏才. 基于数字图像技术的砂土模型试验细观结构参数测量[J]. 岩土工程学报, 2006(12): 2047-2052.

[22] 国家安全生产监督管理总局. 尾矿库安全技术规程: GB 39496—2020 [S]. 北京: 煤炭工业出版社, 2005.

[23] 郭振世. 高堆尾矿坝稳定性分析及加固关键技术研究[D]. 西安: 西安理工大学, 2010.

[24] 刘海明. 复杂状态下尾矿力学特性及其颗粒流模拟研究[D]. 武汉: 中国科学院武汉岩土力学研究所, 2012.

[25] 李广治. 基于上游式快速高堆坝工艺及关键力学问题研究[D]. 重庆: 重庆大学, 2012.

[26] 王文松. 地震作用下高堆尾矿坝动力稳定性研究[D]. 重庆: 重庆大学, 2017.

[27] 王凤江. 上游法高尾矿坝的抗震问题[J]. 冶金矿山设计与建设, 2001(5): 10-13.

[28] 潘建平，王宇鸽，曾庆筠，等. 高应力作用下尾砂非线性剪切强度特性研究[J]. 工业建筑, 2015, 45(2): 80-84.

[29] 巫尚蔚，杨春和，张超，等. 干滩表层沉积尾矿的细观几何特征研究[J]. 岩石力学与工程学报, 2016, 35(4): 768-777.

[30] 张亚先，贺金刚，郭振世. 高堆尾矿坝尾矿特性研究[J]. 中国钼业, 2010, 34(5): 8-12.

[31] 程耀灵，刘慈光. 峨口铁矿中线法尾矿库在线监测系统应用技术[J]. 现代矿业, 2016, 32(12): 183-186.

[32] 蒋卫东，李夕兵，吴大志，等. 德兴铜矿 2 号尾矿坝的安全自动监测系统[J]. 矿业研究与开发, 2003, 23(1): 33-34.

[33] 陆勇，周国庆，夏红春，等. 中、高压下粗粒土-结构接触面特性受结构面形貌尺度影响的试验研究[J]. 岩土力学, 2013, 34(12): 3491-3499.

[34] LADE P V, BOPP P A. Relative density effects on drained sand behavior at high pressures[J]. Soils and Foundations, 2005, 45(1): 1-13.

[35] YAMAMURO J A, LADE P V. Drained sand behavior in axisymmetric tests at high pressures[J]. Journal of Geotechnical Engineering, 1996, 122(2): 109-119.

[36] SASSA K, DANG K, HE B, et al. A new high-stress undrained ring-shear apparatus and its application to the 1792 Unzen-Mayuyama megaslide in Japan[J]. Landslides, 2014, 11(5): 827-842.

[37] GOLDER H, AKROYD T. An apparatus for triaxial-compression tests at high pressures[J]. Géotechnique, 1954, 4(4): 131-136.

[38] 张建隆. 周期荷载下尾矿砂动力特性初探[J]. 西北水资源与水工程, 1995 (1): 66-72.

[39] 刘海明，杨春和，张超，等. 高压下尾矿材料幂函数型摩尔强度特性研究[J]. 岩土力学, 2012, 33(7): 1986-1992.

[40] CAMPAÑA J, BARD E, VERDUGO R. Shear strength and deformation modulus of tailing sands under high pressures[C]//The 18 Conference on Soil Mechanics and Geotechnical Engineering, 2013.

[41] CHANG D, LAI Y, GAO J. An investigation on the constitutive response of frozen saline coarse sandy soil based on particle breakage and plastic shear mechanisms[J]. Cold Regions Science Technology, 2019, 159: 94-105.

[42] GUO W L, CAI Z Y, WU Y L, et al. Estimations of three characteristic stress ratios for rockfill material considering particle breakage[J]. Acta Mechanica Solida Sinica, 2019, 32(2): 215-229.

[43] 张家铭，汪稔，张阳明，等. 土体颗粒破碎研究进展[J]. 岩土力学, 2003, 24(S2): 661-665.

[44] LOBO-GUERRERO S, VALLEJO L E, VESGA L F. Visualization of crushing evolution in granular materials under compression using DEM[J]. International Journal of Geomechanics, 2006, 6(3): 195-200.

[45] JOHN D B, MCDOWELL G. Particle breakage criteria in discrete-element modelling[J]. Géotechnique, 2016, 66(12): 1014-1027.

[46] LEE K L, FARHOOMAND I. Compressibility and crushing of granular soil in anisotropic triaxial compression[J]. Canadian Geotechnical Journal, 1967, 4(1): 68-86.

[47] HARDIN B O. Crushing of soil particles[J]. Journal of Geotechnical Engineering, 1985, 111(10): 1177-1192.

[48] MARACHI N D. Strength and Deformation Characteristics of Rockfill Materials[R]. Technical Report, State of California Department of Water Resources, 1969.

[49] LADE P V, YAMAMURO J A, BOPP P A. Significance of particle crushing in granular materials[J]. Journal of Geotechnical Engineering, 1996, 122(4): 309-316.

[50] HAGERTY M M, HITE D R, ULLRICH C R, et al. One-dimensional high-pressure compression of granular media[J]. Journal of Geotechnical Engineering, 1993, 119(1): 1-18.

[51] CHO G C, DODDS J, SANTAMARINA J C. Particle shape effects on packing density, stiffness, and strength: natural and crushed sands[J]. Journal of Geotechnical & Geoenvironmental Engineering, 2006, 133(11): 591-602.

[52] NAKATA Y, HYODO M, HYDE A F, et al. Microscopic particle crushing of sand subjected to high pressure one-dimensional compression[J]. Soils Ancd Foundations, 2001, 41(1): 69-82.

[53] MCDOWELL G R, BONO J P D. On the micro mechanics of one-dimensional normal compression[J]. Géotechnique, 63(11): 895-908.

[54] CHENG Y P, MINH N H. A DEM investigation of the effect of particle-size distribution on one-dimensional compression[J]. Géotechnique, 2013, 63(1): 44-53.

[55] NIETO G C J. Mechanical behavior of rockfill materials-application to concrete face rockfill dams[D]. Paris: Ecole Centrale Paris, 2011.

[56] BANDINI V, COOP M R. The influence of particle breakage on the location of the critical state line of sands[J]. Soils and Foundations, 2011, 51(4): 591-600.

[57] GHAFGHAZI M, SHUTTLE D, DEJONG J. Particle breakage and the critical state of sand[J]. Soils and Foundations, 2014, 54(3): 451-461.

[58] YU F. Particle breakage and the critical state of sands[J]. Géotechnique, 2017, 67(8): 713-719.

[59] PATEL S K, SINGH B. Strength and deformation behavior of fiber-reinforced cohesive soil under varying moisture and compaction states[J]. Geotechnical Geological Engineering, 2017, 35(4): 1767-1781.

[60] KUHN M R. A flexible boundary for three-dimensional DEM particle assemblies[J]. Engineering Computations, 1995, 12(2): 175-183.

[61] KHOUBANI A, EVANS T M. An efficient flexible membrane boundary condition for DEM simulation of axisymmetric element tests[J]. International Journal for Numerical Analytical Methods in Geomechanics, 2018, 42(4): 694-715.

[62] ITASCA. 5.0 Documentation[M]. Minneapolis: Itasca Inc. , 2015.

[63] CUNDALL P A, STRACK O D. A discrete numerical model for granular assemblies[J]. Géotechnique,

1979, 29(1): 47-65.

[64] 周健, 池永. 土的工程力学性质的颗粒流模拟[J]. 固体力学学报, 2004 (4): 377-382.

[65] LIU Y, LIU H, MAO H. The influence of rolling resistance on the stress-dilatancy and fabric anisotropy of granular materials[J]. Granular Matter, 2018, 20(1): 12.

[66] JIANG M, PENG D, OOI J Y. DEM investigation of mechanical behavior and strain localization of methane hydrate bearing sediments with different temperatures and water pressures[J]. Engineering Geology, 2017, 223: 92-109.

[67] GHAZVINIAN A, SARFARAZI V, SCHUBERT W, et al. A study of the failure mechanism of planar non-persistent open joints using PFC2D[J]. Rock Mechanics and Rock Engineering, 2012, 45(5): 677-693.

[68] COUTINHO L. A tutorial for the scientific computing program DESlab[D]. Rio de Janeiro: Universidade Federal do Rio de Janeiro, 2014.

[69] LIU C, POLLARD D D, DENG S, et al. Mechanism of formation of wiggly compaction bands in porous sandstone: 1. Observations and conceptual model[J]. Journal of Geophysical Research: Solid Earth, 2015, 120(12): 8138-8152.

[70] LIU C, POLLARD D D, GU K, et al. Mechanism of formation of wiggly compaction bands in porous sandstone: 2. Numerical simulation using discrete element method[J]. Journal of Geophysical Research: Solid Earth, 2015, 120(12): 8153-8168.

[71] FU P, DAFALIAS Y F. Study of anisotropic shear strength of granular materials using DEM simulation[J]. International Journal for Numerical and Analytical Methods in Geomechanics, 2011, 35(10): 1098-1126.

[72] YANG Z, YANG J, WANG L. Micro-scale modeling of anisotropy effects on undrained behavior of granular soils[J]. Granular Matter, 2013, 15(5): 557-572.

[73] GONG J, LIU J. Effect of aspect ratio on triaxial compression of multi-sphere ellipsoid assemblies simulated using a discrete element method[J]. Particuology, 2017, 32: 49-62.

[74] WANG J, DOVE J E, GUTIERREZ M S. Anisotropy-based failure criterion for interphase systems[J]. Journal of Geotechnical and Geoenvironmental Engineering, 2007, 133(5): 599-608.

[75] MASSON S, MARTINEZ J. Micromechanical analysis of the shear behavior of a granular material[J]. Journal of Engineering Mechanics, 2001, 127(10): 1007-1016.

[76] CHEN R, DING X, ZHANG L, et al. Discrete element simulation of mine tailings stabilized with biopolymer[J]. Environmental Earth Sciences, 2017, 76(22): 772.

[77] MAHMOOD A A, MARIA E. The Computer Program Tailings-DEM™ Modeling the Strength Properties of Musselwhite Tailings Matrices[C]. Journal of Physics: Conference Series, IOP Publishing, 2018.

[78] YUAN L, LI S, PENG B, et al. Study on failure process of tailing dams based on particle flow theories[J]. International Journal of Simulation Modelling, 2015, 14(4): 658-668.

[79] LIU H M, LIU Y M, YANG C H, et al. Simulation on Particle Crushing of Tailings Material under High Pressure[C]. AIP Conference Proceedings, 2013.

[80] 巫尚蔚, 杨春和, 张超, 等. 粉粒含量对尾矿力学特性的影响[J]. 岩石力学与工程学报, 2017, 36(8): 2007-2017.

[81] 周汉民, 刘晓非, 崔旋, 等. 偏细粒尾矿新型快速堆坝方法[J]. 现代矿业, 2011, 27(11): 120-121.

[82] 崔旋, 周汉民, 郄永波, 等. 细粒尾矿模袋充填体的特性试验研究[J]. 有色金属(选矿部分), 2016(1):

60-64.

[83] 杨更胜, 张长庆. 岩体损伤及检测[M]. 西安: 陕西科学技术出版社, 1998.

[84] 先武, 李时光. 工业 CT 技术[J]. 无损检测, 1996, 18(2): 57-60.

[85] 朱逢斌, 陈甦, 孙雷江, 等. 自制砂雨装置填砂装样质量分析[J]. 地下空间与工程学报, 2013, 9(Z2): 2076-2092.

[86] ALTUHAFI F, COOP M. Changes to particle characteristics associated with the compression of sands[J]. Géotechnique, 2011, 61(6): 459-471.

[87] ALTUHAFI F, O'SULLIVAN C, CAVARRETTA L. Analysis of an image-based method to quantity the size and shape of sand particle[J]. Journal of Geotechnical and Geoenvironmental Engineering, 2013, 139(8): 1290-1307.

[88] 王宝军. 基于标准椭圆法 SEM 图像颗粒定向性研究原理与方法[J]. 岩土工程学报, 2009, 31(7): 1082-1087.

[89] 施斌. 黏性土微观结构简易定量分析法[J]. 水文地质工程地质, 1997, 24(1): 7-10.

[90] 张巍, 梁小龙, 唐心煜, 等. 显微 CT 扫描南京粉砂空间孔隙结构的精细化表征[J]. 岩土工程学报, 2017, 39(4): 683-689.

[91] DU Y J, JIANG N J, LIU S Y, et al. Engineering properties and microstructural characteristics of cement solidfied zinc-contaminated Kaolin clay[J]. Canadian Geotechnical Journal, 2014, 51(3): 289-302.

[92] 毛潇潇, 赵迪斐, 杨玉娟, 等. 阳泉新景矿高煤级煤的孔隙结构分形特征[J]. 煤田地质与勘探, 2017, 45(3): 59-66.

[93] 李贤庆, 王哲, 郭曼等. 黔北地区下古生界页岩气储层孔隙结构特征[J]. 中国矿业大学学报, 2016, 45(6): 1172-1183.

[94] 谢和平. 岩土介质分形孔隙和分形粒子[J]. 力学进展, 1993, 23(2): 145-164.

[95] MIGNIOT C. Etude des propriétés physiques de différents sédiments très fins et de leur comportement sous des actions hydrodynamiques[J]. La Houille Blanche, 1968 (7): 591-620.

[96] ARORA H S, COLEMAN N T. The influence of electrolyte concentration on flocculation of clay suspensions[J]. Soil Science, 1979, 127(3): 134-139.

[97] 赵明. 黏性泥沙的絮凝及对河口生态的影响研究[D]. 北京: 清华大学, 2010.

[98] 李富根. 黏性泥沙悬浮体系絮凝特性的初步研究[D]. 北京: 清华大学, 2005.

[99] 万兆惠, 钱意颖, 杨文海, 等. 高含沙水流的室内试验研究[J]. 人民黄河, 1979, 1: 53-65.

[100] FRANÇA S C A, MASSARANI G, BISCAIA E C. Study on batch sedimentation simulation: establishment of constitutive equations[J]. Powder Technology, 1999, 101(2): 157-164.

[101] 陈仲颐. 土力学[M]. 北京: 清华大学出版社, 1994.

[102] LANDINI G, MISSON G P, MURRAY P I. Fractal analysis of the normal human retinal fluorescein angiogram[J]. Current Eye Research, 1993, 12(1): 23-27.

[103] WOOD F M, YAMAMURO J A, LADE P V. Effect of depositional method on the undrained response of silty sand[J]. Canadian Geotechnical Journal, 2008, 45(11): 1525-1537.

[104] RAHMAN M M, LO S R. Predicting the onset of static liquefaction of loose sand with fines[J]. Journal of Geotechnical and Geoenvironmental Engineering, 2012, 138(8): 1037-1041.

[105] BISHOP A. Progressive failure-with special reference to the mechanism causing it[C] // Proceeding

Geotechnics Conference, Oslo, 1967.

[106] PITMAN T, ROBERTSON P, SEGO D. Influence of fines on the collapse of loose sands[J]. Canadian Geotechnical Journal, 1994, 31(5): 728-739.

[107] KONRAD J. Undrained response of loosely compacted sands during monotonic and cyclic compression tests[J]. Géotechnique, 1993, 43(1): 69-89.

[108] 衡帅, 杨春和, 张保平, 等. 页岩各向异性特征的试验研究[J]. 岩土力学, 2015, 36(3): 609-616.

[109] 罗荣, 孔令伟. 特殊岩土工程土质学[M]. 北京: 科学出版社, 2006.

[110] 周健, 池毓蔚, 池永, 等. 砂土双轴试验的颗粒流模拟[J]. 岩土工程学报, 2000(6): 701-704.

[111] DA CRUZ F, EMAM S, PROCHNOW M, et al. Rheophysics of dense granular materials: discrete simulation of plane shear flows[J]. Physical Review E, 2005, 72(2): 021309.

[112] GONG J, LIU J. Mechanical transitional behavior of binary mixtures via DEM: effect of differences in contact-type friction coefficients[J]. Computers and Geotechnics, 2017, 85: 1-14.

[113] HAZEGHIAN M, SOROUSH A. DEM-aided study of shear band formation in dip-slip faulting through granular soils[J]. Computers and Geotechnics, 2016, 71: 221-236.

[114] LATHA G M, MURTHY V S. Effects of reinforcement form on the behavior of geosynthetic reinforced sand[J]. Geotextiles and Geomembranes, 2007, 25(1): 23-32.

[115] ODA M. Initial fabrics and their relations to mechanical properties of granular material[J]. Soils and Foundations, 1972, 12(1): 17-36.

[116] MUHUNTHAN B, CHAMEAU J. Void fabric tensor and ultimate state surface of soils[J]. Journal of Geotechnical and Geoenvironmental Engineering, 1997, 123(2): 173-181.

[117] ROTHENBURG L, BATHURST R. Analytical study of induced anisotropy in idealized granular materials[J]. Geotechnique, 1989, 39(4): 601-614.

[118] BATHURST R J, ROTHENBURG L. Observations on stress-force-fabric relationships in idealized granular materials[J]. Mechanics of Materials, 1990, 9(1): 65-80.

[119] ROTHENBURG L, BATHURST R. Micromechanical features of granular assemblies with planar elliptical particles[J]. Geotechnique, 1992, 42(1): 79-95.

[120] WANG Y, CUI Y J, TANG A M, TANG, et al. Effects of aggregate size on water retention capacity and microstructure of lime-treated silty soil[J]. Géotechnique Letters, 2015, 5 (4): 269-274.

[121] LEROUEIL S, KABBAJ M, TAVENAS F, et al. 1985. Stress-strain-strain rate relation for the compressibility of sensitive natural clays[J]. Géotechnique, 35(2): 159-180.

[122] BURLAND J B. On the compressibility and shear strength of natural clays[J]. Géotech nique, 1990, 40(3): 329-378.

[123] CHAI J C, MIURA N, ZHU H H, et al. Compression and consolidation characteristics of structured natural clay[J]. Canadian Geotechnial Journal, 41(6): 1250-1258.

[124] HYODO M, HYDE A F, ARAMAKI N, et al. Undrained monotonic and cyclic shear behaviour of sand under low and high confining stresses[J]. Soils and Foundations, 2002, 42(3): 63-76.

[125] SHANG X Y, YANG C, ZHOU G Q, et al. Micromechanism underlying nonlinear stress-dependent K_0 of clays at a wide range of pressures[J]. Advances in Materials Science and Engineering, 2015(10):1-6.

[126] PUSCH R, YONG R N. Microstructure of smectite clays and engineering performance[M]. Boca Raton: CRC Press, 2006.

[127] NAKATA A F L, HYDE M, HYODO H, et al. A probabilistic approach to sand particle crushing in the triaxial test[J]. Géotechnique, 1999, 49(5): 567-583.

[128] GUYON E, TROADEC J P. Du sac de billes au tas de sable[M]. Paris: Editions Odile JACOB Sciences, 1994.

[129] 孔德志. 堆石料的颗粒破碎应变及其数学模拟[D]. 北京: 清华大学, 2009.

[130] DAOUADJI A, HICHER P Y, RAHMA A. An elastoplastic model for granular materials taking into account grain breakage[J]. European Journal of Mechanics A: solids, 2001, 20(1): 113-137.

[131] MIURA N, YAMANOUCHI T. Effect of particle-crushing on the shear characteristics of a sand[J]. Proceedings of the Japan Society of Civil Engineers, 1977(260): 109-118.

[132] MCDOWELL G R, BOLTON M D, ROBERTSON D. The fractal crushing of granular materils[J]. Journal of the Mechanics Physics of Solids, 1996, 44(12): 2079-2101.

[133] MARSAL R J. Large scale testing of rockfill materials[J]. Journal of the Soil Mechanics and Foundations Division, 1967, 93(2): 27-43.

[134] EINAV I. Breakage mechanics, part I: theory[J]. Journal of the Mechanics and Physics of Solids, 2007, 55(6): 1274-1297.

[135] 刘萌成, 高玉峰, 刘汉龙. 模拟堆石料颗粒破碎对强度变形的影响[J]. 岩土工程学报, 2011, 33(11): 1691-1699.

[136] MIURA N, O-HARA S. Particle crushing of a decomposed granite soil under shear stresses[J]. Soils and Foundations, 1979, 19(3): 1-14.

[137] CHEN T J, UENG T S. Energy aspects of particle breakage in drained shear of sands[J]. Géotechnique, 2000, 50(1): 65-72.

[138] 殷家瑜, 赖安宁, 姜朴. 高压力下尾矿砂的强度与变形特性[J]. 岩土工程学报, 1980 (2): 1-10.

[139] 魏作安. 细粒尾矿及其堆坝稳定性研究[D]. 重庆: 重庆大学, 2004.

[140] 巫尚蔚. 尾矿物理力学特性的粒径效应及坝体稳定性研究[D]. 重庆: 重庆大学, 2017.

[141] CHARLES J A, WATTS K S. The influence of confining pressure on the shear strength of compacted rockfill[J]. Géotechnique, 1980, 30(4): 353-367.

[142] 张超, 杨春和. 粗粒料强度准则与排土场稳定性研究[J]. 岩土力学, 2014, 35(3): 641-646.

[143] 刘浜葭. 冻融和渗流耦合作用下风积土路基结构性演变规律的研究[D]. 阜新: 辽宁工程技术大学, 2009.

[144] KONDNER R L . Hyperbolic stress-strain response: cohesive soils[J]. Journal of the Soil Mechanics and Foundations Division, 1963, 89(1): 115-143.

[145] LI J, YIN Z Y, CUI Y J, et al. An elasto-plastic model of unsaturated soil with an explicit degree of saturation-dependent CSL[J]. Engineering Geology, 2019, 260: 1-11.

[146] KOZENY J. Über kapillare Leitung des Wassers im Boden, Sitz[J]. Der Wien, 1927, 136: 271-306.

[147] AMER A M, AWAD A A. Permeability of cohesionless soils[J]. Journal of Geotechnical and Geoenvironmental Engineering, 1974, 100(12): 1309-1316.

[148] CHAPUIS R P. Predicting the saturated hydraulic conductivity of sand and gravel using effective diameter and void ratio[J]. Canadian Geotechnical Journal, 2004, 41(5): 787-795.

[149] MESRI G, OLSON R E. Mechanisms controlling the permeability of clays[J]. Clays and Clay Minerals, 1971, 19(3): 151-158.

[150] SAMARASINGHE A M, HUANG Y H, DRNEVICH V P. Permeability and consolidation of normally consolidated soils[J]. Journal of the Geotechnical Engineering Division, 1982, 108(6): 835-850.

[151] 党发宁, 刘海伟, 王学武, 等. 基于有效孔隙比的黏性土渗透系数经验公式研究[J]. 岩石力学与工程学报, 2015, 34(9): 1909-1917.

[152] 崔德山, 项伟. ISS 加固红色黏土的孔隙分布试验研究[J]. 岩土力学, 2010, 31(10): 3096-3100.

[153] VINOD K, PENG W, NATALIA M, et al. Fractal analysis as a complimentary technique for characterizing nanoparticle size distributions[J]. Powder Technology, 2012, 226: 189-198.

[154] KUO C Y, FROST J D, LAI J S, et al. Three-dimensional image analysis of aggregate particles from orthogonal projections[J]. Transportation Research Record: Journal of the Transportation Research Board, 1996, 1526(1): 98-103 .

[155] COX E P. A method of assigning numerical and percentage values to the degree of roundness of sand grains[J]. Journal of Paleontol, 1927, 1(3): 179-183 .

[156] ANANDARAJAH A, 1997. Influence of particle orientation on one-dimensional compression of montmorillonite[J]. Journal of Colloid and Interface Science, 1997, 194(1): 44-52.

[157] GRAHAM J, SAADAT F, GRAY M N. High-pressure triaxial testing on the Canadian reference buffer material[J]. Engineering Geology, 1990, 28(3-4): 391-403.

[158] 王凤江. 上游法高尾矿坝的抗震问题[J]. 冶金矿山设计与建设, 2001(5): 10-13.

[159] 潘建平, 王宇鹄, 曾庆筠, 等. 高应力作用下尾砂非线性剪切强度特性研究[J]. 工业建筑, 2015, 45(2): 80-84.

[160] 中华人民共和国住房和城乡建设部. 尾矿库设施设计规范: GB 50863—2013[S]. 北京: 中国计划出版社, 2013.

[161] 周伟, 常晓林, 周创兵, 等. 堆石体应力变形细观模拟的随机散粒体不连续变形模型及其应用[J]. 岩石力学与工程学报, 2009, 28(3): 491-499.

[162] 李杨, 佘成学, 焦小亮. 堆石料碾压试验的颗粒流模拟新方法[J]. 岩土力学, 2017, 38(10): 3029-3038.

[163] 刘洋, 李晓柱, 吴顺川. 多块体形状堆石体碾压颗粒破碎数值模拟[J]. 岩土力学, 2014, 35(11): 3269-3280.

[164] 李杨, 佘成学, 朱焕春. 现场堆石体振动碾压的颗粒流模拟及验证[J]. 岩土力学, 2018, 39(S2): 432-442.

[165] ZHANG E, PAN F, GE Z, et al. Mechanical seal opening condition monitoring based on acoustic emission technology[J]. Sensors & Transducers, 2014, 172(6): 139-146.

[166] 韩洪兴, 陈伟, 邱子锋, 等. 考虑破碎的堆石料二维颗粒流数值模拟[J]. 岩土工程学报, 2016, 38(S2): 234-239.

[167] 刘君, 刘福海, 孔宪京. 考虑破碎的堆石料颗粒流数值模拟[J]. 岩土力学, 2008, 29(S1): 107-112.